Impressum:

Büren, im August 2011

Die Deutsche Nationalbibliothek verzeichnet diese Publikation in der Deutschen Nationalbibliografie; detaillierte bibliografische Daten sind im Internet über dnb.d-nb.de abrufbar.

© 2011 Marek Adar / Adar-Consult
Version 3.0.0

Co-Autor: Dennis Andrick / Jeanne Grieger / Dieter Dyhr

Cover-Design: Michael Pastofski

Herstellung und Verlag: Books on Demand GmbH, Norderstedt
ISBN 978-3-8391-4526-5
Bildnachweis: ©iStockphoto.com/visual7

Für:
Gaby, Deborah, Ilan und Julian

Im Gedenken an Christa

„Hoffnung ist nicht die Überzeugung, dass etwas gut ausgeht, sondern die Gewissheit, dass etwas Sinn hat, egal wie es ausgeht."

Vaclav Havel

Inhalt

Inhalt 4

1. Einführung 10

2. Überblick über den Recovery Manager 12

3. Die Oracle-Datenbankarchitektur 14
    - 3.1. Die Instanz und die Datenbank 14
    - 3.2. Die Oracle-Instanz 14
    - 3.3. Die Oracle-Datenbank 15
    - 3.4. Die Kontrolldatei 15
    - 3.5. Transaktionen 15
    - 3.6. Die System Global Area 17
    - 3.7. Der Database-Buffer-Cache 17
    - 3.8. Die Dirty-List 19
    - 3.9. Der Redo-Log-Buffer 20
    - 3.10. Der Redo-Log-Writer 20
    - 3.11. Die Redo-Log-Dateien 20
    - 3.12. Der Checkpoint-Prozess und der Database-Writer 22
    - 3.13. Warum der Umweg über die Redo-Log-Dateien? 23
    - 3.14. Undo-Segmente und Lesekonsistenz 24
    - 3.15. Instanz-Recovery 25
    - 3.16. Der Shared Pool 26
    - 3.17. Weitere Speicherbereiche in der SGA 27
        - 3.17.1. Der Large Pool 27
        - 3.17.2. Der Java Pool 28
        - 3.17.3. Der Streams Pool 28
    - 3.18. Zusammenfassung 29

4. Die Flash Recovery Area 31
    - 4.1. Konfiguration der Flash Recovery Area 32
    - 4.2. Informationen zur Flash Recovery Area 33
    - 4.3. Zusammenfassung 34
    - 4.4. Auf einen Blick 34
        - 4.4.1. Parameter 34

4.4.2. Views 34

5. Der ARCHIVELOG-Modus 35

5.1. Archivierungsziele 36

5.2. Archivformat 38

5.3. Automatisches Starten des Archivierungsprozesses 38

5.4. Aktivierung des ARCHIVELOG-Modus 39

5.5. Überprüfung des ARCHIVELOG-Modus 40

5.6. Zusammenfassung 42

5.7. Auf einen Blick 43
5.7.1. Parameter 43
5.7.2. Aktivierung des ARCHIVELOG-Modus 43
5.7.3. Views 43

6. Architektur des Recovery Managers 44

6.1. Anmelden am Recovery Manager 45

6.2. Bedienung des Recovery Managers 47
6.2.1. Interaktiver Modus 47
6.2.2. Batch Modus 47

6.3. Befehlsarten des Recovery Managers 48

6.4. SQL aus dem Recovery Manager 49

6.5. Zusammenfassung 50

6.6. Auf einen Blick 50

7. Konfiguration des Recovery Managers 51

7.1. Konfiguration einer Erhaltungsrichtlinie 51
7.1.1. Redundanz 51
7.1.2. Wiederherstellungsfenster 52
7.1.3. Löschen veralteter Sicherungen 53
7.1.4. Deaktivieren einer Erhaltungsrichtlinie 53

7.2. Sicherungsoptimierung 54

7.3. Ausschließen von Tablespaces aus der Sicherung 55

7.4. Automatische Sicherung der Kontroll- und Serverparameterdatei 56

7.5. Löschen und Zurücksetzen der Konfiguration 57

7.6. Zusammenfassung 58

7.7. Auf einen Blick 58

8. Durchführen von Datenbanksicherungen 59

Inhalt

8.1. Der Sicherungstyp **60**
    8.1.1. Backupsets 60
    8.1.2. Image-Kopien 60
    8.1.3. Vorkonfiguration des Sicherungstyps 61

8.2. Der Backup-Befehl **62**

8.3. Sicherungskanäle **63**
    8.3.1. Manuelle Kanalerstellung 63
    8.3.2. Sicherung auf Band 64
    8.3.3. Sicherung auf Platte 65

8.4. Backup-Pieces **67**

8.5. Sicherungsbezeichner **68**

8.6. Erstellen von Sicherungskopien **69**

8.7. Verwenden mehrerer Sicherungsprozesse **71**
    8.7.1. Vorkonfiguration mehrerer Sicherungsprozesse 71
    8.7.2. Manuelle Erzeugung mehrerer Sicherungsprozesse 73

8.8. Differenzielle inkrementelle Sicherungsstrategien **75**
    8.8.1. Ebenen von differenziellen inkrementellen Sicherungen 76
    8.8.2. Kumulative inkrementelle Sicherungen 78

8.9. Block Change Tracking **80**
    8.9.1. Aktivieren des Block Change Trackings 81
    8.9.2. Überwachen von Block Change Tracking 82

8.10. Inkrementell aktualisierte Sicherungen **83**
    8.10.1. Image-Kopien und differenzielle Sicherungen 83
    8.10.2. Anwenden der differenziellen Sicherungen 85

8.11. Sichern von Archiven **89**
    8.11.1. Sichern aller Archive 89
    8.11.2. Sichern der Archive ab einer Sequenznummer 89
    8.11.3. Sichern von Archiven mit LIKE 90
    8.11.4. Erstellen mehrerer Sicherungskopien der Archive 91
    8.11.5. Löschen von Archiven nach der Sicherung 91

8.12. Sichern der Kontrolldatei **92**

8.13. Sichern der gesamten Datenbank und Archive **93**

8.14. Sichern von Disk-Sicherungen auf Band **94**

8.15. Zusammenfassung **95**

8.16. Auf einen Blick **97**
    8.16.1. Sicherungsbefehle 97
    8.16.2. Platzhalter für die Formatierung von Sicherungsdateien 98
    8.16.3. Vorkonfigurationen 98
    8.16.4. Views 98

9. Verwaltung des Sicherungskatalogs **99**

9.1. Erstellung einer Sicherungskatalogdatenbank 100
    9.1.1. Durchführung der Erstellung einer Sicherungskatalogdatenbank 101
9.2. Registrieren von Datenbanken im Sicherungskatalog 102
9.3. Deregistrieren von Datenbanken aus dem Sicherungskatalog 102
9.4. Synchronisation des Sicherungskatalogs 103
9.5. Katalog-Upgrade für Datenbanken 104
9.6. Auflisten der erstellten Sicherungen mit LIST 105
    9.6.1. Anzeigen von Backupset-Sicherungen 105
    9.6.2. Anzeigen von Image-Kopien 108
9.7. Sicherungsinformation mit REPORT 110
    9.7.1. Anzeigen der Datenbankstruktur 111
    9.7.2. Anzeigen veralteter Sicherungen 111
    9.7.3. Anzeigen der Sicherungsnotwendigkeit 111
9.8. Löschen von Sicherungen 113
    9.8.1. Löschen veralteter Sicherungen 113
    9.8.2. Löschen spezifischer Backupsets 114
    9.8.3. Löschen spezifischer Kopien 115
    9.8.4. Löschen von Archiven 117
    9.8.5. Die Option FORCE 119
    9.8.6. Verwenden der Option NOPROMPT 120
    9.8.7. Überprüfung des Katalogs mit CROSSCHECK 122
9.9. Statusänderung von Backupsets und Kopien mit CHANGE 124
    9.9.1. Backupsets und Kopien als nicht verfügbar markieren 124
    9.9.2. Langzeitsicherungen 125
9.10. Sicherungen katalogisieren mit CATALOG 129
9.11. Gespeicherte Sicherungsskripte 131
    9.11.1. Erstellen von gespeicherten Sicherungsskripten 131
    9.11.2. Ändern und Löschen von gespeicherten Sicherungsskripten 132
    9.11.3. Anzeigen von gespeicherten Skripten 133
    9.11.4. Ausführen von gespeicherten Sicherungsskripten 134
9.12. Sichern der Katalogdatenbank 135
    9.12.1. Sicherungsstrategien für den Sicherungskatalog 135
    9.12.2. Export/Import des Sicherungskatalogs 136
9.13. Sicherungskatalog-Views 138
    9.13.1. Wichtige Katalog-Views 138
    9.13.2. Beispiele zur Verwendung der Katalog-Views 139
9.14. Zusammenfassung 141
9.15. Auf einen Blick 144

10. Wiederherstellung von Datenbanken 148
    10.1. Theorie der Wiederherstellung 149

10.1.1. Warum ist die Konsistenz so wichtig? 149
10.2. RESTORE und RECOVER *151*
10.3. Wiederherstellung im NOARCHIVELOG-Modus *153*
10.4. Vollständige Wiederherstellung im ARCHIVELOG-Modus *154*
    10.4.1. Grundregeln der Wiederherstellung 155
    10.4.2. Informationen über defekte Dateien 156
    10.4.3. Wiederherstellung nicht kritischer Datendateien im ARCHIVELOG-Modus ... 156
    10.4.4. Wiederherstellung von systemkritischen Datendateien im ARCHIVELOG-Modus 160
    10.4.5. Verwendung von SET NEWNAME 162
    10.4.6. Wiederherstellung einer Datenbank über inkrementell aktualisierte Sicherungen und Image-Kopien 164
10.5. Unvollständige Wiederherstellung *167*
    10.5.1. Theorie der unvollständigen Wiederherstellung 167
    10.5.2. Arten der unvollständigen Wiederherstellung 170
    10.5.3. Zeitbasierte Wiederherstellung 171
    10.5.4. SCN-basierte unvollständige Wiederherstellung 175
    10.5.5. Sequenz-basierte unvollständige Wiederherstellung 177
    10.5.6. Unvollständige Wiederherstellung vor RESETLOGS 180
10.6. Wiederherstellung der Kontrolldateien *183*
    10.6.1. Wiederherstellung der Kontrolldateien aus dem AUTOBACKUP 183
    10.6.2. Wiederherstellung der Kontrolldateien aus einem Backupset ohne Sicherungskatalogdatenbank und AUTOBACKUP 185
    10.6.3. Wiederherstellung der Kontrolldateien mit einer Sicherungskatalogdatenbank 187
10.7. Disaster Recovery *190*
    10.7.1. Schritte des Disaster Recovery 190
    10.7.2. Disaster Recovery einer Datenbank mit einer Sicherungskatalogdatenbank 192
    10.7.3. Disaster Recovery einer Datenbank ohne Sicherungskatalogdatenbank 196
10.8. Klonen einer Datenbank *201*
    10.8.1. Theorie des Klonens 202
    10.8.2. Der Befehl DUPLICATE 203
    10.8.3. Schritte des Klonens 204
    10.8.4. Klonen einer Datenbank unter Verwendung einer Sicherungskatalogdatenbank 204
    10.8.5. Klonen einer Datenbank ohne Sicherungskatalogdatenbank 211
    10.8.6. Klonen einer Datenbank ohne Backup 211
10.9. BLOCKRECOVER *212*
    10.9.1. Erkennen von defekten Blöcken 212
    10.9.2. Der Befehl BLOCKRECOVER 214
10.10. Der Recovery Advisor *217*
    10.10.1. LIST FAILURE 217
    10.10.2. ADVISE FAILURE 218
    10.10.3. REPAIR FAILURE 219

10.10.4. CHANGE FAILURE 219
10.10.5. Beispiel: Verlust des System-Tablespace 220
10.10.6. Beispiel: Verlust der Kontrolldateien 222

10.11. Flashback-Database *225*
10.11.1. Aktivierung der Flashback-Database 227
10.11.2. Informationen über die Flashback-Database 228
10.11.3. Zurücksetzen einer Flashback-Database 228
10.11.4. Durchführung von Flashback 229
10.11.5. Verwenden von Wiederherstellungspunkten 230
10.11.6. Garantierte Wiederherstellungspunkte 231
10.11.7. Einschränkungen der Flashback-Database 233

10.12. Zusammenfassung *234*

10.13. Alles auf einen Blick *238*
10.13.1. Vollständige Wiederherstellung 238
10.13.2. Unvollständige Wiederherstellung 238
10.13.3. Wiederherstellen der Kontrolldatei 239
10.13.4. Klonen einer Datenbank 239
10.13.5. Blockrecover 239
10.13.6. Recovery Advisor 240
10.13.7. Flashback-Database 240

Stichwortverzeichnis **241**

Abbildungsverzeichnis **250**

Danksagung **251**

Haftungshinweis **252**

Linksammlung **253**

Weitere interessante Publikationen **254**

Unternehmen für Oracle Schulungen und Consulting **255**

1. Einführung

Liebe Leserin, lieber Leser,

viele Oracle-Datenbanken werden heute noch mit konventionellen Mitteln, beispielsweise durch Herunterfahren der Instanz und Kopieren der Datenbankdateien, gesichert. Diese Sicherungsstrategie erfolgt hauptsächlich deshalb, weil das grundlegende Wissen für die Verwendung des Recovery Managers fehlt.

Diese kompakte Einführung soll das grundlegende Wissen für die Verwendung des Recovery Managers vermitteln und mit seinen wichtigen Features vertraut machen. Aufgrund der aktuellen Funktionalitäten des Recovery Managers ist es sinnvoll, ihn für die Durchführung von Sicherungen in den jetzigen Versionen von Oracle zu verwenden.

Dieses Buch erhebt nicht den Anspruch auf Vollständigkeit, sondern bietet eine strukturierte Einführung in die Handhabung des Recovery Managers, die als Basis für die komplexere Verwendung dienen soll.

Für das strukturierte Aufsetzen und Wiederherstellen von Datenbanksicherungen ist grundlegendes Wissen über die Oracle-Architektur Voraussetzung. Die Arbeitsweise der Architektur wird in allen grundlegenden Funktionsweisen der Komponenten in diesem Buch angesprochen. Die Architektur ist in der Realität noch detaillierter als hier beschrieben, ist aber für das Verstehen einer Durchführung von Sicherungen mithilfe des Recovery Managers ausreichend.

In dieser Einführung wurde bewusst auf die Verwendung des Enterprise Managers von Oracle verzichtet, da das Verstehen der Befehlssyntax des Recovery Managers die Grundlage und vorrangig für das Durchführen von Sicherungen ist – gegenüber dem Umgang mit der grafischen Oberfläche.

Ist die Befehlssyntax verstanden, so steht der Verwendung der grafischen Oberfläche nichts mehr im Wege. Eine Fokussierung nur auf den Enterprise Manager ist für die Verwendung des Recovery Managers nicht dienlich, da eine Vielzahl von Softwareherstellern die Sicherungswerkzeuge für Oracle herstellen, den Recovery Manager verwenden und ihn von außen mit den hier angesprochenen Befehlen versorgen. Um zu verstehen, in welcher Art und Weise diese Sicherungswerkzeuge den Recovery Manager verwenden, wird der Fokus auf die Befehlssyntax gelegt.

Die Befehlssyntax selber ist nicht schwer zu erlernen, wenn die Philosophie hinter der Struktur der Syntax verinnerlicht wurde.

Die Erfahrung bei der Vermittlung des Recovery Managers in meinen Schulungen hat gezeigt, dass dieser Weg, den Recovery Manager nahe zu bringen, erfolgreich ist und die bei vielen Administratoren vorhandenen Ängste abgebaut hat.

Sollten Sie Anregungen, Fragen oder Verbesserungsvorschläge zu diesem Buch haben, würde ich mich sehr über eine Mail von Ihnen freuen. Senden Sie einfach Ihr Anliegen an info@adar-consult.de.

Und nun viel Spaß beim Lesen und Ausprobieren.

Herzlichst, Ihr

2. Überblick über den Recovery Manager

Die Einführung des Recovery Managers, der seitdem stetig weiterentwickelt wurde, erfolgte in Oracle, Version 8. Der Recovery Manager ist ein Kommandozeilenwerkzeug, welches einen eigenen Befehlssatz zur Sicherung von Oracle-Datenbanken sowie zur Wartung der erstellten Sicherungen verwendet. Von Release zu Release erhielt der Recovery Manager immer weitere Funktionalitäten, die die Durchführung von Datenbanksicherungen immer komfortabler gestalteten. Bis zur Version 11g besitzt der Recovery Manager heute folgende Funktionalitäten:

- ➢ Datensicherung auf Band, Platte und Flash Recovery Area
- ➢ Komprimierung von Sicherungen
- ➢ Verschlüsselung von Sicherungen
- ➢ Differenzielle Sicherungen
- ➢ Sicherung als Backupset
- ➢ Sicherung als Image-Kopie
- ➢ Blockprüfung
- ➢ Block Recovery
- ➢ Inkrementelles Recovery von Image-Kopien
- ➢ Wiederherstellung von Datenbanken und Dateien
- ➢ Unvollständiges Recovery
- ➢ Flashback
- ➢ Sicherungskatalogwartung
- ➢ Duplizieren von Datenbanken
- ➢ Transportable Tablespace
- ➢ Transportable Database
- ➢ Recovery Advisor

Aufgrund dieser Funktionalitäten gibt es heute keinen Grund mehr, Oracle-Datenbanken mit anderen Techniken zu sichern.

Ein Beispiel:
Der Recovery Manager führt während der Sicherung eine Überprüfung der Datenbankblöcke durch, womit eine Blocksicherheit garantiert ist. Zusätzlich inventarisiert er alle Metadaten der durchgeführten Sicherungen in einem eigenen Sicherungskatalog, der im Fehlerfall die Wiederherstellung der Datenbank vereinfacht.

Für die Implementierung einer Sicherungsstrategie sowie die Wiederherstellung der gesamten Datenbank oder Teilen davon ist die Kenntnis der Datenbankarchitektur von enormer Wichtigkeit. Ansonsten kann der Wiederherstellungsprozess nicht verstanden werden.

3. Die Oracle-Datenbankarchitektur

Jeder Anwender hat eine gewisse Erwartung an eine Datenbank, die sich in der Regel mit folgenden Schlagworten umschreiben lässt: Eine schnelle Antwortzeit, eine optimale Schreibgeschwindigkeit und Datensicherheit. Diese grundlegenden Erwartungen sollen in diesem Kapitel in einer Zusammenfassung der Datenbankarchitektur wiedergegeben und durch die grundlegenden Komponenten der Architektur beschrieben werden, um ein Gesamtbild der Funktionsweise vom Oracle-RDBMS zu bekommen.

3.1. Die Instanz und die Datenbank

Die Oracle-Architektur gliedert sich grob in zwei grundlegende Bereiche:

> ➤ die Oracle-Datenbank
> ➤ die Oracle-Instanz

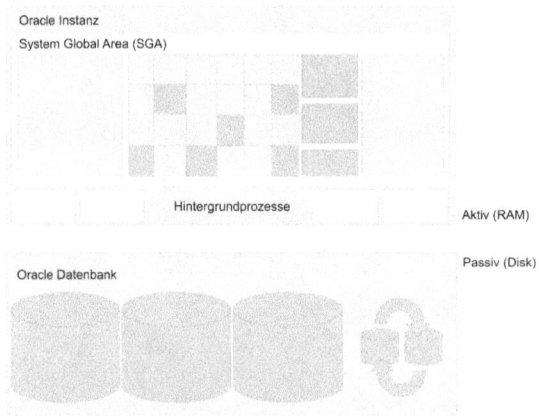

Abbildung 1. Oracle-Architektur

3.2. Die Oracle-Instanz

Die Oracle-Instanz ist der Motor der Oracle-Architektur und befindet sich im Hauptspeicher des Systems. Die Oracle-Instanz wird auch als der **aktive Teil** der Oracle-Architektur bezeichnet. Zu ihr gehören Speicherstrukturen für die Ablage von Daten sowie Hintergrundprozesse. Der Aufbau der Instanz wird über die Parameter- oder (ab Oracle 9i) über die Serverparameterdatei definiert. Wird eine Instanz gestartet, so wird im Vorfeld der Inhalt der Parameterdatei oder der Serverparameterdatei ausgelesen, die die Konfigurationseinstellungen der Instanz beinhaltet. So werden beispielsweise die Größen der Speicherstrukturen, aber auch bestimmte Optionsparameter der Datenbank und Instanz über sie konfiguriert.

3.3. Die Oracle-Datenbank

Die Oracle-Datenbank besteht aus den Datenbankdateien und befindet sich auf dem Plattensubsystem des Datenbankservers. Die Oracle-Datenbank wird auch als der **passive Teil** bezeichnet. Allgemein wird gesagt, dass eine Datenbank gestartet wird. Dies ist aber nicht richtig, weil nur der Motor, also die Instanz, gestartet werden kann, welche dann mit der Datenbank interagiert.

3.4. Die Kontrolldatei

Die Kontrolldatei ist ein wichtiger Bestandteil der Oracle-Datenbank. In ihr befinden sich unter anderem die Speicherorte der Datenbankdateien. Nach dem Start der Instanz wird die Kontrolldatei über den in der Parameterdatei befindlichen Initialisierungsparameter CONTROL_FILES lokalisiert und die Speicherorte der Datenbankdateien werden ausgelesen. Darauffolgend werden die Datenbankdateien an die Instanz angebunden (gemountet). Ist die Kontrolldatei defekt oder nicht vorhanden, schlägt ein Öffnen der Datenbank fehl, weil die entsprechenden Datendateien nicht gefunden werden können.

Zusätzlich wird die Kontrolldatei vom Recovery Manager als Sicherungskatalog verwendet, indem alle Metadaten der mit dem Recovery Manager erzeugten Sicherungen in ihr gespeichert werden. Ist die Kontrolldatei unwiederbringlich verloren, kann die Datenbank nur schwer wiederhergestellt werden. Aus diesem Grund ist eine Spiegelung der Kontrolldateien zu empfehlen, um einem Verlust vorzubeugen.

3.5. Transaktionen

Transaktionen sind ein wichtiger Bestandteil einer Datenbank, die abhängige Datenänderungen zusammenfassen. Dies bedeutet, dass diese Änderungen nicht voneinander getrennt werden dürfen und alle erfolgreich ausgeführt werden müssen. Sollten eine oder mehrere Änderungen in einer Transaktion nicht erfolgreich durchgeführt werden, darf auch keine andere Änderung dieser Transaktion durchgeführt wer-den.

Beispiel:
Bei einer Überweisung wird Geld von einem Konto auf ein anderes transferiert. Das bedeutet, dass Geld von einem Konto abgebucht und einem anderen Konto gutgeschrieben wird. Grob betrachtet, sind dies zwei Änderungen, denn von dem ersten Konto wird der Geldbetrag abgezogen, auf das zweite Konto wird dieser Betrag addiert. Diese beiden Änderungen sind unmittelbar miteinander verknüpft und voneinander abhängig. Sollte nun aber die Abbuchung des Geldbetrages erfolgreich sein, das Gutschreiben aber fehlschlagen, so ist Geld vernichtet worden. Im umgekehrten Fall gilt: Schlägt die Abbuchung fehl, während das Gutschreiben erfolgreich ist, so ist Geld vermehrt worden. In beiden Fällen ist die Konsistenz der Datenbank gestört, weil nicht nachvollzogen werden kann, wohin der entsprechende Geldbetrag gegangen ist bzw. wo er herkommt.

Notwendigerweise müssen diese beiden Änderungen als Einheit betrachtet und in einer Transaktion zusammengefasst werden. Unter Oracle werden Transaktionen mit der Anmeldung und der ersten Änderung von Daten gestartet. Folgen weitere Änderungen, gehören diese mit zur aktuell laufenden Transaktion. Diese Transaktion kann bei erfolgreicher Durchführung der Änderung mit dem Befehl COMMIT festgeschrieben, bei nicht erfolgreicher Durchführung einzelner Änderungen mit dem Befehl ROLLBACK rückgängig gemacht werden. Nach dem Festschreiben oder Zurückführen der Transaktion startet automatisch eine neue Transaktion bei einer erneuten Änderung von Daten.

Beispiel einer Transaktion:
```
SQL> connect ac
Kennwort eingeben:
Connect durchgeführt.

SQL> SELECT KUNR, NACHNAME, VORNAME FROM KUNDEN;

   KUNR NACHNAME               VORNAME
   ---- ---------------------  ----------------------
   2124 Meier                  Hans
   4711 Schulz                 Willy

SQL> UPDATE KUNDEN SET NACHNAME='Müller' WHERE KUNR=2124;

1 Zeile wurde aktualisiert.

SQL> UPDATE KUNDEN SET NACHNAME='Müller' WHERE KUNR=4711;

1 Zeile wurde aktualisiert.
```

```
SQL> SELECT KUNR, NACHNAME, VORNAME FROM KUNDEN;

KUNR NACHNAME             VORNAME
---- --------------       --------------
2124 Müller               Hans
4711 Müller               Willy

SQL> rollback;

Transaktion mit ROLLBACK rückgängig gemacht.

SQL> SELECT KUNR, NACHNAME, VORNAME FROM KUNDEN;

KUNR NACHNAME             VORNAME
---- --------------       --------------
2124 Meier                Hans
4711 Schulz               Willy
```

3.6. Die System Global Area

Die **S**ystem **G**lobal **A**rea (SGA) beinhaltet die Speicherstrukturen der Oracle-Instanz, welche unter anderem Tabellendaten, Metadaten oder Systeminformationen der Datenbank speichern. Zu den Speicherstrukturen gehören zum Beispiel der Database-Buffer-Cache, der Redo-Log-Buffer, der Shared Pool, der Large Pool, der Java Pool und weitere hier nicht näher erläuterte Speicherbereiche.

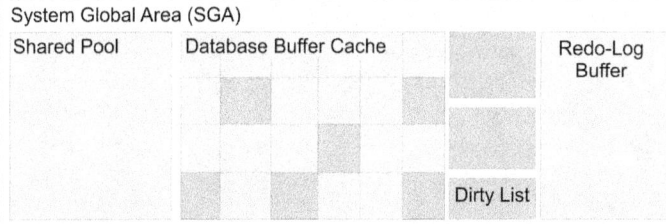

Abbildung 2. System Global Area (SGA)

3.7. Der Database-Buffer-Cache

Der Database-Buffer-Cache speichert Datenblöcke der Datenbank. Die kleinste zu lesende oder zu schreibende Einheit der Oracle-Datenbank ist der Oracle-Datenbankblock. In den Datenbankblöcken werden beispielsweise Zeilen von Tabellen abgelegt.

Wird über eine SQL-Abfrage ein Datensatz in einer Tabelle gesucht, so wird der Tabellenblock, in dem sich diese Zeile befindet, in den Database-Buffer-Cache geladen, aber nur die gesuchte Zeile angezeigt.

Durch das Laden des gesamten Blocks werden alle Datensätze, die sich in diesem Block befinden, mit geladen. Sollte der gleiche oder ein anderer Anwender Daten benötigen, die sich ebenfalls in diesem Block befinden, so fällt ein erneutes Laden des Blockes vom Plattensystem weg, wodurch eine erhöhte Zugriffsgeschwindigkeit erreicht wird. Durch eine optimale Größenkonfiguration des Database-Buffer-Caches können alle wichtigen Bewegungsdaten der Datenbank im Hauptspeicher vorgehalten werden.

Damit Oracle erkennen kann, welche Blöcke mehr benötigt werden als andere, wird die Präsenz der Blöcke im Database-Buffer-Cache durch einen LRU-Algorithmus (**L**east **R**ecently **U**sed) verwaltet. Das bedeutet, dass die Blöcke, auf die häufig zugegriffen wird, länger im Hauptspeicher vorgehalten werden als jene, die nur einmalig geladen und danach nicht mehr benötigt werden.

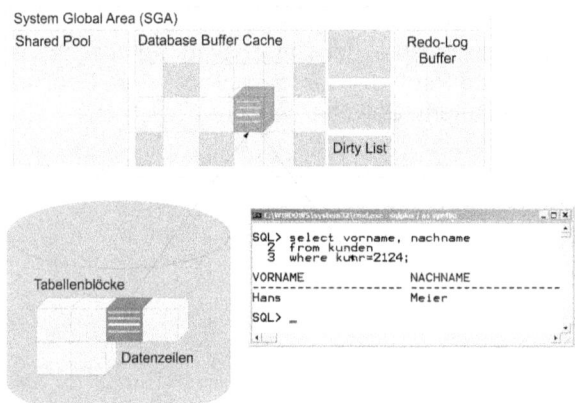

Abbildung 3. Laden von Blöcken in den Database-Buffer-Cache

Durch diesen LRU-Algorithmus fallen dann nicht mehr benötigte Blöcke aus dem Database-Buffer-Cache heraus, um Platz für neue zu schaffen. Die Blockgröße wird während der Installation einer Datenbank festgelegt und kann zwischen 2 und 32 Kilobyte liegen. Eine Änderung der Blockgröße ist nach der Installation einer Datenbank nicht mehr möglich und kann nur durch eine Neuinstallation erreicht werden. Die eingestellte Standardblockgröße beträgt 8 KB.

Abhängig von der beabsichtigten Betriebsart einer Datenbank sollte die Blockgröße gesetzt werden: In sogenannten OLTP-Datenbanken (**O**n-**L**ine **T**ransaction **P**rocessing) sind in der Regel kleinere Blöcke, in OLAP-Datenbanken (On-Line Analytical Processing) größere Blöcke zu bevorzugen.

OLTP-Datenbanken zeichnen sich durch eine hohe Transaktionsrate aus, deren Datenänderungen innerhalb der Transaktionen klein sind. Zusätzlich laufen viele Abfragen in die Datenbank ein, deren Ergebnismengen klein sind. Bei diesen Datenbanken werden meist kleine Blockgrößen bevorzugt, um pro Datensatzsatzzugriff wenige Datensätze zusätzlich pro Block laden zu müssen. OLTP-Systeme sind zum Beispiel ERP-Systeme (Enterprise Resource Planning, Personalplanung, Kapital, Betriebsmittel, Verkauf, Marketing, Finanz- und Rechnungswesen) oder CRM-Systeme (Customer Relation Management, Systeme für Kundenbetreuung).

OLAP-Datenbanken werden in bestimmten Abständen mit Daten befüllt und dienen zur Analyse dieser Datenbestände. Da in diesen Datenbanken große Datenmengen verarbeitet werden, werden hier größere Blöcke bevorzugt, da mit dem Lesen eines Datensatzes, der sich in einem solchen großen Block befindet, gleichzeitig viele zusätzliche Datensätze geladen und verarbeitet werden können.

3.8. Die Dirty-List

Werden Datensatzänderungen innerhalb der Datenbank durchgeführt, so werden die Blöcke, in denen die Änderungen vollzogen werden, nicht direkt in die Datenbank zurückgeschrieben. Vielmehr werden die Blockadressen der geänderten Blöcke in einem Speicherbereich, der Dirty-List, protokolliert. Somit befinden sich im Database-Buffer-Cache die geänderten Blöcke, während in der Datenbank die Blöcke noch ihren Originalzustand besitzen.

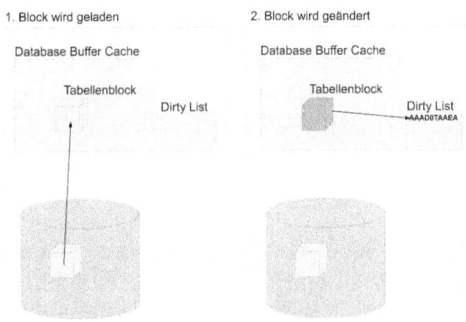

Abbildung 4. Verwendung der Dirty-List

Erst zu späterer Zeit werden sie dann anhand der Dirty-List aus dem Database-Buffer-Cache in die Datenbank übertragen. Im Allgemeinen kann man sagen, dass sich Änderungen primär immer in der Instanz vollziehen und erst später in die Datenbank geschrieben werden, um auf diese Weise einen Geschwindigkeitsvorteil zu erreichen.

3.9. Der Redo-Log-Buffer

Aufgrund der Tatsache, dass Änderungen erst im Database-Buffer-Cache durchgeführt werden, gingen diese Änderungen bei einem Instanzabsturz verloren. Um dies zu verhindern, werden Änderungen zusätzlich im Redo-Log-Buffer protokolliert. Für jede Datensatzänderung werden unter anderem die Blockadresse, der Ort der Änderung innerhalb des Blockes, der neue Wert, ein Zeitstempel und eine Systemänderungsnummer (**S**ystem **C**hange **N**umber, SCN) in diesen Speicherbereich geschrieben. Unter Oracle erhalten alle Änderungen, die zur gleichen Transaktion gehören, eine Systemänderungsnummer, um alle Änderungen einer Transaktion identifizieren zu können.

Trotz all dieser Informationen, die im Redo-Log-Buffer festgehalten werden, gingen vorgenommene Änderungen im Falle eines Instanzabsturzes verloren, da dieser Speicherbereich in Konsequenz selbst gelöscht würde. Somit muss es einen Mechanismus geben, der Datenverlust im soeben beschriebenen Szenario verhindert. Die einzige Möglichkeit, dieses Problem zu lösen, besteht darin, die Inhalte des Redo-Log-Buffers auf einem Permanentdatenträger zu speichern.

3.10. Der Redo-Log-Writer

Der Inhalt des Redo-Log-Buffers wird durch einen Hintergrundprozess, den sogenannten Redo-Log-Writer, regelmäßig geleert und in die Redo-Log-Dateien geschrieben. Der Schreibprozess erfolgt alle 3 Sekunden, wenn der Redo-Log-Buffer zu einem Drittel gefüllt ist, bevor der Database-Writer schreibt oder wenn innerhalb der Datenbank eine Transaktion mit einem COMMIT abgeschlossen wird.

3.11. Die Redo-Log-Dateien

Um die Änderungen des Database-Buffer-Caches im Vorfeld zu speichern, werden die Inhalte des Redo-Log-Buffers in die Redo-Log-Dateien geschrieben. Eine Datenbank muss immer mindestens zwei dieser Dateien besitzen, hat in der Regel aus Performancegründen aber mehr.

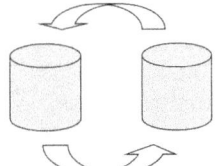
Zyklischer Schreibvorgang in den Redo-Log Dateien

Abbildung 5. Zyklisches Beschreiben der Log-Dateien

Diese Dateien werden zyklisch beschrieben. Das bedeutet: Ist die erste Datei vollgeschrieben, wird in die zweite Datei geschaltet und der Schreibprozess dort fortgesetzt; ist auch diese Datei gefüllt, wird wieder zurück in die erste Datei geschaltet und der Schreibprozess erfolgt erneut. Die Redo-Log-Dateien beinhalten also die Informationen der Datensatzänderungen der Blöcke und dienen bei einem Instanzabsturz zur Wiederherstellung der geänderten Blöcke der Datenbank.

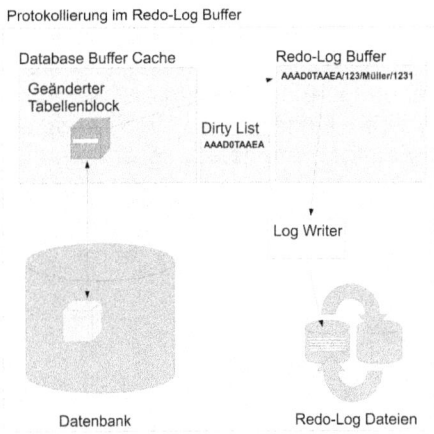

Abbildung 6. Protokollierung im Redo-Log-Buffer

In früheren Versionen von Oracle wurden die geänderten Blöcke des Database-Buffer-Caches nach jedem Umschalten in eine neue Redo-Log-Datei in die Datenbank geschrieben. In neueren Versionen erfolgt das Zurückschreiben nach hier nicht genauer spezifizierten Regeln, aber spätestens dann, wenn wieder zurück von der letzten Datei in die erste gewechselt wird.

Da die Redo-Log-Dateien permanent beschrieben werden, sollten diese nicht auf dem gleichen Plattensubsystem des Betriebssystems oder der Datenbank, sondern auf einem gesonderten Plattensubsystem abgelegt werden. Auf diese Weise werden Zugriffskonflikte beim Schreiben der Daten verhindert, welche die Transaktionsgeschwindigkeit beeinträchtigen könnten. Zusätzlich ist es notwendig, diese Dateien über Oracle spiegeln zu lassen, da ein Ausfall der aktiven Redo-Log-Datei einen aufwendigen Wiederherstellungsprozess zur Folge haben würde, denn alle Datenänderungen, die in die aktive Datei geschrieben werden, wurden noch nicht in die Datenbank übertragen.

3.12. Der Checkpoint-Prozess und der Database-Writer

Da Datensatzänderungen in Blöcken zuerst in den Redo-Log-Dateien protokolliert und nicht direkt in die Datenbank geschrieben werden, muss irgendwann der Zeitpunkt kommen, zu dem auch die geänderten Blöcke aus dem Database-Buffer-Cache in die Datenbank übertragen werden. Da die Blockadressen der geänderten Blöcke in der Dirty-List stehen, kann der Hintergrundprozess, der Database-Writer, diese Blöcke identifizieren und in die Datenbank schreiben. Wann dieser Hintergrundprozess geänderte Blöcke in die Datenbank schreibt, hängt von unterschiedlichen Faktoren ab. Unter anderem gibt es unter Oracle Regeln und einige Parameter, die das Zurückschreiben geänderter Blöcke erzwingen.

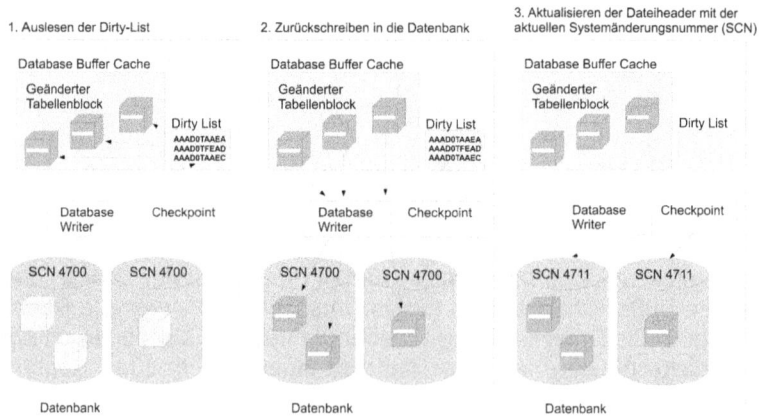

Abbildung 7. Zurückschreiben der geänderten Blöcke in die Datenbank

Wichtig ist aber, dass ein Zurückschreiben erfolgt, bevor eine Redo-Log-Datei erneut überschrieben wird, deren protokollierte Änderungen noch nicht in die Datenbank übertragen wurden. Dies muss also spätestens geschehen, wenn von der letzten in die erste Redo-Log-Datei zurückgewechselt wird.

Wenn die Blockänderungen durch den Database-Writer zurückgeschrieben wurden, wird zusätzlich ein Hintergrundprozess, der sogenannte Checkpoint-Prozess, gestartet, der die letzte Systemänderungsnummer der Datenbank in die Header aller Datenbankdateien und der Kontrolldatei schreibt. Anhand dieser Nummer kann Oracle erkennen, auf welchem Stand sich derzeit die Datenbank befindet.

Dies ist bei einem Wiederherstellungsprozess der Datenbank notwendig und wichtig. Das Zurückschreiben der geänderten Blöcke in die Datenbank und das Aktualisieren der Datendateien und Kontrolldatei mit der Systemänderungsnummer wird auch als Checkpoint bezeichnet.

3.13. Warum der Umweg über die Redo-Log-Dateien?

Warum schreibt Oracle die Blöcke nach Änderungen nicht direkt in die Datenbank? Diese Frage kann man relativ einfach beantworten.

Der Hauptgrund liegt im schnelleren Schreiben der Daten auf einen Permanentdatenträger. Wenn man die Redo-Log-Dateien betrachtet, so werden diese von vorne bis hinten sequenziell beschrieben. Aufgrund des Aufbaus sind diese Dateien für das Schreiben optimiert. Der Schreib-Lesekopf der Festplatte muss sich nicht permanent neu positionieren, um eine Datenänderung wegschreiben zu können. Zudem sind diese Dateien im Gegensatz zur Datenbank klein, womit ein fortlaufendes Beschreiben beschleunigt wird.

Ein weiterer Grund liegt in der Menge der Daten, die in die Redo-Log-Dateien bei der Datenbearbeitung geschrieben werden muss. Wird innerhalb eines Blockes ein Datensatz geändert, so wird der gesamte Block zurück in die Datenbank übertragen. Ist also die Datensatzänderung im Verhältnis zum Block klein, so ist die Menge, die zurückgeschrieben werden muss, immer noch der gesamte Block. Wurden zum Beispiel 10 Datensätze in unterschiedlichen Blöcken geändert, deren Änderungsgröße insgesamt vielleicht nur 100 Bytes ausmachen, muss dennoch zehn Mal die Blockgröße zurückgeschrieben werden.

In den Redo-Log-Dateien werden standardmäßig keine gesamten Blöcke protokolliert, sondern eben nur die Änderungen an den Blöcken. Die damit verbundene Datenmenge ist, wie im Absatz zuvor bereits beschrieben, natürlich um ein Vielfaches geringer als jene aller Blöcke, in denen die Änderungen vollzogen wurden. Erst bei einem Checkpoint werden alle geänderten Blöcke in die Datenbank übertragen, so dass die Schreib-Leseköpfe die Blöcke in einem Gesamtprozess wegschreiben können; dies geht schneller, als wenn die Blöcke sofort einzeln geschrieben würden.

3.14. Undo-Segmente und Lesekonsistenz

Was passiert, wenn ein Anwender lesend auf Datensätze zugreift, die derzeit Bestandteil einer laufenden Transaktion eines anderen Anwenders sind? Um dieses Problem zu klären, muss ein weiterer Bestandteil der Architektur erörtert werden.

Ändert ein Anwender einen Datensatz, so wird im Vorfeld eine Kopie des Blockes, in dem die Änderung stattfinden soll, angelegt. Das Anlegen der Kopie erfolgt durch Laden eines leeren Undo-Blockes aus den sogenannten Undo-Segmenten in den Database-Buffer-Cache und Kopieren des zu ändernden Blockes in diesen leeren Block. Somit befinden sich im Database-Buffer-Cache zwei Blöcke, die an der Änderung beteiligt sind.

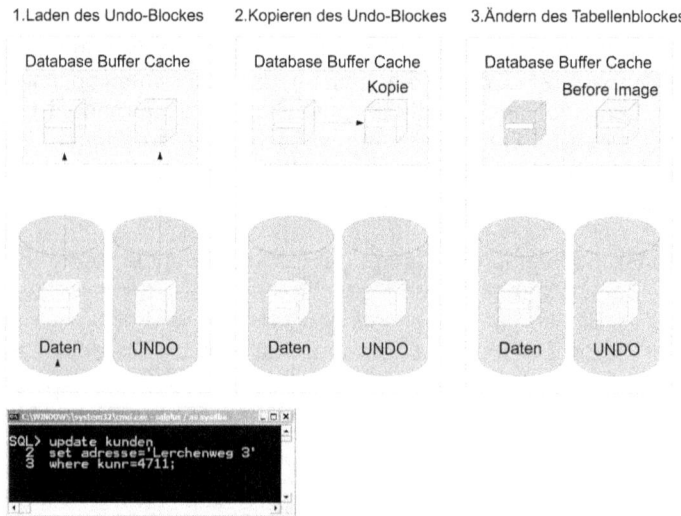

Abbildung 8. Anlegen eines UNDO-Blocks bei einer Datensatzänderung

Erst nachdem eine Kopie des zu ändernden Blockes angelegt wurde, wird die eigentliche Änderung an dem Datensatz durchgeführt. Somit befinden sich im Cache der geänderte Block und der Block in seinem Ursprungszustand. Dieser Ursprungsblock wird unter Oracle auch als **Before-Image** bezeichnet.

Ist die Transaktion noch nicht mit einem COMMIT festgeschrieben, so greifen alle Anwender, die den Datensatz lesen wollen, auf den Undo-Block zu. Sie sehen also noch den alten Wert des Datensatzes, bis die Transaktion durch ein COMMIT abgeschlossen wird. Das Lesen des Ursprungsblockes beziehungsweise Undo-Blockes einer laufenden Transaktion bezeichnet man als Lesekonsistenz. Sollte der Anwender seine Transaktion mit einem ROLLBACK rückgängig machen wollen, so werden alle Änderungen, die zu dieser Transaktion gehören, über die Undo-Blöcke zurückgeführt, da in ihnen der Ursprungszustand vorhanden ist. Undo-Segmente werden also unter anderem für das Transaktions-Rollback benötigt und halten die Lesekonsistenz der Datenbank aufrecht.

3.15. Instanz-Recovery

Sollte eine Instanz terminieren, so müssen die Datenänderungen des Database-Buffer-Caches, die noch nicht in die Datenbank übertragen wurden, nach einem Neustart der Instanz über die Redo-Log-Dateien wiederhergestellt werden. Dieser Prozess wird als Instanz-Recovery bezeichnet und wird durch den Hintergrundprozess **SMON** (**S**ystem-**Mon**itor) vollautomatisch bei einem Neustart der Instanz durchgeführt.

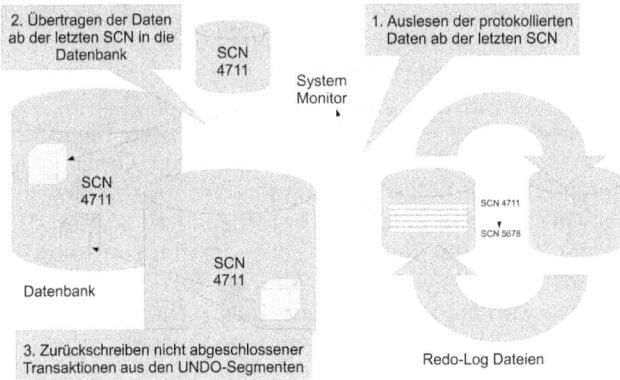

Abbildung 9. Funktionsweise des Instanz-Recoverys

Intern prüft Oracle bei jedem Start der Instanz über die Kontrolldatei, ob sie sauber heruntergefahren wurde, ob also ein Checkpoint vor dem Beenden der Instanz erfolgte, oder ob sie terminierte. Sollte die Instanz terminiert sein, verwendet Oracle für die Wiederherstellung die Systemänderungsnummer der Datenbank, um herauszufinden, ab welchem Zeitpunkt Änderungen aus den Redo-Log-Dateien übertragen werden müssen. Alle durch COMMIT festgeschriebenen Transaktionen in den Redo-Log-Dateien werden auf die Datenbank angewendet. Sollten in den Undo-Segmenten offene Transaktionen vorhanden sein, so werden diese mithilfe der Undo-Segmente zurückgeführt.

Das Anwenden der Redo-Log-Dateien wird auch als **ROLLFORWARD-Phase**, das Anwenden der Undo-Segmente als **ROLLBACK-Phase** bezeichnet. Erst nachdem der Wiederherstellungsprozess erfolgreich durchgeführt wurde, kann die Datenbank für den Zugriff geöffnet werden.

3.16. Der Shared Pool

Der Shared Pool ist ein wichtiger Bestandteil der SGA. Die Hauptaufgabe dieses Speicherbereiches liegt in der Verarbeitung von SQL-Anweisungen, um deren Ausführung zu beschleunigen.

Wird eine SQL-Anweisung an die Oracle-Instanz geschickt, so muss diese SQL-Anweisung verarbeitet werden. Zu diesem Vorgang gehören unter anderem die Syntaxüberprüfung, die Überprüfung, ob die in der Anweisung ausgewählten Objekte auch tatsächlich in der Datenbank existieren, und die Beantwortung der Frage, ob der Anwender über entsprechende Berechtigungen für diese Objekte verfügt. Zudem muss Oracle herausfinden, wo sich die entsprechenden Objekte der Anweisung in der Datenbank befinden.

All diese Metadaten befinden sich im sogenannten Data Dictionary, welches in der Datenbank im SYSTEM-Tablespace liegt. Oracle muss also bei der Ausführung von SQL-Anweisungen diese Metadaten extrahieren, um die Anweisungen überhaupt verarbeiten zu können. Damit ein permanenter Zugriff auf das Data Dictionary und somit der Zugriff auf das Plattensubsystem vermieden wird, werden diese Metadaten für die Wiederverwendbarkeit in einem entsprechenden Bereich des Shared Pools, dem Dictionary Cache, zwischengespeichert.

Im zweiten Schritt verarbeitet Oracle die SQL-Anweisung, wobei herausgefunden werden muss, wie der optimale Zugriffspfad auf die Daten auszusehen hat. Abhängig davon, ob die Daten zum Beispiel gefiltert, sortiert oder gruppiert werden sollen, gibt es für jede dieser Aktionen unterschiedliche Routinen, mit denen Oracle die SQL-Anweisung nachbaut. Dieses Aneinanderreihen der Routinen wird als Ausführungsplan bezeichnet. Für die Entscheidung, welche Routinen in welcher Reihenfolge die geringsten Kosten bzw. die geringste Zeit für die Ausführung der Anweisung benötigen, verwendet Oracle einen sogenannten Optimizer.

Beispiel:
Aus einer Tabelle mit 100.000 Datensätzen soll ein Datensatz selektiert werden. Oracle hat die Möglichkeit, den entsprechenden Datensatz über ein komplettes Durchscannen der Tabelle oder, bei Existenz eines Index, gezielt über die zu durchsuchende Spalte zu finden. Beides würde das richtige Ergebnis liefern. Ist die Tabelle allerdings wie in diesem Beispiel sehr groß, so wäre die Suche über einen Index schneller als ein kompletter sequenzieller Suchvorgang (Full-Table-Scan). Hierzu stehen also zwei Ausführungspläne zur Verfügung, so dass Oracle den Ausführungsplan wählen muss, der die geringsten Kosten für die Rückgabe der Ergebnismenge liefert.

Im vorangegangenen Beispiel wurde eine sehr einfache SQL-Anweisung verwendet. SQL-Anweisungen können aber beliebig komplex werden, so dass die Erstellung eines Ausführungsplans eine gewisse Zeit in Anspruch nehmen kann. Um die Wiederverwendbarkeit von Ausführungsplänen zu gewährleisten, legt Oracle nach erfolgreicher Erstellung diesen Ausführungsplan und die SQL-Anweisung im Klartext in einem separaten Bereich des Shared Pools, dem Library-Cache, ab. Bei erneuter Ausführung der gleichen Anweisung ist Oracle in der Lage, den vorher erstellten Ausführungsplan wiederzuverwenden. Ein erneuter Parse fällt weg und die Ausführung wird beschleunigt.

3.17. Weitere Speicherbereiche in der SGA

Oracle besitzt weitere Speicherbereiche in der SGA, die hier nur im Groben angesprochen werden sollen, um zumindest deren Aufgabe und Verwendung im Betrieb zu verstehen.

3.17.1. Der Large Pool

Einige weitere Komponenten der Oracle-Umgebung benötigen Speicherplatz im Hauptspeicher der SGA, der durch die im Vorfeld angesprochenen Speicherstrukturen nicht abgedeckt werden kann oder nicht verwendet werden sollte. Diese Komponenten bedienen sich dann des Speichers, der durch den Large Pool zur Verfügung gestellt wird. Zu diesen Komponenten gehören unter anderem der Recovery Manager oder der Shared Server, die hier erst einmal nicht weiter erläutert werden sollen. Die Größenkonfiguration des Large Pools erfolgt über den Parameter **LARGE_POOL_SIZE**.

3.17.2. Der Java Pool

Oracle bietet die Möglichkeit, interne Programme, die sogenannten gespeicherten Prozeduren, anstatt in der Oracle eigenen prozeduralen Sprache PL/SQL in Java zu programmieren. Da Java-Anwendungen eine virtuelle Umgebung benötigen, in der sie ausgeführt werden können, bietet Oracle einen Speicherbereich, in dem diese Programme ablaufen können. Die Größe des Java Pools kann mit dem Parameter **JAVA_POOL_SIZE** gesetzt werden.

3.17.3. Der Streams Pool

Der Streams Pool ist neu in Oracle 10g und wird für die Replikation von Daten zwischen Datenbanken mit der Methode Advanced Queueing verwendet, indem Daten als Nachricht verschickt und in Warteschlangen, den sogenannten Queues, abgelegt werden. Diese Queues verwenden den Streams Pool zum Zwischenspeichern ihrer Daten. Die Größe des Streams Pools wird über den Parameter **STREAMS_POOL_SIZE** konfiguriert.

3.18. Zusammenfassung

➤ Die Oracle-Architektur besteht aus einem aktiven Teil, der Instanz, und einem passiven Teil, der Datenbank.

➤ Die Datenbankinstanz besteht aus Speicherstrukturen, der sogenannten System Global Area, Hintergrundprozessen und ist der Motor der Datenbankarchitektur.

➤ Die Datenbank besteht aus den Datenbankdateien und befindet sich auf dem Plattensubsystem.

➤ Die System Global Area beinhaltet die Speicherstrukturen, die sich unter anderem zusammensetzen aus:
  - Dem Database-Buffer-Cache, der die gelesenen Blöcke aus der Datenbank beinhaltet.
  - Der Dirty-List, die die Blockadressen der geänderten Blöcke beinhaltet.
  - Dem Redo-Log-Buffer, der die Änderung der Datensätze innerhalb der Datenbankblöcke protokolliert.
  - Dem Shared Pool, der die Ausführungspläne der SQL-Anweisungen, die SQL-Anweisung im Klartext und die Metadaten des Data Dictionarys speichert.

➤ Die im Redo-Log-Buffer protokollierten Änderungen werden wie folgt in die Redo-Log-Dateien geschrieben:
  - Alle 3 Sekunden
  - Vor dem Übertragen der geänderten Daten im Database-Buffer-Cache in die Datenbankdateien durch den Database-Writer
  - Bei einem Füllgrad des Redo-Log-Buffers von einem Drittel
  - Bei Abschluss einer Transaktion durch ein COMMIT

➤ Eine Datenbank muss mindestens zwei Redo-Log-Dateien besitzen, die zyklisch beschrieben werden. Ist die erste Datei befüllt, wird zum Beschreiben in die zweite geschaltet; ist diese wiederum voll, wird der Schreibvorgang erneut in der ersten fortgesetzt.

➤ Ein Checkpoint bedeutet, dass der Database-Writer-Prozess die geänderten Blöcke aus dem Database-Buffer-Cache mithilfe der Dirty-List zurück in die Datenbank schreibt und der

Checkpoint-Prozess die Datenbankdateiheader und die Kontrolldatei mit der aktuellen Systemänderungsnummer versieht. Anhand dieser Nummer erkennt Oracle den aktuellen Stand der Datenbank.

> Dieser Aufbau der Architektur ermöglicht ein performantes Schreiben der geänderten Daten und gleichzeitig ein schnelles Servieren der gesuchten Daten aus der Datenbank.

4. Die Flash Recovery Area

Die Flash Recovery Area wurde in Oracle 10g eingeführt und dient als Speicher für Daten, die zur Wiederherstellung der Datenbank verwendet werden. Dazu gehören die archivierten Log-Dateien, Datenbanksicherungen, Sicherungen der Kontrolldatei, Sicherungen der Parameterdatei oder der sogenannten Flashback-Logs.

Hintergrund der Flash Recovery Area ist, ein Sicherungsziel zu definieren, welches die Verwaltung der Datenbanksicherungen in Verbindung mit Erhaltungsrichtlinien übernimmt. Zusätzlich kann die Flash Recovery Area auf ein eingebundenes NAS- oder SAN-Laufwerk gelegt werden, wodurch eine Beschleunigung des Sicherungsvorgangs aufgrund einer Sicherung auf Platte erreicht werden kann.

Durch Konfiguration einer Speicherplatzquota wird eine Limitierung des zu verwendenden Speicherplatzes erreicht. Oracle generiert automatisch eine Warnung, wenn der Speicherplatz einen Füllgrad von 85 Prozent der Quota erreicht. Sollte die Quota aufgrund der abgelegten Datenbanksicherungen erschöpft sein, kann der Recovery Manager veraltete Sicherungen automatisch löschen, sofern eine Erhaltungsrichtlinie definiert wurde. Diese Erhaltungsrichtlinie kann entweder auf Basis einer Redundanz oder eines Wiederherstellungsfensters mithilfe des Recovery Managers erstellt werden.

Eine Erhaltungsrichtlinie auf Basis einer Redundanz besagt, dass zur Sicherheit eine bestimmte Anzahl von Sicherungen der Datenbank vorhanden sein muss. Wird die Anzahl von vorzuhaltenden Sicherungen überschritten, können ältere Sicherungen gelöscht werden.

Eine Erhaltungsrichtlinie auf Basis eines Wiederherstellungsfensters bietet die Möglichkeit, eine Datenbank zu einem beliebigen Zeitpunkt innerhalb dieses Fensters wiederherstellen zu können, in dem alle dafür notwendigen Sicherungen vorgehalten werden. Wird beispielsweise ein Wiederherstellungsfenster von sieben Tagen angegeben, so kann die Datenbank zu jedem Zeitpunkt innerhalb dieser sieben Tage wiederhergestellt werden, was mithilfe einer unvollständigen Wiederherstellung erreicht wird. In welcher Art und Weise eine Erhaltungsrichtlinie definiert wird, wird in späteren Kapiteln besprochen.

Sollte die Quota der Flash Recovery Area für die Erfüllung der Erhaltungsrichtlinie nicht ausreichen, so wird die Durchführung der Sicherung mit dem Recovery Manager abgebrochen und mit einer Fehlermeldung quittiert.

Durch spezielle Befehle besteht die Möglichkeit, alle Sicherungen, die in der Flash Recovery Area abgelegt wurden, im Nachhinein auf ein Bandlaufwerk zu übertragen, wodurch die Sicherungsstrategie „Backup Disk to Tape" unterstützt wird, also erst eine Sicherung auf ein Plattenlaufwerk und danach eine Übertragung der Sicherungen auf ein Bandlaufwerk erfolgt. Bei Durchführung einer Sicherung mit dem Recovery Manager ohne Angabe eines Sicherungsziels wird dieser Bereich unter Oracle 10g oder höher als Standardsicherungsort verwendet.

4.1. Konfiguration der Flash Recovery Area

Die Flash Recovery Area wird über die Parameter DB_RECOVERY_FILE_DEST und DB_RECOVERY_FILE_DEST_SIZE konfiguriert.

DB_RECOVERY_FILE_DEST definiert den Speicherort, an dem die zu speichernden Dateien abgelegt werden. Für jede installierte Datenbank wird ein eigener Ordner mit deren Namen angelegt, unter denen wiederum Ordner erstellt werden, die für die Aufnahme der Sicherungen, Kopien, Archive, Kontrolldateisicherungen oder den sogenannten Flashback-Logs zuständig sind.

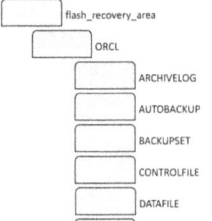

In diesen Ordnern wird für jeden Tag ein eigener Unterordner mit Namen und Datum angelegt, wenn zu diesem Tag diese Komponenten erzeugt werden.

Aufbau der Flash Recovery Area:
$ORACLE_BASE/flash_recovery_area/Komponente/Datum

Ordner der Flash Recovery Area:

ARCHIVELOG	Ordner für die Archive
AUTOBACKUP	Ordner für die automatisch gesicherten Kontrolldateien
BACKUPSET	Ordner für Sicherungen vom Sicherungstyp Backupset
CONTROLFILE	Ordner für Kontrolldateisicherungen
DATAFILE	Ordner für Datendateikopien
ONLINELOG	Ordner für Online Redo-Log-Dateien
FLASHBACKLOG	Ordner für Flashback-Logs der Flashback Database

DB_RECOVERY_FILE_DEST_SIZE gibt die maximale Größe bzw. Quota der Flash Recovery Area an. Da Oracle die Größen der abzulegenden Dateien protokolliert, sollten diese Dateien bei Bedarf auch nur mit Oracle-Mitteln gelöscht werden, damit Oracle in der Lage ist, den aktuell verwendeten Speicherplatz zu ermitteln.

Anzeigen der Quota und des Speicherortes der Flashrecovery-Area:
```
SQL> SHOW PARAMETER DB_RECOVERY_FILE_DEST

NAME                          TYPE       VALUE
---------------------------   ---------  -----------------------------
db_recovery_file_dest         string     C:\app\flash_recovery_area
db_recovery_file_dest_size    big        integer 2G
```

In der Standardinstallation befindet sich die Flash Recovery Area unter dem Pfad $ORACLE_BASE/flash_recovery_area.

4.2. Informationen zur Flash Recovery Area

Für die Ermittlung des aktuell verwendeten Speicherplatzes der Flash Recovery Area kann die View V$FLASH_RECOVERY_AREA_USAGE zur Hilfe genommen werden.

Anzeigen der Speicherplatzverwendung der Flash Recovery Area:
```
SQL> SELECT * FROM V$FLASH_RECOVERY_AREA_USAGE;

FILE_TYPE      PERCENT_SPACE_USED   PERCENT_SPACE_RECLAIMABLE   NUMBER_OF_FILES
-----------    ------------------   -------------------------   ---------------
CONTROLFILE                     0                           0                 0
ONLINELOG                       0                           0                 0
ARCHIVELOG                   ,58                         ,58                 3
BACKUPPIECE                37,22                           0                 2
IMAGECOPY                       0                           0                 0
FLASHBACKLOG                    0                           0                 0

6 Zeilen ausgewählt.
```

4.3. Zusammenfassung

- Die Flash Recovery Area wurde in Oracle 10g eingeführt und dient zur Aufnahme von Dateien, die zur Wiederherstellung dienen.

- Der Speicherort der Flash Recovery Area wird über den Parameter DB_RECOVERY_FILE_DEST und die Größe über den Parameter DB_RECOVERY_FILE_DEST_SIZE konfiguriert.

- Die Speicherplatzverwendung der Flash Recovery Area kann über die View V$FLASH_RECOVERY_AREA_USAGE ermittelt werden.

4.4. Auf einen Blick

4.4.1. Parameter

DB_RECOVERY_FILE_DEST	Ort der Flash Recovery Area
DB_RECOVERY_FILE_DEST_SIZE	Größe der Flash Recovery Area

4.4.2. Views

V$FLASH_RECOVERY_AREA_USAGE	Speicherplatzverwendung der Flash Recovery Area

5. Der ARCHIVELOG-Modus

Der Recovery Manager kann die Datenbank online sowie offline sichern. Eine Onlinesicherung bedeutet, dass für den Sicherungsprozess die Datenbank nicht heruntergefahren werden muss. Im Normalbetrieb sollte immer eine Onlinesicherung durchgeführt werden, um das Leeren des Database-Buffer-Caches und des Shared-Pools zu vermeiden, da sich der Inhalt nach einem Neustart der Datenbankinstanz neu aufbauen muss, was sich durch langsame Antwortzeiten bemerkbar macht.

Um Onlinesicherungen mit dem Recovery Manager durchführen zu können, muss die Datenbank im ARCHIVELOG-Modus betrieben werden. Der ARCHIVELOG-Modus sorgt für die Archivierung der vollgeschriebenen Redo-Log Dateien nach einem Loggruppenwechsel. Werden Datendateien der Datenbank online gesichert, erhält man Inkonsistenzen, da während des Kopierprozesses weitere Änderungen in die Datendateien geschrieben werden. Diese Inkonsistenzen können nur mithilfe der im ARCHIVELOG-Modus erzeugten Archive der Redo-Log-Dateien bereinigt werden.

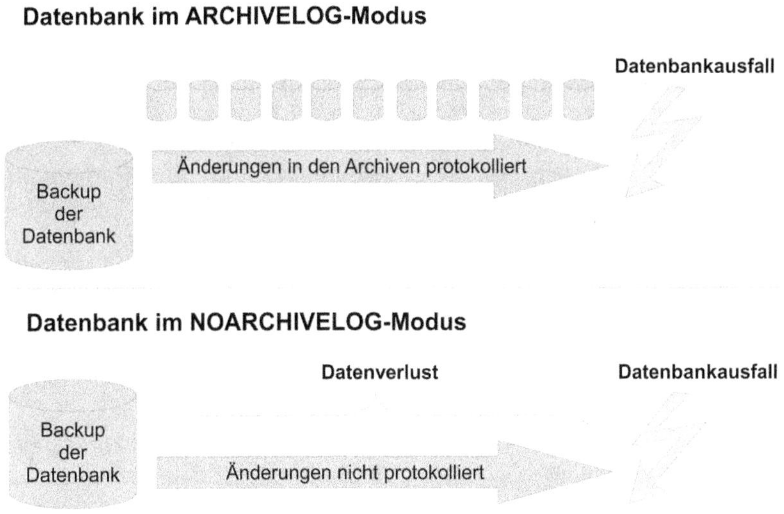

Datenbank im ARCHIVELOG-Modus

Datenbankausfall

Backup der Datenbank — Änderungen in den Archiven protokolliert

Datenbank im NOARCHIVELOG-Modus

Datenverlust   Datenbankausfall

Backup der Datenbank — Änderungen nicht protokolliert

Abbildung 10: ARCHIVELOG- und NOARCHIVELOG-Modus

Zusätzlich kann mit den archivierten Redo-Log-Dateien eine Datenbank ohne Datenverlust wiederhergestellt werden, da in den Archiven alle Änderungen der Datenbank vorhanden sind, welche bei einem

Wiederherstellungsprozess auf das letzte Backup angewendet werden können. Wird die Datenbank im NOARCHIVELOG-Modus betrieben, kann sie nur offline gesichert werden, und eine Wiederherstellung der Datenbank ist nur bis zur letzten Vollsicherung möglich.

Bis einschließlich Oracle 9i werden für die Konfiguration des ARCHIVELOG-Modus mindestens folgende Parameter gesetzt:

Initialisierungsparameter für den ARCHIVELOG-Modus:

LOG_ARCHIVE_FORMAT	Legt das Archivformat fest.
LOG_ARCHIVE_DEST	Definiert das Archivierungsziel.
LOG_ARCHIVE_START	Startet den Archivprozess automatisch.

Ab Oracle 10g ist es nicht mehr zwingend notwendig, diese Parameter zu setzen.

5.1. Archivierungsziele

Bei der Definition des Archivierungsziels muss zwischen der Standard- und Enterpriseversion unterschieden werden. In der Standardversion dürfen nur zwei Archivierungsziele mit den Parametern LOG_ARCHIVE_DEST und LOG_ARCHIVE_DUPLEX_DEST konfiguriert werden.

In der Enterpriseversion besteht die Möglichkeit, bis maximal 10 bzw. 31 Archivierungsziele zu verwenden. Dabei kann das Archivierungsziel lokal auf Platte oder remote auf eine Standby-Datenbank zeigen. Die Ziele werden in der Enterpriseversion mit den Parametern LOG_ARCHIVE_DEST_n (n von 1 bis 10, in 11g n 1 bis 31) gesetzt.

Werden ab Oracle 10g keine Archivierungsziele angegeben, so wird standardmäßig in die Flash Recovery Area archiviert. Ab Oracle 11g sind standardmäßig zwei Archivierungsziele definiert. Ein Ziel liegt in der Flash Recovery Area, das zweite zeigt auf das Verzeichnis $ORACLE_HOME/rdbms der Oracle-Installation.

Zur Sicherheit sollten mindestens zwei Ziele für die Archivierung gesetzt sein, denn sollte bei einem Wiederherstellungsprozess ein Archiv fehlen, kann die Datenbank nur bis zu dem fehlenden Archiv wiederhergestellt werden und Datenverlust wäre die Folge.

In der Enterpriseversion von Oracle können mit den Parametern LOG_ARCHIVE_DEST_n obligatorische und optionale Ziele definiert werden. Durch Verwendung des Schlüsselwortes MANDATORY wird ein obligatorisches Ziel konfiguriert, was bedeutet, dass in dieses Ziel immer gesichert werden muss. Sollten aus technischen Gründen diese Ziele für die Archivierung nicht erreichbar sein, so hält der Betrieb der Datenbank aus Sicherheitsgründen an. Mithilfe des zusätzlichen Schlüsselwortes REOPEN kann ein Zeitintervall definiert werden, nach dem Oracle erneut versucht, das Archiv zu schreiben, wenn im Vorfeld die Archivierung auf dieses Ziel fehlgeschlagen ist.

Das Schlüsselwort OPTIONAL definiert ein optionales Ziel. Sollte aus technischen Gründen dieses Ziel nicht erreichbar sein, so fährt Oracle mit dem Betrieb fort. In Oracle 11g sind die Ziele standardmäßig optional, in Oracle 10g und davor verbindlich.

Die Verwendung zur Konfiguration der Archivierungsziele könnte dann folgendermaßen aussehen:
```
SQL> ALTER SYSTEM SET LOG_ARCHIVE_DEST_1='location=e:\arch1\
  2 MANDATORY REOPEN=30' SCOPE=SPFILE;
System wurde geändert.

SQL> ALTER SYSTEM SET LOG_ARCHIVE_DEST_2='location=f:\arch2\
  2 MANDATORY REOPEN=30' SCOPE=SPFILE;
System wurde geändert.

SQL> ALTER SYSTEM SET LOG_ARCHIVE_DEST_3='location=g:\arch1\
  2 OPTIONAL' SCOPE=SPFILE;
System wurde geändert.
```

Wurden mehrere optionale Archivierungsziele angegeben, so kann mithilfe des Parameters LOG_ARCHIVE_MIN_SUCCEED_DEST eine Mindestanzahl von Zielen angegeben werden, in denen eine erfolgreiche Archivierung durchgeführt sein muss. Wurden beispielsweise vier optionale Archivierungsziele angegeben und wurde dieser Parameter auf zwei gesetzt, so kann Oracle erfolgreich weiter ausgeführt werden, auch wenn aus technischen Gründen nur zwei Ziele für die Archivierung erreichbar waren.

Sollte ein Archivierungsziel für eine längere Zeit ausfallen, so kann dieses mithilfe des Parameters LOG_ARCHIVE_DEST_STATE_n (n = 1 bis 10 in 11gR2 1 bis 31) deaktiviert werden, damit ein Weiterbetrieb der Datenbank möglich ist. Dies erfolgt, indem man den entsprechenden Parameter für das Ziel auf ENABLE oder DISABLE setzt.

5.2. Archivformat

Das Format der Archivdateien wird über den Parameter LOG_ARCHIVE_FORMAT konfiguriert. Mithilfe von Platzhaltern kann das Format angepasst werden.

Platzhalter für den Parameter LOG_ARCHIVE_FORMAT:

%s %S	Gibt die Sequenznummer des Archivs an. Bei jedem Loggruppenwechsel erhält die aktuell zu beschreibende Loggruppe eine neue eindeutige Nummer. Wird diese Loggruppe archiviert, erhält das Archiv bei Verwendung des Platzhalters %s diese Nummer im Archivnamen.
%t %T	Gibt die Thread-Nummer der Instanz an. Beim Real Application Cluster besitzt jede Instanz eigene Redo-Log-Gruppen. Zur Unterscheidung, von welcher Instanz das Archiv erstellt wurde, erhält jedes Archiv bei Verwendung dieses Platzhalters diese Nummer.
%r	Gibt die Inkarnationsnummer der Datenbank an. Ab Oracle 10g ist dieser Platzhalter verfügbar, der die Inkarnationsnummer der Datenbank angibt. Wird eine Datenbank mit einem unvollständigen Recovery wiederhergestellt, so kann bei einem erneuten Ausfall der Datenbank ein Backup vor dem unvollständigen Recovery verwendet werden. Dieses war vor Oracle 10g nicht möglich. Genauere Informationen zur Inkarnation von Datenbanken werden in späteren Kapiteln erörtert.

5.3. Automatisches Starten des Archivierungsprozesses

Vor Oracle 10g musste für die automatische Archivierung der Parameter LOG_ARCHIVE_START auf TRUE gesetzt werden. Bei Setzen dieses Parameters wurde bei Instanzstart der Archivierungsprozess mit gestartet. Wurde dieser Parameter nicht gesetzt, so musste der Archivierungsprozess mit dem Befehl ALTER SYSTEM ARCHIVE LOG START manuell nachgestartet werden. Beendet werden konnte der Prozess mit dem Befehl ALTER SYSTEM ARCHIVE LOG STOP. Ab Oracle 10g wird der Archivierungsprozess automatisch gestartet und kann nicht beendet werden, wenn sich die Datenbank im ARCHIVELOG-Modus befindet.

5.4. Aktivierung des ARCHIVELOG-Modus

Das alleinige Setzen der Parameter startet nicht die Archivierung der Redo-Log-Dateien. Damit die Archivierung durchgeführt wird, muss die Datenbank in den ARCHIVELOG-Modus versetzt werden, welcher bestimmt, dass nicht archivierte Redo-Log-Dateien auch nicht überschrieben werden dürfen. Die Archivierung übernimmt dann der Archivierungsprozess.

Unter Oracle 9i und davor war es deshalb notwendig, zusätzlich den Archivierungsprozess zu starten, da bei einem Loggruppenwechsel in eine nicht archivierte Loggruppe die Datenbank zum Stillstand kam. Da eine Trennung von Archivierungsprozess und ARCHIVELOG-Modus nicht sinnvoll ist, hat Oracle die Aktivierung der automatischen Archivierung bei Aktivierung des ARCHIVELOG-Modus implementiert. Befindet sich die Datenbank unter 10g und höher im ARCHIVELOG-Modus, ist eine Deaktivierung des Archivierungsprozesses nicht mehr möglich. Die Ausführung des Befehls ALTER SYSTEM ARCHIVE LOG STOP liefert unter 10g und höher zwar keinen Fehler, hat aber auch keinen Einfluss mehr.

Die Aktivierung des ARCHIVELOG-Modus erfolgt in der MOUNT-Phase der Datenbank mit dem Befehl ALTER DATABASE ARCHIVELOG. Eine Deaktivierung des ARCHIVELOG-Modus kann mit ALTER DATABASE NOARCHIVELOG erreicht werden, welches unter Oracle 10g und höher ebenfalls die Deaktivierung des Archivierungsprozesses zur Folge hat. Unter Oracle 9i und davor sollte der Parameter LOG_ARCHIVE_START zurück auf FALSE gesetzt werden, um ein automatisches Starten des Archivierungsprozesses zu vermeiden.

Aktivierung des Archivelog-Modus unter Oracle 9i:
```
SQL> ALTER SYSTEM SET LOG_ARCHIVE_START=TRUE SCOPE=SPFILE;
System wurde geändert.

SQL> ALTER SYSTEM SET LOG_ARCHIVE_DEST_1='location=C:\arch1\' SCOPE=SPFILE;
System wurde geändert.

SQL> ALTER SYSTEM SET LOG_ARCHIVE_DEST_2='location=D:\arch2\' SCOPE=SPFILE;
System wurde geändert.

SQL> ALTER SYSTEM SET LOG_ARCHIVE_FORMAT='%d_%s_%t.arc' SCOPE=SPFILE;
System wurde geändert.

SQL> SHUTDOWN IMMEDIATE
Datenbank geschlossen.
Datenbank abgehängt.
ORACLE-Instance heruntergefahren.
```

Der ARCHIVELOG-Modus

```
SQL> STARTUP MOUNT
ORACLE-Instance hochgefahren.
Total System Global Area   612368384 bytes
Fixed Size                   1250428 bytes
Variable Size              247466884 bytes
Database Buffers           356515840 bytes
Redo Buffers                 7135232 bytes
Datenbank mit MOUNT angeschlossen.

SQL> ALTER DATABASE ARCHIVELOG;
Datenbank wurde geändert.
```

```
SQL> ALTER DATABASE OPEN;
Datenbank wurde geändert.
```

Aktivierung des Archivelog-Modus unter Oracle 10g:
```
SQL> ALTER SYSTEM SET LOG_ARCHIVE_DEST_1='location=C:\arch1\' SCOPE=SPFILE;
System wurde geändert.

SQL> ALTER SYSTEM SET LOG_ARCHIVE_DEST_2='location=D:\arch2\' SCOPE=SPFILE;
System wurde geändert.

SQL> SHUTDOWN IMMEDIATE
Datenbank geschlossen.
Datenbank abgehängt.
ORACLE-Instance heruntergefahren.

SQL> STARTUP MOUNT
ORACLE-Instance hochgefahren.

Total System Global Area   612368384 bytes
Fixed Size                   1250428 bytes
Variable Size              247466884 bytes
Database Buffers           356515840 bytes
Redo Buffers                 7135232 bytes
Datenbank mit MOUNT angeschlossen.

SQL> ALTER DATABASE ARCHIVELOG;
Datenbank wurde geändert.
```

```
SQL> ALTER DATABASE OPEN;
Datenbank wurde geändert.
```

5.5. Überprüfung des ARCHIVELOG-Modus

Ob eine Aktivierung der Datenbank in den ARCHIVELOG-Modus erfolgreich durchgeführt wurde, kann über den Befehl ARCHIVE LOG LIST aus SQLPLUS überprüft werden.

Ausführung von ARCHIVE LOG LIST:
```
SQL> ARCHIVE LOG LIST
Datenbank-Log-Modus              Archive-Modus
Automatische Archivierung              Aktiviert
Archivierungsziel                USE_DB_RECOVERY_FILE_DEST
Älteste Online-Log-Sequenz       40
Nächste zu archivierende Log-Sequenz   42
Aktuelle Log-Sequenz             42
```

Zusätzlich liefert die View V$DATABASE über die Spalte LOG_MODE Informationen über den ARCHIVELOG-Modus.

Ausführung der View V$DATABASE:
```
SQL> SELECT NAME, LOG_MODE FROM V$DATABASE;

NAME      LOG_MODE
--------- ------------
ORCL      ARCHIVELOG
```

Die View V$ARCHIVED_LOG gibt die bis zu diesem Zeitpunkt erzeugten Archive und deren Speicherorte zurück.

Ausführung der View V$ARCHIVED_LOG:
```
SQL> SELECT THREAD#, SEQUENCE#, NAME FROM V$ARCHIVED_LOG;

   THREAD#  SEQUENCE# NAME
---------- ---------- ------------------------------------------------
         1         39 C:\ARC1\ORCL_1_39.ARC
         1         40 C:\ARC1\ORCL_1_40.ARC
```

5.6. Zusammenfassung

➢ Um Onlinesicherungen einer Datenbank mithilfe des Recovery Managers durchführen zu können, muss die Datenbank im ARCHIVELOG-Modus sein.

➢ Für die Definition der Archivierungsziele wird zwischen der Standard- und der Enterpriseversion unterschieden.

➢ In der Standardversion sind maximal zwei Archivierungsziele möglich, die über die Parameter LOG_ARCHIVE_DEST und LOG_ARCHIVE_DUPLEX_DEST angegeben werden.

➢ In der Enterpriseversion können bis zu 10 Archivierungsziele angegeben werden, die über die Parameter LOG_ARCHIVE_DEST_n (n = 1 bis 10, in 11gR2 n=1 bis 31) konfiguriert werden. Ab Oracle 10g wird standardmäßig in die Flash Recovery Area archiviert.

➢ Die Archivierungsziele können in der Enterpriseversion mit dem Schlüsselwort MANDATORY als obligatorisch und mit dem Schlüsselwort OPTIONAL als optional gekennzeichnet werden.

➢ Mit den Parametern LOG_ARCHIVE_DEST_STATE_n (n = 1 bis 10, in 11g n=1 bis 31) besteht die Möglichkeit, Archivierungsziele zu aktivieren und zu deaktivieren.

➢ Der Parameter LOG_ARCHIVE_MIN_SUCCEED_DEST bestimmt die Anzahl der Archivierungsziele, in denen minimal erfolgreich archiviert werden muss.

➢ Bis Oracle 9i sollte die automatische Archivierung mit dem Parameter LOG_ARCHIVE_START aktiviert werden.

➢ Nach Konfiguration der Parameter wird die Datenbank in den ARCHIVELOG-Modus gebracht, indem sie gemountet und der Befehl ALTER DATABASE ARCHIVELOG ausgeführt wird.

5.7. Auf einen Blick

5.7.1. Parameter

LOG_ARCHIVE_START	Startet die automatische Archivierung
LOG_ARCHIVE_FORMAT	Namensformat der Archivdateien
LOG_ARCHIVE_DEST	Erstes Archivierungsziel in der Standardversion
LOG_ARCHIVE_DUPLEX_DEST	Zweites Archivierungsziel in der Standardversion
LOG_ARCHIVE_DEST_n	Archivierungsziele der Enterpriseversion
LOG_ARCHIVE_DEST_STATE_n	Aktivierung und Deaktivierung der Archivierungsziele in der Enterpriseversion
LOG_ARCHIVE_MIN_SUCCEED_DEST	Mindestanzahl der Archivierungsziele, in denen erfolgreich archiviert werden muss

5.7.2. Aktivierung des ARCHIVELOG-Modus

ALTER DATABASE ARCHIVELOG;	Versetzt die Datenbank in den ARCHIVELOG-Modus.

5.7.3. Views

ARCHIVE LOG LIST	Zeigt Informationen des ARCHIVELOG-Modus und der Archivierung an.
V$DATABASE	Spalte LOG_MODE zeigt, ob sich die Datenbank im ARCHIVELOG-Modus befindet.
V$ARCHIVED_LOG	Liefert Namen und Ort der aktuellen Archive.

6. Architektur des Recovery Managers

Wird der Recovery Manager für die Sicherung von Datenbanken verwendet, so baut er je nach Verwendungszweck mehrere Verbindungen zu unterschiedlichen Komponenten auf.

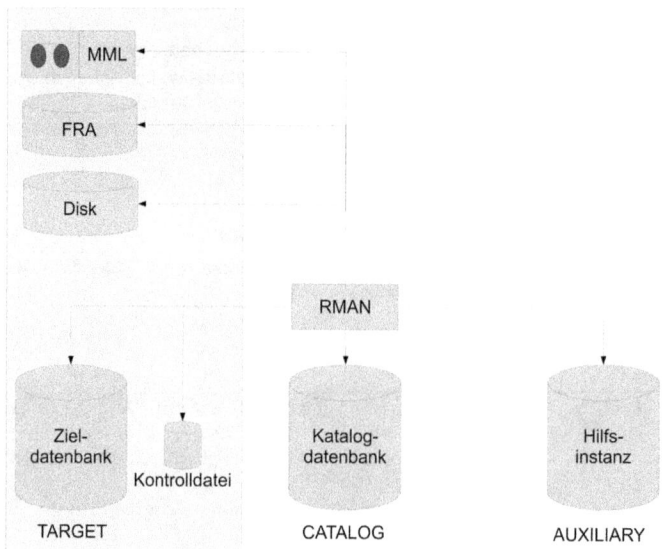

Abbildung 11: Architektur des Recovery Managers

Die Hauptverbindung besteht zur Zieldatenbank, die gesichert werden soll. Sie wird auch als TARGET-Datenbank bezeichnet.

Die Metadaten der Sicherung, die zum Beispiel Speicherort, Größe, Art der Sicherung und weitere Information beinhalten, werden in der Kontrolldatei der Zieldatenbank abgelegt.

Zusätzlich können die Metadaten in eine eigens dafür vorgesehene Datenbank abgelegt werden. Diese Datenbank wird auch als CATALOG-Datenbank bezeichnet. Dieser Sicherungskatalog wird in der Regel dann aufgesetzt, wenn sich eine Vielzahl von Datenbanken in einem Unternehmen befinden und die Informationen der Sicherungen zentral in einem Repository vorgehalten werden müssen. Zusätzlich bietet dieser Sicherungskatalog weitere Möglichkeiten, wie zum Beispiel das Abspeichern von Sicherungsskripten oder das Vorhalten der Metadaten zu Sicherungen über einen unbegrenzten Zeitraum. Im

Gegensatz ist das Vorhalten der Metadaten zu Sicherungen in der Kontrolldatei der Zieldatenbank nur über einen begrenzten Zeitraum, maximal bis 365 Tage, möglich.

Je nach Unternehmensanforderungen sollte überprüft werden, ob die Einführung einer Sicherungskatalogdatenbank notwendig ist.

Wird eine Datenbank dupliziert (geklont), dann wird eine zusätzliche Verbindung zu einer Hilfsinstanz aufgebaut. Diese Hilfsinstanz ist die Ausgangsinstanz für das Kopieren der Datenbankdateien der Produktivdatenbank. Ebenfalls wird eine Hilfsinstanz bei einem sogenannten Tablespace Point in Time Recovery verwendet, bei der ein einzelner Tablespace zeitlich zurückgesetzt werden kann.

Die Sicherungsziele werden über Sicherungskanäle definiert, welche auf ein Bandlaufwerk, auf eine oder mehrere Festplatten des Datenbankservers oder auf die Flash Recovery Area zeigen können. Wird ein Bandlaufwerk als Sicherungsziel verwendet, muss zusätzlich eine Media Managed Library (MML) des Bandlaufwerkes installiert sein, da ohne diese Schnittstelle der Recovery Manager nicht in der Lage ist auf Band zu sichern. Diese Schnittstelle wird von den Bandlaufwerkherstellern mitgeliefert, sofern sie das Sichern von Oracle-Datenbanken unterstützen.

Die Hauptlogik des Recovery Managers befindet sich in bereitgestellten Oracle-Packages der Ziel- und der Katalogdatenbank. Für die Durchführung von Datenbanksicherungen und Wiederherstellungen wird das nicht dokumentierte Package DBMS_BACKUP_RESTORE vom Recovery Manager verwendet. Für die Wartung des Sicherungskatalogs ist das Package DBMS_RCVMAN zuständig. Der Recovery Manager beinhaltet lediglich die Logik für die korrekte Ausführung der Konstrukte dieser Packages.

6.1. Anmelden am Recovery Manager

Die Anmeldung mit dem Recovery Manager an einer Zieldatenbank kann nur mit einem Datenbankbenutzer erfolgen, dem die Rolle SYSDBA/SYSOPER zugeordnet ist. Ein Administrator dieser Rolle ist in der Lage, eine Datenbankinstanz zu starten und zu beenden, was die Voraussetzung für die Wiederherstellung von systemkritischen Komponenten der Datenbank ist.

Die Anmeldung erfolgt über die Kommandozeile mit der Syntax:

Starten des Recovery Managers lokal am Datenbankserver ohne Sicherungskatalogdatenbank:
```
C:\>rman target / nocatalog
........
........
Mit Ziel-Datenbank verbunden: ORCL (DBID=1231023614)
Kontrolldatei der Zieldatenbank wird anstelle des Recovery-Katalogs verwendet
```

Das Schlüsselwort TARGET bestimmt die Verbindung zur zu sichernden Zieldatenbank.

Ab Oracle 10g kann das Schlüsselwort NOCATALOG weggelassen werden, wodurch implizit die Kontrolldatei der Datenbank als Sicherungskatalog verwendet wird.

Remote erfolgt die Anmeldung an einer Zieldatenbank mit der folgenden Syntax:
```
C:\>rman target sys/oracle@orcl nocatalog
........
........
Mit Ziel-Datenbank verbunden: ORCL (DBID=1231023614)
Kontrolldatei der Zieldatenbank wird anstelle des Recovery-Katalogs verwendet
RMAN>
```

Bei der Verwendung eines Datenbanksicherungskatalogs müssen zwei Verbindungen mit dem Recovery Manager aufgebaut werden. Eine Verbindung zeigt auf die Zieldatenbank, die zweite Verbindung ist die Verbindung zum Sicherungskatalog. Wird eine Datenbank mit dem Recovery Manager gesichert, so ist es notwendig, dass die Version des Recovery Managers mit der Version der Zieldatenbank übereinstimmt.

Die Anmeldung an einer Zieldatenbank und des Sicherungskatalogs erfolgt mit der Syntax:
```
C:\>rman catalog rmanuser/rman@rcat target sys/oracle@orcl
........
........
Mit Ziel-Datenbank verbunden: ORCL (DBID=1231023614)
Verbindung mit Datenbank des Recovery-Katalogs
RMAN>
```

Das Schlüsselwort CATALOG definiert die Verbindung zum Sicherungskatalog.

6.2. Bedienung des Recovery Managers

Der Recovery Manager kann auf unterschiedliche Art bedient werden. Dies kann entweder im interaktiven oder über den Batch-Modus erfolgen.

6.2.1. Interaktiver Modus

Der Recovery Manager wird interaktiv mit Befehlen für die Sicherung oder die Wiederherstellung der Datenbank aus der Kommandozeile gesteuert.

Ausführung eines interaktiven Befehls:
```
C:\>rman catalog rmanuser/rman@rcat target sys/oracle@orcl
........
........
Mit Ziel-Datenbank verbunden: ORCL (DBID=1231023614)
Verbindung mit Datenbank des Recovery-Katalogs
RMAN>BACKUP AS COMPRESSED BACKUPSET DATABASE PLUS ARCHIVE LOG DELETE INPUT;
```

6.2.2. Batch Modus

Der Recovery Manager wird aus einem Shell-Skript oder einer Batchdatei gestartet, zum Beispiel über einen Zeitplandienst. Der Recovery Manager erhält als Übergabeparameter eine Textdatei, welche die auszuführenden Sicherungsbefehle beinhaltet.

Ausführung eines Skripts über den Recovery Manager mit cmdfile:
```
rman target [Anmeldung] cmdfile=[Sicherungsskript] log=[Log-Datei] append
```

Zusatzparameter für den Start des Recovery Managers:

cmdfile	Textdatei mit dem auszuführenden Sicherungsbefehl
log	Textdatei für das Protokoll der Sicherung
append	Hängt den Protokollinhalt an das vorherige Protokoll an.

Beispiel für die Ausführung:
```
C:\>rman target / cmdfile=C:\bu\bu.txt log=C:\bu\bu.log append
```

Beispielinhalt der Datei bu.txt
```
run
{
        allocate channel c1 device type sbt;
        backup as compressed backupset database;
        delete noprompt obsolete;
}
```

6.3. Befehlsarten des Recovery Managers

Der Recovery Manager besitzt unterschiedliche Arten von Befehlen. Diese Befehlsarten werden für die Sicherung und die Wiederherstellung von Datenbanken verwendet, sowie für die Wartung des Sicherungskatalogs.

Sicherungsbefehle
- Backup
- Copy
- Allocate

Wiederherstellungsbefehle
- Restore
- Recover
- Flashback
- Allocate
- Switch

Katalogwartungsbefehle
- List
- Report
- Delete
- Catalog
- Crosscheck
- Configure
- Change
- Create Script
- Delete Script
- Replace Script

Innerhalb dieser Befehlsarten wird zwischen Standalone- und Job-Befehlen unterschieden. Standalone-Befehle können alleine als eine ausführbare Einheit verarbeitet werden. Job-Befehle müssen innerhalb eines Ausführungsblocks gestartet werden, da von ihnen andere Befehle innerhalb dieses Blockes abhängig sind.

So kann beispielsweise der ALLOCATE-Befehl nicht alleine ausgeführt werden, da er einen Kanal auf das Sicherungsziel für den Backup-Befehl erzeugt. Eine Kanalerstellung auf ein Sicherungsziel ohne die Ausführung einer Sicherung macht keinen Sinn.

Job-Befehle sind in diesem Zusammenhang ALLOCATE und SWITCH, auf die später genauer Bezug genommen wird.

Ein Ausführungsblock wird mit dem Schlüsselwort RUN eingeleitet und durch geschweifte Klammern begrenzt. Innerhalb der geschweiften Klammern werden die abzuarbeitenden Befehle angegeben. Die Befehle des Ausführungsblockes werden seriell abgearbeitet, wodurch bei einem Fehler die Ausführung des Blockes ab dem entstandenen Fehler abgebrochen wird.

Ausführungsblock mit Kanalerstellung auf ein Bandlaufwerk:
```
run
{
        allocate channel c1 device type sbt;
        backup as compressed backupset database;
}
```

6.4. SQL aus dem Recovery Manager

Sollen SQL-Anweisungen ausgeführt werden, so muss dafür nicht direkt das SQLPLUS oder ein vergleichbares Werkzeug gestartet werden. Allgemeine Befehle, die zur Administration der Datenbank dienen, also keine Ergebnismenge zurückliefern, können direkt über den Recovery Manager ausgeführt werden. Dazu gehört beispielsweise das Offline- oder Online-Setzen von Tablespaces oder die Erstellung von Datenbankdateien.

Damit SQL-Anweisungen direkt über den Recovery Manager ausgeführt werden können, werden sie über den Befehl SQL gekapselt.

Ausführung von SQL-Anweisungen aus dem Recovery Manager:
```
sql 'Anweisung';
```

Beispiel für die Ausführung einer SQL-Anweisung aus dem Recovery Manager:
```
RMAN> sql'ALTER TABLESPACE DATA ONLINE';

sql statement: ALTER TABLESPACE DATA ONLINE
```

Für das Herunterfahren oder Starten der Datenbankinstanz ist die Kapselung mit SQL nicht notwendig, da die Befehle STARTUP und SHUTDOWN keine direkten SQL-Anweisungen sind. In den neueren Versionen von Oracle kann das Mounten oder Öffnen der Datenbank mit ALTER ebenfalls ohne die Kapselung mit dem Befehl SQL aus RMAN durchgeführt werden.

```
RMAN> ALTER DATABASE OPEN;
```

6.5. Zusammenfassung

> Die zu sichernde Datenbank wird als Zieldatenbank bezeichnet.

> Die Metadaten der Sicherungen werden in der Kontrolldatei der Datenbank abgelegt und können zusätzlich in einer Katalogdatenbank gespeichert werden.

> Eine Hilfsinstanz wird beim Duplizieren von Datenbanken oder bei einem Tablespace Point in Time Recovery verwendet.

> Die Sicherungsziele werden über Kanäle definiert, die auf die Festplatten des Datenbankservers, auf die Flash Recovery Area der Datenbank oder auf ein Bandlaufwerk zeigen können. Für die Verwendung eines Bandlaufwerkes muss eine MML installiert sein.

> Der Recovery Manager kann im interaktiven oder im Batch-Modus betrieben werden.

> Die Befehle des Recovery Managers werden in Befehlsfamilien untergliedert, die für die Wartung des Sicherungskatalogs, die Sicherung und Wiederherstellung der Datenbank zuständig sind.

> SQL-Anweisungen können direkt aus dem Recovery Manager ausgeführt werden, wenn sie mit dem Befehl SQL gekapselt werden.

6.6. Auf einen Blick

rman target / nocatalog	Lokale Anmeldung mit der Kontrolldatei als Sicherungskatalog
rman target sys/oracle@orcl nocatalog	Remote Anmeldung mit der Kontrolldatei als Sicherungskatalog
rman catalog rmanuser/rman@rcat target sys/oracle@orcl	Remote Anmeldung mit einer zusätzlichen Datenbank als Sicherungskatalog
rman target / cmdfile=C:\bu\bu.txt log=C:\bu\bu.log append	Starten vom Recovery Manager mit einer Skriptdatei für die Sicherungsausführung

7. Konfiguration des Recovery Managers

Wird eine Sicherung durchgeführt, so können Standardkonfigurationen gesetzt werden, die bei Ausführung verwendet werden, sofern sie nicht innerhalb des Sicherungsbefehls explizit überschrieben werden. Diese Standardkonfigurationen werden direkt über den Recovery Manager konfiguriert und in der Kontrolldatei der Zieldatenbank abgespeichert.

Die aktuell eingestellten Konfigurationswerte werden mit dem Befehl SHOW ALL aufgelistet.

Das Anzeigen der Konfiguration erfolgt mit dem Befehl SHOW ALL;
```
RMAN> show all;
RMAN-Konfigurationsparameter sind:
CONFIGURE RETENTION POLICY TO REDUNDANCY 1; # default
CONFIGURE BACKUP OPTIMIZATION OFF; # default
CONFIGURE DEFAULT DEVICE TYPE TO DISK; # default
CONFIGURE CONTROLFILE AUTOBACKUP OFF; # default
CONFIGURE CONTROLFILE AUTOBACKUP FORMAT FOR DEVICE TYPE DISK TO '%F'; # default
CONFIGURE DEVICE TYPE DISK PARALLELISM 1 BACKUP TYPE TO BACKUPSET; # default
CONFIGURE DATAFILE BACKUP COPIES FOR DEVICE TYPE DISK TO 1; # default
CONFIGURE ARCHIVELOG BACKUP COPIES FOR DEVICE TYPE DISK TO 1; # default
CONFIGURE MAXSETSIZE TO UNLIMITED; # default
CONFIGURE ENCRYPTION FOR DATABASE OFF; # default
CONFIGURE ENCRYPTION ALGORITHM 'AES128'; # default
CONFIGURE ARCHIVELOG DELETION POLICY TO NONE; # default
CONFIGURE SNAPSHOT CONTROLFILE NAME TO
'C:\ORA\10.2.0\DB_1\DATABASE\SNCFORCL.ORA';
```

Auf den nächsten Seiten werden die Konfigurationen der Erhaltungsrichtlinie, die automatische Sicherung der Kontrolldatei und die Sicherungsoptimierung erläutert. Zusätzlich gibt es noch weitere Standardkonfigurationen, die in den entsprechenden Kapiteln behandelt werden.

7.1. Konfiguration einer Erhaltungsrichtlinie

Die Erhaltungsrichtlinie bestimmt die Vorhaltung von Sicherungen der Zieldatenbank. Dies kann auf Basis einer Redundanz oder eines Wiederherstellungsfensters geschehen.

7.1.1. Redundanz

Die Erhaltungsrichtlinie auf Basis der Redundanz bestimmt, wie viele Vollsicherungen der Datenbank vorgehalten werden sollen. Wird zum Beispiel täglich eine Vollsicherung durchgeführt und es müssen mindestens die letzten sieben Sicherungen vorgehalten werden, ist die Erhaltungsrichtlinie auf eine Redundanz von sieben zu setzen. Bei Verwendung der Flash Recovery Area als Sicherungsziel löscht der Recovery Manager automatisch alle Sicherungen, die die Redundanz von sieben überschreiten, sofern der Speicherplatz der Sicherungen die Quota der Flash Recovery Area überschreiten. Ist die Quota der Flash Recovery Area nicht ausreichend konfiguriert, um alle Sicherungen aufzunehmen, so schlägt der Sicherungsvorgang fehl.

Setzen einer Erhaltungsrichtlinie auf Basis der Redundanz:
```
RMAN> CONFIGURE RETENTION POLICY TO REDUNDANCY 7;
Neue RMAN-Konfigurationsparameter:
CONFIGURE RETENTION POLICY TO REDUNDANCY 7;
Neue RMAN-Konfigurationsparameter wurden erfolgreich gespeichert
Vollständige Neusynchronisation des Recovery-Katalogs wird begonnen
Vollständige Neusynchronisation abgeschlossen
RMAN>
```

7.1.2. Wiederherstellungsfenster

Wird vorausgesetzt, dass eine Datenbank zu einem beliebigen Zeitpunkt eines Zeitintervalls wiederhergestellt werden soll, so ist die Konfiguration der Erhaltungsrichtlinie auf Basis der Redundanz nicht geeignet, da nur die Anzahl der Sicherung entscheidend ist, und nicht, in welchem Zeitraum sie erstellt wurden. Werden, wie im vorherigen Beispiel, also an einem Tag, sieben Sicherungen durchgeführt, so bestimmt die Erhaltungsrichtlinie nur, dass alle Sicherungen dieses Tages vorgehalten werden müssen. Möchte man aber in der Lage sein, jeden beliebigen Zeitpunkt der letzten sieben Tage wiederherstellen zu können, so muss die Erhaltungsrichtlinie mit einem Wiederherstellungsfenster konfiguriert werden. Dieses Wiederherstellungsfenster bestimmt, dass alle Sicherungen inklusive der Archive vorgehalten werden, damit diese Zeitpunkte bei einer unvollständigen Wiederherstellung erreicht werden können.

Setzen einer Erhaltungsrichtlinie auf Basis eines Wiederherstellungsfensters:
```
RMAN> CONFIGURE RETENTION POLICY TO RECOVERY WINDOW OF 7 DAYS;
Alte RMAN-Konfigurationsparameter:
CONFIGURE RETENTION POLICY TO REDUNDANCY 7;
Neue RMAN-Konfigurationsparameter:
CONFIGURE RETENTION POLICY TO RECOVERY WINDOW OF 7 DAYS;
Neue RMAN-Konfigurationsparameter wurden erfolgreich gespeichert
Vollständige Neusynchronisation des Recovery-Katalogs wird begonnen
Vollständige Neusynchronisation abgeschlossen
RMAN>
```

7.1.3. Löschen veralteter Sicherungen

Das manuelle Löschen veralteter Sicherungen erfolgt mit dem Befehl DELETE OBSOLETE, der alle Sicherungen aus dem Sicherungskatalog und von dem Speichermedium entfernt, die aus der Erhaltungsrichtlinie herausgelaufen sind. Ein Löschen der Sicherungen direkt über das Betriebssystem sollte vermieden werden, da sonst die Einträge im Sicherungskatalog weiterhin verbleiben.

Löschen von Sicherungen, die aus der Erhaltungsrichtlinie herausgefallen sind:
```
RMAN> delete obsolete;

RMAN-Sperr-Policy wird für den Befehl angewendet
RMAN-Sperr-Policy ist auf Redundanz 1 festgelegt
Zugewiesener Kanal: ORA_DISK_1
Kanal ORA_DISK_1: SID=144 Gerätetyp=DISK
Die folgenden veralteten Backups und Kopien werden gelöscht:
Typ              Schlüssel    Abschlusszeit     Dateiname/Handle
---------------- ------------ ----------------- ------------------
Archive Log      54           21.12.09          C:\..\O1_MF_1_39_5LZ6SGSD_.ARC
Archive Log      55           21.12.09          C:\..\O1_MF_1_40_5LZ6SLJM_.ARC
Archive Log      56           21.12.09          C:\..\O1_MF_1_41_5LZ6SR9R_.ARC

Möchten Sie die obigen Objekte wirklich löschen (geben Sie YES oder NO ein)?y
Archive Log gelöscht
Archive Log-Dateiname=C:\..\O1_MF_1_39_5LZ6SGSD_.ARC Recid=1
Stempel=706208320
Archive Log gelöscht
Archive Log-Dateiname=C:\..\O1_MF_1_40_5LZ6SLJM_.ARC Recid=
Stempel=706208322
Archive Log gelöscht
Archive Log-Dateiname=C:\..\O1_MF_1_41_5LZ6SR9R_.ARC Recid=
Stempel=706208328
3 Objekte gelöscht
RMAN>
```

7.1.4. Deaktivieren einer Erhaltungsrichtlinie

Soll keine Erhaltungsrichtlinie für Sicherungen verwendet werden, so kann sie deaktiviert werden. Die Deaktivierung erfolgt mit dem Befehl:

Deaktivieren der Erhaltungsrichtlinie:
```
CONFIGURE RETENTION POLICY TO NONE;
```

Beispiel für die Deaktivierung der Erhaltungsrichtlinie:
```
RMAN> CONFIGURE RETENTION POLICY TO NONE;

Alte RMAN-Konfigurationsparameter:
CONFIGURE RETENTION POLICY TO REDUNDANCY 1;
Neue RMAN-Konfigurationsparameter:
CONFIGURE RETENTION POLICY TO NONE;
Neue RMAN-Konfigurationsparameter wurden erfolgreich gespeichert
```

Durch die Deaktivierung der Erhaltungsrichtlinie ist der Befehl DELETE OBSOLETE wirkungslos und liefert eine Fehlermeldung.

Fehlermeldung bei deaktivierter Erhaltungsrichtlinie beim Versuch, veraltete Sicherungen zu löschen:
```
RMAN> delete obsolete;

RMAN-00571: ===========================================================
RMAN-00569: =============== ERROR MESSAGE STACK FOLLOWS ===============
RMAN-00571: ===========================================================
RMAN-03002: Fehler bei delete Befehl auf 05/29/2009 15:19:58
RMAN-06525: RMAN-Sperr-Policy ist auf Kein festgelegt
```

Das Löschen veralteter Sicherungen muss ab dem Zeitpunkt der Deaktivierung über einen anderen DELETE-Befehl durchgeführt werden, der später behandelt wird.

7.2. Sicherungsoptimierung

Durch die Konfiguration der Sicherungsoptimierung werden identische Datendateien nicht erneut gesichert, wenn sie bei einem vorherigen Sicherungsvorgang schon gesichert wurden. Der Recovery Manager erkennt anhand der Systemänderungsnummer, der Datenbank ID und der RESETLOGS-Zeit (RESETLOGS wird später behandelt), ob es sich um eine identische Datendatei handelt, die bei einem vorherigen Vorgang schon gesichert wurde.

In Verbindung mit der Erhaltungsrichtlinie und einer Bandsicherung sichert der Recovery Manager die Datendatei erneut, wenn sie aus dem Wiederherstellungsfenster herausgefallen ist, da bei Ablauf des Bandes diese Sicherung überschrieben werden könnte.

Wird eine Sicherung auf Platte durchgeführt, erhält der Recovery Manager diese Sicherung so lange wie möglich, auch wenn sie aus dem Wiederherstellungsfenster der Erhaltungsrichtlinie herausgefallen ist.

```
RMAN> CONFIGURE BACKUP OPTIMIZATION ON;
Neue RMAN-Konfigurationsparameter:
CONFIGURE BACKUP OPTIMIZATION ON;
Neue RMAN-Konfigurationsparameter wurden erfolgreich gespeichert
Vollständige Neusynchronisation des Recovery-Katalogs wird begonnen
Vollständige Neusynchronisation abgeschlossen
RMAN>
```

7.3. Ausschließen von Tablespaces aus der Sicherung

Tablespaces können standardmäßig von einer Sicherung ausgeschlossen werden. Dies kann beispielsweise sinnvoll sein, wenn der auszuschließende Tablespace Daten beinhaltet, die auf eine andere Art schneller wiederhergestellt werden können, oder wenn er temporäre Informationen beinhaltet, die nicht mitgesichert werden müssen. Durch das Ausschließen dieser Tablespaces erhöht sich zusätzlich die Sicherungsgeschwindigkeit und wird das Volumen der Sicherung verkleinert.

Das Ausschließen von Tablespaces bei einer Sicherung erfolgt auf diesem Weg:

Syntax für das Ausschließen von Tablespaces bei einer Sicherung:
```
CONFIGURE EXCLUDE FOR TABLESPACE Tablespacename;
```

Beispiel für das Ausschließen von Tablespaces bei einer Sicherung:
```
RMAN> CONFIGURE EXCLUDE FOR TABLESPACE USERS;
Tablespace USERS wird aus künftigen gesamten Datenbank-Backups ausgeschlossen
Neue RMAN-Konfigurationsparameter wurden erfolgreich gespeichert

RMAN> SHOW EXCLUDE;
RMAN-Konfigurationsparameter sind:
CONFIGURE EXCLUDE FOR TABLESPACE 'USERS';
```

Das Ausschließen des Tablespaces aus einer Sicherung erfolgt nur dann, wenn die gesamte Datenbank gesichert werden soll und der Tablespace nicht explizit angegeben wird.

Nach dem Ausschließen ist der Tablespace nicht im Backup vorhanden:
```
RMAN> backup as compressed backupset database;
Starten backup um 30.05.09
Kanal ORA_DISK_1 wird benutzt
Datei 4 ist aus gesamtem Datenbank-Backup ausgeschlossen
Kanal ORA_DISK_1: komprimiertes vollständiges Backup Set von Datendatei wird
begonnen
Kanal ORA_DISK_1: Datendateien werden in Backup Set angegeben
Eingabe-Datendatei fno=00001 Na-
me=C:\PROGRAMME\ORACLE\PRODUCT\10.2.0\ORADATA\ORCL\SYSTEM01.DBF
Eingabe-Datendatei fno=00003 Na-
me=C:\PROGRAMME\ORACLE\PRODUCT\10.2.0\ORADATA\ORCL\SYSAUX01.DBF
Eingabe-Datendatei fno=00002 Na-
me=C:\PROGRAMME\ORACLE\PRODUCT\10.2.0\ORADATA\ORCL\UNDOTBS01.DBF
Eingabe-Datendatei fno=00005 Na-
me=C:\PROGRAMME\ORACLE\PRODUCT\10.2.0\ORADATA\ORCL\RCATTBS01.DBF
Kanal ORA_DISK_1: Piece 1 wird auf 30.05.09 begonnen
Kanal ORA_DISK_1: Piece 1 auf 30.05.09 beendet
Piece Han-
dle=C:\PROGRAMME\ORACLE\PRODUCT\10.2.0\FLASH_RECOVERY_AREA\ORCL\BACKUPSET\200
9_05_30\O1_MF_NNNDF_TAG20090530T110918_521XY08S_.BKP Tag=TAG20090530T110918
Kommentar=NONE
Kanal ORA_DISK_1: Backup Set vollständig, abgelaufene Zeit: 00:01:15
Kanal ORA_DISK_1: komprimiertes vollständiges Backup Set von Datendatei wird
begonnen
```

```
Kanal ORA_DISK_1: Datendateien werden in Backup Set angegeben
Aktuelle Kontrolldatei wird in Backup Set aufgenommen
Aktuelle SPFILE wird in Backup Set aufgenommen
Kanal ORA_DISK_1: Piece 1 wird auf 30.05.09 begonnen
Kanal ORA_DISK_1: Piece 1 auf 30.05.09 beendet
Piece Han-
dle=C:\PROGRAMME\ORACLE\PRODUCT\10.2.0\FLASH_RECOVERY_AREA\ORCL\BACKUPSET\200
9_05_30\O1_MF_NCSNF_TAG20090530T110918_521Y0DWS_.BKP Tag=TAG20090530T110918
Kommentar=NONE
Kanal ORA_DISK_1: Backup Set vollständig, abgelaufene Zeit: 00:00:03
Beendet backup um 30.05.09
```

Um das Ausschließen des Tablespaces wieder rückgängig zu machen, wird das Schlüsselwort CLEAR verwendet:

Zurücksetzen des Ausschließens von Tablespaces bei einer Sicherung:
```
RMAN> CONFIGURE EXCLUDE FOR TABLESPACE USERS CLEAR;
Tablespace USERS ist in künftigen gesamten Datenbank-Backups enthalten
Alte RMAN-Konfigurationsparameter wurden erfolgreich gelöscht
```

7.4. Automatische Sicherung der Kontroll- und Serverparameterdatei

Im Standardbetrieb einer Oracle-Datenbank empfiehlt es sich, die automatische Sicherung der Kontrolldatei und Serverparameterdatei zu aktivieren, da die Kontrolldatei die Metadaten der Datenbanksicherungen beinhaltet. Umso wichtiger ist es bei Nichtverwendung einer Katalogdatenbank, die automatische Sicherung zu verwenden, da der Verlust der Kontrolldatei gleichzeitig den Verlust des Sicherungskatalogs bedeutet.

Bei Aktivierung der automatischen Sicherung der Kontrolldatei und Serverparameterdatei wird bei jeder Strukturänderung der Datenbank eine Sicherung der Dateien im Ordner AUTOBACKUP der Flash Recovery Area angelegt. So erfolgt die Sicherung beispielsweise nach dem Hinzufügen oder Löschen von Tablespaces, dem Online- oder Offline-Setzen von Tablespaces, dem Wechseln eines Tablespaces in den schreibgeschützten Modus sowie nach jeder Datenbanksicherung, da ein neuer Eintrag dieser Sicherung in die Kontrolldatei aufgenommen wird.

Aktivierung der automatischen Sicherung von Kontroll- und Serverparameterdatei:
```
RMAN> CONFIGURE CONTROLFILE AUTOBACKUP ON;
Neue RMAN-Konfigurationsparameter:
CONFIGURE CONTROLFILE AUTOBACKUP ON;
Neue RMAN-Konfigurationsparameter wurden erfolgreich gespeichert
Vollständige Neusynchronisation des Recovery-Katalogs wird begonnen
```

Allerdings wurde die automatische Sicherung der Kontroll- und Serverparameterdatei unter Oracle 11g aus Performancegründen optimiert, indem nicht sofort nach Ausführung einer der genannten Aktionen der Sicherungsprozess startet. Es wird auf mögliche Folgebefehle gewartet, damit nicht bei jedem dieser Befehle ein Sicherungsprozess angestartet wird.

7.5. Löschen und Zurücksetzen der Konfiguration
Eine Standardkonfiguration kann auf den von Oracle vordefinierten Wert zurückgesetzt werden. Dies erfolgt mit dem Schlüsselwort CLEAR.

Zurücksetzen von Standardkonfigurationen auf den Standardwert mit CLEAR:
RMAN> CONFIGURE CONTROLFILE AUTOBACKUP CLEAR;
Alte RMAN-Konfigurationsparameter:
CONFIGURE CONTROLFILE AUTOBACKUP ON;
RMAN-Konfigurationsparameter wurden erfolgreich auf Standardwert zurückgesetzt
Vollständige Neusynchronisation des Recovery-Katalogs wird begonnen
Vollständige Neusynchronisation abgeschlossen
RMAN>

7.6. Zusammenfassung

➢ Für das Durchführen von Datenbanksicherungen können Standardkonfigurationen gesetzt werden.

➢ Die Standardkonfigurationen werden mit dem Befehl SHOW ALL angezeigt.

➢ Die Standardkonfigurationen werden in der Kontrolldatei der Datenbank abgelegt.

➢ Die Standardkonfigurationen können innerhalb eines Sicherungsbefehls überschrieben werden.

➢ Mithilfe des CONFIGURE-Befehls werden die Standardkonfigurationen gesetzt.

➢ Mit dem Schlüsselwort CLEAR kann eine Standardkonfiguration auf ihren Standardwert zurückgesetzt werden.

7.7. Auf einen Blick

Voreinstellungen

SHOW ALL;	Anzeigen aller vorkonfigurierten Einstellungen
CONFIGURE RETENTION POLICY TO REDUNDANCY 7;	Einstellung der Redundanz auf sieben zu erhaltende Sicherungen
CONFIGURE RETENTION POLICY TO RECOVERY WINDOW OF 7 DAYS;	Einstellung eines Wiederherstellungsfensters auf sieben Tage
CONFIGURE RETENTION POLICY TO NONE;	Deaktivieren der Erhaltungsrichtlinie
CONFIGURE BACKUP OPTIMIZATION ON;	Aktivierung der Sicherungsoptimierung
CONFIGURE EXCLUDE FOR TABLESPACE USERS;	Ausschließen von Tablespaces bei einer Sicherung
CONFIGURE EXCLUDE FOR TABLESPACE USERS CLEAR;	Ausgeschlossenen Tablespace bei Sicherungen wieder aufnehmen.
CONFIGURE CONTROLFILE AUTOBACKUP ON;	Automatische Sicherung der Kontrolldatei aktivieren.

8. Durchführen von Datenbanksicherungen

Der Standardbefehl für die Erstellung einer Datenbanksicherung lautet BACKUP DATABASE. Hierbei werden das Sicherungsziel und die Art der Sicherung aus den Standardkonfigurationen des Sicherungskatalogs verwendet. In Oracle 10g wird als Standardsicherungsziel die Flash Recovery Area verwendet, wenn kein anderes Ziel vorkonfiguriert wurde.

Durchführen einer Sicherung mit dem Standardbackupbefehl:
```
RMAN> backup database;
Starten backup um 22.12.09
Kanal ORA_DISK_1 wird benutzt
Kanal ORA_DISK_1: Vollständiges Backup Set für Datendatei wird begonnen
Kanal ORA_DISK_1: Datendateien werden in Backup Set angegeben
Eingabe-Datendatei fno=00001
Name=C:\PROGRAMME\ORACLE\PRODUCT\10.2.0\ORADATA\ORCL\SYSTEM01.DBF
Eingabe-Datendatei fno=00003
Name=C:\PROGRAMME\ORACLE\PRODUCT\10.2.0\ORADATA\ORCL\SYSAUX01.DBF
Eingabe-Datendatei fno=00002
Name=C:\PROGRAMME\ORACLE\PRODUCT\10.2.0\ORADATA\ORCL\UNDOTBS01.DBF
Eingabe-Datendatei fno=00005
Name=C:\PROGRAMME\ORACLE\PRODUCT\10.2.0\ORADATA\ORCL\RCATTBS01.DBF
Eingabe-Datendatei fno=00004
Name=C:\PROGRAMME\ORACLE\PRODUCT\10.2.0\ORADATA\ORCL\USERS01.DBF
Kanal ORA_DISK_1: Piece 1 wird auf 22.12.09 begonnen
Kanal ORA_DISK_1: Piece 1 auf 22.12.09 beendet
Piece Han-
dle=C:\PROGRAMME\ORACLE\PRODUCT\10.2.0\FLASH_RECOVERY_AREA\ORCL\BACKUPSET\
2009_12_22\O1_MF_NNNDF_TAG20091222T144319_5M1M7SX9_.BKP
Tag=TAG20091222T144319 Kommentar=NONE
Kanal ORA_DISK_1: Backup Set vollständig, abgelaufene Zeit: 00:01:46
Kanal ORA_DISK_1: Vollständiges Backup Set für Datendatei wird begonnen
Kanal ORA_DISK_1: Datendateien werden in Backup Set angegeben
Aktuelle Kontrolldatei wird in Backup Set aufgenommen
Aktuelle SPFILE wird in Backup Set aufgenommen
Kanal ORA_DISK_1: Piece 1 wird auf 22.12.09 begonnen
Kanal ORA_DISK_1: Piece 1 auf 22.12.09 beendet
Piece Han-
dle=C:\PROGRAMME\ORACLE\PRODUCT\10.2.0\FLASH_RECOVERY_AREA\ORCL\BACKUPSET\
2009_12_22\O1_MF_NCSNF_TAG20091222T144319_5M1MC3KL_.BKP
Tag=TAG20091222T144319 Kommentar=NONE
Kanal ORA_DISK_1: Backup Set vollständig, abgelaufene Zeit: 00:00:05
Beendet backup um 22.12.09
RMAN>
```

8.1. Der Sicherungstyp

Der Recovery Manager unterscheidet zwei Arten von Sicherungstypen. Mit dem Recovery Manager können sogenannte Backupsets oder Image-Kopien erstellt werden.

8.1.1. Backupsets

Ein Backupset ist eine Sicherungsdatei, in der Dateien der Datenbank verpackt werden. Um Speicherplatz zu sparen, werden in einem Backupset nur gefüllte Blöcke der Datenbankdateien aufgenommen. Ab Oracle 10g besteht die Möglichkeit, Backupsets zu komprimieren. Als Sicherungsziel können Backupsets auf Band und auf Platte abgelegt werden.

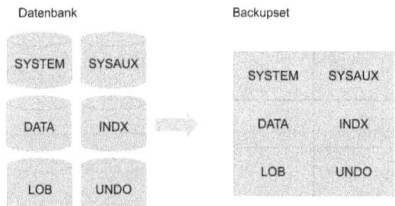

Abbildung 12: Aufbau eines Backupsets

8.1.2. Image-Kopien

Bei Image-Kopien handelt es sich um Eins-zu-Eins-Kopien aus der Datenbank. Der Vorteil von Image-Kopien besteht darin, dass diese Sicherungen auch ohne den Recovery Manager zurückgesichert werden können. Der Nachteil besteht darin, dass Image-Kopien nur auf Platte erstellt werden können. Ebenfalls besitzen die Image-Kopien die gleiche Größe wie die Datendateien der Datenbank und können nicht mit Oracle-Mitteln komprimiert werden.

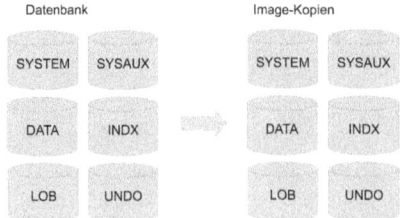

Abbildung 13: Beschreibung von Image-Kopien

8.1.3. Vorkonfiguration des Sicherungstyps

Welcher Sicherungstyp standardmäßig verwendet werden soll, kann ab Oracle 10g über die Standardkonfigurationen des Recovery Managers konfiguriert werden.

Soll standardmäßig ein Backupset erstellt werden, wird dies über folgenden Befehl erreicht:

Standardkonfiguration für die Sicherung als Backupset:
```
RMAN> CONFIGURE DEVICE TYPE DISK PARALLELISM 1 BACKUP TYPE TO BACKUPSET;
Neue RMAN-Konfigurationsparameter:
CONFIGURE DEVICE TYPE DISK PARALLELISM 1 BACKUP TYPE TO BACKUPSET;
Neue RMAN-Konfigurationsparameter wurden erfolgreich gespeichert
Freigegebener Kanal: ORA_DISK_1
Vollständige Neusynchronisation des Recovery-Katalogs wird begonnen
Vollständige Neusynchronisation abgeschlossen
```

Soll standardmäßig die Sicherung als Image-Kopie erfolgen, dann lautet die Standardkonfiguration:

Standardkonfiguration für die Sicherung als Image-Kopie:
```
RMAN> CONFIGURE DEVICE TYPE DISK PARALLELISM 1 BACKUP TYPE TO COPY;
Alte RMAN-Konfigurationsparameter:
CONFIGURE DEVICE TYPE DISK PARALLELISM 1 BACKUP TYPE TO BACKUPSET;
Neue RMAN-Konfigurationsparameter:
CONFIGURE DEVICE TYPE DISK PARALLELISM 1 BACKUP TYPE TO COPY;
Neue RMAN-Konfigurationsparameter wurden erfolgreich gespeichert
Vollständige Neusynchronisation des Recovery-Katalogs wird begonnen
Vollständige Neusynchronisation abgeschlossen
```

Die ab 10g verfügbare Kompression für Backupsets wird mit folgender Konfiguration gesetzt:

Standardkonfiguration für die Sicherung als komprimiertes Backupset:
```
RMAN> CONFIGURE DEVICE TYPE DISK PARALLELISM 1 BACKUP TYPE TO COMPRESSED BACKUPSET;
Alte RMAN-Konfigurationsparameter:
CONFIGURE DEVICE TYPE DISK PARALLELISM 1 BACKUP TYPE TO COPY;
Neue RMAN-Konfigurationsparameter:
CONFIGURE DEVICE TYPE DISK PARALLELISM 1 BACKUP TYPE TO COMPRESSED BACKUPSET;
Neue RMAN-Konfigurationsparameter wurden erfolgreich gespeichert
Vollständige Neusynchronisation des Recovery-Katalogs wird begonnen
Vollständige Neusynchronisation abgeschlossen
```

Bei der Ausführung des Befehls BACKUP DATABASE wird der entsprechend vorkonfigurierte Sicherungstyp ausgelesen und verwendet.

8.2. Der Backup-Befehl

Ab Oracle 10g wurde der Backup-Befehl vereinfacht, um effizienter Sicherungen mit den unterschiedlichen Sicherungstypen durchzuführen. Innerhalb des Backup-Befehls kann nun direkt der zu verwendende Sicherungstyp angegeben werden.

Der Backup-Befehl besitzt folgende Syntax:

Backup-Befehl ab Oracle 10g mit Angabe des Sicherungstyps:
```
BACKUP AS [Sicherungstyp]   [Komponente];
```

- Sicherungstyp
  - BACKUPSET
  - COMPRESSED BACKUPSET
  - COPY
- Komponente
  - DATABASE
  - TABLESPACE Tbs1,Tbs2,...,TbsN
  - DATAFILE 1,2,..,n

Eine Vollsicherung der Datenbank mit dem Sicherungstyp Backupset, unabhängig von der Vorkonfiguration, sieht dann wie folgt aus:

Durchführung einer Datenbanksicherung als Backupset, abweichend von der Standardkonfiguration:
```
RMAN>BACKUP AS BACKUPSET DATABASE;
```

Soll die gesamte Datenbank als Image-Kopie, unabhängig von der Vorkonfiguration, abgelegt werden, so kann ab Oracle 10g der folgende Sicherungsbefehl verwendet werden:

Durchführung einer Datenbanksicherung als Image-Kopie, abweichend von der Standardkonfiguration:
```
RMAN>BACKUP AS COPY DATABASE;
```

Bei Teilsicherung der Datenbank, zum Beispiel einzelner Tablespaces oder Datendateien, gilt folgender Sicherungsbefehl:

Durchführung einer Tablespace-Sicherung als Image-Kopie:
```
RMAN>BACKUP AS COPY TABLESPACE USERS, EXAMPLE;
```

Durchführung einer Tablespace-Sicherung als Backupset:
```
RMAN>BACKUP AS BACKUPSET TABLESPACE USERS, EXAMPLE;
```

Durchführung einer Datendateisicherung als Backupset durch Angabe der Dateinummern:
RMAN>BACKUP AS BACKUPSET DATAFILE 4,5;

Durchführung einer Datendateisicherung als Image-Kopie durch Angabe der Dateinummern:
RMAN>BACKUP AS COPY DATAFILE 4,5;

Unter Oracle 9i wird durch die Verwendung des Backup-Befehls immer ein Backupset erzeugt. Soll die Datenbank als Image-Kopie abgelegt werden, kann der Backup-Befehl nicht verwendet werden, da die Klausel AS COPY in dieser Version noch nicht unterstützt wird. Für die Erzeugung von Image-Kopien muss bis Oracle 9i folgender Syntax verwendet werden:

Erstellen von Image-Kopien bis Oracle 9i:
COPY DATAFILE [Nummer] TO ['Pfad\Datei1'],[Nummer] TO ['Pfad\Datei2'] ......

Beispiel für die Erstellung von Image-Kopien bis Oracle 9i:
```
RMAN> copy datafile 1 to 'c:\system01.dbf';
Starten backup um 22.12.09
Kanal ORA_DISK_1 wird benutzt
Kanal ORA_DISK_1: Datendatei-Kopie wird gestartet
Eingabe-Datendatei fno=00001
    Name=C:\PROGRAMME\ORACLE\PRODUCT\10.2.0\ORADATA\ORCL\SYSTEM01.DBF
Ausgabedateiname=C:\SYSTEM01.DBF tag=TAG20091222T154053 recid=1
 stamp=706290086
Kanal ORA_DISK_1: Datendatei-Kopie abgeschlossen, abgelaufene Zeit: 00:00:35
Beendet backup um 22.12.09
RMAN>
```

8.3. Sicherungskanäle

Sicherungskanäle definieren die Ziele, auf die gesichert werden soll. Dabei kann das Sicherungsziel die Flash Recovery Area, die Festplatte oder ein Bandlaufwerk sein. Sicherungskanäle werden entweder vorkonfiguriert oder können bei der Ausführung des Sicherungsbefehls angegeben werden.

8.3.1. Manuelle Kanalerstellung

Muss eine Sicherung auf ein Sicherungsziel durchgeführt werden, welches von der Vorkonfiguration abweicht, dann wird dafür manuell der entsprechende Kanal erzeugt. Dies erfolgt in einem Ausführungsblock, der mit dem Schlüsselwort RUN eingeleitet wird. Innerhalb dieses Ausführungsblocks wird der Kanal mit dem folgenden Befehl erstellt:

Befehlssyntax für die manuelle Erstellung von Sicherungskanälen:
```
ALLOCATE CHANNEL [Name] DEVICE TYPE [Medium] FORMAT=[Pfad/Format];
```

In der Verwendung sieht dieser Befehl dann folgendermaßen aus:
```
RMAN> run
2> {
3> allocate channel c1 device type disk format='c:\backup\%d_%s_%p_%T.bak';
4> backup database;
5> }

Zugewiesener Kanal: c1
Kanal c1: SID=144 Gerätetyp=DISK

Starten backup um 22.12.09
Kanal c1: komprimiertes vollständiges Backup Set von Datendatei wird begonnen
Kanal c1: Datendateien werden in Backup Set angegeben
Eingabe-Datendatei fno=00001
Name=C:\PROGRAMME\ORACLE\PRODUCT\10.2.0\ORADATA\ORCL\SYSTEM01.DBF
Eingabe-Datendatei fno=00003
Name=C:\PROGRAMME\ORACLE\PRODUCT\10.2.0\ORADATA\ORCL\SYSAUX01.DBF
Eingabe-Datendatei fno=00002
Name=C:\PROGRAMME\ORACLE\PRODUCT\10.2.0\ORADATA\ORCL\UNDOTBS01.DBF
Eingabe-Datendatei fno=00005
Name=C:\PROGRAMME\ORACLE\PRODUCT\10.2.0\ORADATA\ORCL\RCATTBS01.DBF
Eingabe-Datendatei fno=00004
Name=C:\PROGRAMME\ORACLE\PRODUCT\10.2.0\ORADATA\ORCL\USERS01.DBF
Kanal c1: Piece 1 wird auf 22.12.09 begonnen
```

Für den Namen des Kanals kann ein benutzerdefinierter Bezeichner vergeben werden.

8.3.2. Sicherung auf Band

Für die Sicherung auf ein Bandlaufwerk muss eine entsprechende Media Managed Library (MML) installiert sein, über die der Recovery Manager das Bandlaufwerk ansteuern kann. Soll standardmäßig auf Band gesichert werden, so kann dies über das Setzen der Standardkonfiguration erfolgen. Bei Vorhandensein einer MML wird die Vorkonfiguration für das Sichern auf Band wie folgt definiert:

Standardkonfiguration für die Sicherung über eine MML auf ein Bandlaufwerk:
```
RMAN> CONFIGURE DEFAULT DEVICE TYPE TO SBT;
Neue RMAN-Konfigurationsparameter:
CONFIGURE DEFAULT DEVICE TYPE TO 'SBT_TAPE';
Neue RMAN-Konfigurationsparameter wurden erfolgreich gespeichert
Vollständige Neusynchronisation des Recovery-Katalogs wird begonnen
Vollständige Neusynchronisation abgeschlossen
```

Wird nun der Sicherungsbefehl BACKUP ausgeführt, lädt der Recovery Manager die MML, um eine Sicherung auf das dazugehörige Bandlaufwerk durchzuführen.

Eine manuelle Zuweisung eines Kanals für die Sicherung auf ein Bandlaufwerk wird innerhalb eines Ausführungsblocks definiert:

Manuelle Erstellung eines Kanals für eine MML auf ein Bandlaufwerk:
```
RMAN> run
2> {
3> allocate channel c1 device type sbt;
4> backup database;
5> }
```

8.3.3. Sicherung auf Platte

Für die Sicherung auf ein Plattenlaufwerk, abweichend von der Flash Recovery Area, ist die manuelle Kanalzuweisung ebenfalls in einem Ausführungsblock anzugeben. Damit Datenbanksicherungen einen eindeutigen Dateinamen erhalten, müssen bei der Formatierung des Sicherungsnamens Platzhalter angegeben werden. In der unten dargestellten Tabelle ist eine Übersicht der Platzhalter aufgelistet.

Platzhalter für die Formatierung des Backupset-Namens bei einer Sicherung:

%d	Datenbankname
%s	Backupset-Nummer
%p	Backup-Stücknummer
%c	Kopienummer
%T	Datum
%t	Timestamp
%U	Oracle-generierter Dateiname

Die Zuweisung des Sicherungskanals erhält dann in Verbindung mit dem Platzhalter folgendes Format:
```
RMAN> run
2> {
3> allocate channel diskbu device type disk
4> format='c:\backup\%d_%s_%p_%T.bak';
5> backup database;
6> }

Zugewiesener Kanal: diskbu
Kanal diskbu: SID=144 Gerätetyp=DISK

Starten backup um 22.12.09
Kanal diskbu: komprimiertes vollständiges Backup Set von Datendatei wird begonnen
Kanal diskbu: Datendateien werden in Backup Set angegeben
Eingabe-Datendatei fno=00001
  Name=C:\PROGRAMME\ORACLE\PRODUCT\10.2.0\ORADATA\ORCL\SYSTEM01.DBF
Eingabe-Datendatei fno=00003
  Name=C:\PROGRAMME\ORACLE\PRODUCT\10.2.0\ORADATA\ORCL\SYSAUX01.DBF
Eingabe-Datendatei fno=00002
  Name=C:\PROGRAMME\ORACLE\PRODUCT\10.2.0\ORADATA\ORCL\UNDOTBS01.DBF
Eingabe-Datendatei fno=00005
  Name=C:\PROGRAMME\ORACLE\PRODUCT\10.2.0\ORADATA\ORCL\RCATTBS01.DBF
Eingabe-Datendatei fno=00004
  Name=C:\PROGRAMME\ORACLE\PRODUCT\10.2.0\ORADATA\ORCL\USERS01.DBF
Kanal diskbu: Piece 1 wird auf 22.12.09 begonnen
```

Eine weitere Möglichkeit, ein Sicherungsziel mit dem Recovery Manager anzugeben, erfolgt innerhalb des Backup-Befehls mit der FORMAT-Klausel.

Format innerhalb des Backup-Befehls:
```
RMAN> backup format='c:\backup\%d_%s_%p_%T.bak' database;

Starten backup um 22.12.09
Zugewiesener Kanal: ORA_DISK_1
Kanal ORA_DISK_1: SID=144 Gerätetyp=DISK
Kanal ORA_DISK_1: komprimiertes vollständiges Backup Set von Datendatei wird
begonnen
Kanal ORA_DISK_1: Datendateien werden in Backup Set angegeben
Eingabe-Datendatei fno=00001
Name=C:\PROGRAMME\ORACLE\PRODUCT\10.2.0\ORADATA\ORCL\SYSTEM01.DBF
Eingabe-Datendatei fno=00003
Name=C:\PROGRAMME\ORACLE\PRODUCT\10.2.0\ORADATA\ORCL\SYSAUX01.DBF
Eingabe-Datendatei fno=00002
Name=C:\PROGRAMME\ORACLE\PRODUCT\10.2.0\ORADATA\ORCL\UNDOTBS01.DBF
Eingabe-Datendatei fno=00005
Name=C:\PROGRAMME\ORACLE\PRODUCT\10.2.0\ORADATA\ORCL\RCATTBS01.DBF
Eingabe-Datendatei fno=00004
Name=C:\PROGRAMME\ORACLE\PRODUCT\10.2.0\ORADATA\ORCL\USERS01.DBF
Kanal ORA_DISK_1: Piece 1 wird auf 22.12.09 begonnen
```

Hierbei erzeugt der Recovery Manager automatisch einen Kanal auf das gewünschte Ziel.

Soll standardmäßig auf ein Plattenlaufwerk, unabhängig von der Flash Recovery Area, gesichert werden, so kann dieses ebenfalls durch eine Standardkonfiguration erfolgen. Eine manuelle Erstellung des Sicherungskanals auf das Sicherungsziel bei der Ausführung des Backup-Befehls entfällt.

Setzen des Standardformates des Namens für eine Sicherung:
```
RMAN> CONFIGURE CHANNEL DEVICE TYPE DISK FORMAT 'c:\backup\%d_%s_%p_%T.bak';
Neue RMAN-Konfigurationsparameter:
CONFIGURE CHANNEL DEVICE TYPE DISK FORMAT   'c:\backup\%d_%s_%p_%T.bak';
Neue RMAN-Konfigurationsparameter wurden erfolgreich gespeichert
Freigegebener Kanal: ORA_DISK_1
Vollständige Neusynchronisation des Recovery-Katalogs wird begonnen
Vollständige Neusynchronisation abgeschlossen
RMAN> BACKUP DATABASE;

Starten backup um 22.12.09
Zugewiesener Kanal: ORA_DISK_1
Kanal ORA_DISK_1: SID=144 Gerätetyp=DISK
Kanal ORA_DISK_1: komprimiertes vollständiges Backup Set von Datendatei wird
begonnen
Kanal ORA_DISK_1: Datendateien werden in Backup Set angegeben
Eingabe-Datendatei fno=00001
Name=C:\PROGRAMME\ORACLE\PRODUCT\10.2.0\ORADATA\ORCL\SYSTEM01.DBF
Eingabe-Datendatei fno=00003
Name=C:\PROGRAMME\ORACLE\PRODUCT\10.2.0\ORADATA\ORCL\SYSAUX01.DBF
Eingabe-Datendatei fno=00002
Name=C:\PROGRAMME\ORACLE\PRODUCT\10.2.0\ORADATA\ORCL\UNDOTBS01.DBF
Eingabe-Datendatei fno=00005
Name=C:\PROGRAMME\ORACLE\PRODUCT\10.2.0\ORADATA\ORCL\RCATTBS01.DBF
```

Durchführen von Datenbanksicherungen

```
Eingabe-Datendatei fno=00004
Name=C:\PROGRAMME\ORACLE\PRODUCT\10.2.0\ORADATA\ORCL\USERS01.DBF
Kanal ORA_DISK_1: Piece 1 wird auf 22.12.09 begonnen
Kanal ORA_DISK_1: Piece 1 auf 22.12.09 beendet
Piece Handle=C:\BACKUP\ORCL_13_1_20091222.BAK Tag=TAG20091222T165757
tar=NONE
Kanal ORA_DISK_1: Backup Set vollständig, abgelaufene Zeit: 00:01:26
Kanal ORA_DISK_1: komprimiertes vollständiges Backup Set von Datendatei wird
begonnen
Kanal ORA_DISK_1: Datendateien werden in Backup Set angegeben
Aktuelle Kontrolldatei wird in Backup Set aufgenommen
Aktuelle SPFILE wird in Backup Set aufgenommen
Kanal ORA_DISK_1: Piece 1 wird auf 22.12.09 begonnen
Kanal ORA_DISK_1: Piece 1 auf 22.12.09 beendet
Piece Handle=C:\BACKUP\ORCL_14_1_20091222.BAK Tag=TAG20091222T165757
tar=NONE
Kanal ORA_DISK_1: Backup Set vollständig, abgelaufene Zeit: 00:00:03
Beendet backup um 22.12.09
```

8.4. Backup-Pieces

Soll ein Backupset in Dateien gleicher Größe unterteilt werden, um sie beispielsweise auf DVD oder CD zu brennen, kann dies durch die Klausel MAXPIECESIZE erreicht werden. Diese Klausel wird entweder durch eine Standardkonfiguration definiert oder direkt im Backup-Befehl angegeben.

Bei der Verwendung von MAXPIECESIZE sollte in dem Format des Sicherungsnamens der Platzhalter %p verwendet werden. Durch diesen Platzhalter erhält jedes Stück des Backupsets eine eindeutige Nummer.

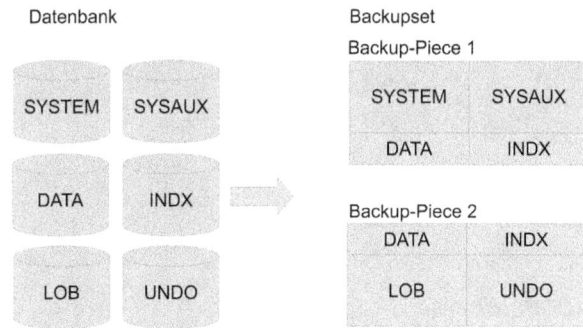

Abbildung 14: Darstellung von Backup-Pieces

Wird dieser Platzhalter nicht verwendet, kann es vorkommen, dass für unterschiedliche Backup-Pieces der gleiche Sicherungsname erzeugt wird. Der Recovery Manager versucht dann das erste erstellte Backup-Piece zu überschreiben, wodurch der Sicherungsvorgang mit einem Fehler abbricht.

Um die Stückgröße standardmäßig vorzukonfigurieren, wird folgender Befehl abgesetzt:
```
RMAN> CONFIGURE CHANNEL DEVICE TYPE DISK
2>    FORMAT 'c:\backup\%d_%s_%p_%T.bak' MAXPIECESIZE 100M;
Alte RMAN-Konfigurationsparameter:
CONFIGURE CHANNEL DEVICE TYPE DISK FORMAT   'c:\backup\%d_%s_%p_%T.bak';
Neue RMAN-Konfigurationsparameter:
CONFIGURE CHANNEL DEVICE TYPE DISK FORMAT   'c:\backup\%d_%s_%p_%T.bak'
MAXPIECESIZE 100 M;
Neue RMAN-Konfigurationsparameter wurden erfolgreich gespeichert
Freigegebener Kanal: ORA_DISK_1
Vollständige Neusynchronisation des Recovery-Katalogs wird begonnen
Vollständige Neusynchronisation abgeschlossen
```

Innerhalb des Sicherungsbefehls kann die Stückgröße durch die manuelle Erstellung eines Sicherungskanals in dem folgenden Format angegeben werden:
```
RMAN> run
2> {
3> allocate channel c1 device type disk
4> format='c:\backup\%d_%s_%p_%T.bak' maxpiecesize 100M;
5> backup database;
6> }

Freigegebener Kanal: ORA_DISK_1
Zugewiesener Kanal: c1
Kanal c1: SID=144 Gerätetyp=DISK

Starten backup um 22.12.09
Kanal c1: komprimiertes vollständiges Backup Set von Datendatei wird begonnen
Kanal c1: Datendateien werden in Backup Set angegeben
Eingabe-Datendatei fno=00001
  Name=C:\PROGRAMME\ORACLE\PRODUCT\10.2.0\ORADATA\ORCL\SYSTEM01.DBF
Eingabe-Datendatei fno=00003
  Name=C:\PROGRAMME\ORACLE\PRODUCT\10.2.0\ORADATA\ORCL\SYSAUX01.DBF
Eingabe-Datendatei fno=00002
  Name=C:\PROGRAMME\ORACLE\PRODUCT\10.2.0\ORADATA\ORCL\UNDOTBS01.DBF
Eingabe-Datendatei fno=00005
  Name=C:\PROGRAMME\ORACLE\PRODUCT\10.2.0\ORADATA\ORCL\RCATTBS01.DBF
Eingabe-Datendatei fno=00004
  Name=C:\PROGRAMME\ORACLE\PRODUCT\10.2.0\ORADATA\ORCL\USERS01.DBF
Kanal c1: Piece 1 wird auf 22.12.09 begonnen
```

8.5. Sicherungsbezeichner

Sicherungen im Katalog können bei der Erstellung einen Namen erhalten, der über das Schlüsselwort TAG angegeben wird. Wird kein Name bei der Erstellung der Sicherung angegeben, so erzeugt Oracle einen eigenen Namen, der den Aufbau TAGYYYYMMDDTHHMISS besitzt.

Angabe eines Sicherungsbezeichners bei Durchführung einer Sicherung:
```
BACKUP...... TAG='Bezeichner';
```

Benennung einer Sicherung:
```
RMAN> backup tablespace users tag='BACKUP_USERS';

Starten backup um 31.12.09
Kanal ORA_DISK_1 wird benutzt
Kanal ORA_DISK_1: Vollständiges Backup Set für Datendatei wird begonnen
Kanal ORA_DISK_1: Datendateien in Backup Set werden angegeben
Dateinummer der Eingabedatendatei=00004
Name=C:\APP\MADAR\ORADATA\ORCL\USERS01.DBF
......
......

RMAN> list backup of tablespace users;


Liste mit Backup Sets
====================

BS-Schlüssel  Typ LV-Größe      Gerätetyp Abgelaufene Zeit Abschlussz
-------       ---- -- ---------- ---------- ------------- -------------
2482          Full 2.29M         DISK      00:00:09       31.12.09
        BP-Schlüssel: 2483    Status: AVAILABLE   Kompr: NO    Tag: BACKUP_USERS
        Piece-Name: C:\APP\...\01_MF_NNNDF_DAILY_BACKUP_USERS_5MSNR4MP_.BKP
   Liste mit Datendateien in Backup Set 2482
   Datei LV Typ Ckp SCN    Ckp Zeit Name
   ---- -- ---- ---------- -------- ----
   4        Full 1026259   31.12.09 C:\APP\ORADATA\ORCL\USERS01.DBF
```

8.6. Erstellen von Sicherungskopien

Zur Sicherheit kann eine Sicherung auf zwei Ziele gleichzeitig erstellt werden. Diese Ziele können entweder unterschiedliche Plattenspeicher oder Bandlaufwerke sein. Durch das Erzeugen dieser Kopien erhält man zwei identische Sicherungen auf unterschiedlichen Speichermedien.

Mit der Angabe des Schlüsselwortes COPIES innerhalb des Backup-Befehls wird die Anzahl der identischen Kopien definiert. Zusätzlich müssen bei der Kanalerstellung die entsprechenden Ziele, auf denen die Kopien erzeugt werden sollen, angegeben werden. Hilfreich ist es, hierbei den Platzhalter %c im Format des Dateinamens der Sicherung anzugeben, um zwischen den einzelnen Kopien unterscheiden zu können.

Die Erzeugung mehrerer Sicherungskopien könnte innerhalb der Syntax folgendermaßen verwendet werden:
```
RMAN> run
2> {
3> backup as backupset copies 2
4> format 'c:\backup1\%d_%s_%c_%p_%T.bak','c:\backup2\%d_%s_%c_%p_%T.bak'
5> database;
```

Durchführen von Datenbanksicherungen

```
6> }

Starten backup um 23.12.09
Zugewiesener Kanal: ORA_DISK_1
Kanal ORA_DISK_1: SID=131 Gerätetyp=DISK
Kanal ORA_DISK_1: Vollständiges Backup Set für Datendatei wird begonnen
Kanal ORA_DISK_1: Datendateien werden in Backup Set angegeben
Eingabe-Datendatei fno=00001
  Name=C:\PROGRAMME\ORACLE\PRODUCT\10.2.0\ORADATA\ORCL\SYSTEM01.DBF
Eingabe-Datendatei fno=00003
  Name=C:\PROGRAMME\ORACLE\PRODUCT\10.2.0\ORADATA\ORCL\SYSAUX01.DBF
Eingabe-Datendatei fno=00002
  Name=C:\PROGRAMME\ORACLE\PRODUCT\10.2.0\ORADATA\ORCL\UNDOTBS01.DBF
Eingabe-Datendatei fno=00005
  Name=C:\PROGRAMME\ORACLE\PRODUCT\10.2.0\ORADATA\ORCL\RCATTBS01.DBF
Eingabe-Datendatei fno=00004
  Name=C:\PROGRAMME\ORACLE\PRODUCT\10.2.0\ORADATA\ORCL\USERS01.DBF
Kanal ORA_DISK_1: Piece 1 wird auf 23.12.09 begonnen
Kanal ORA_DISK_1: Piece 1 beendet auf 23.12.09 mit 2 Kopien und Tag
TAG20091223T170609
Stück-Handle=C:\BACKUP1\ORCL_19_1_1_20091223.BAK Kommentar=NONE
Stück-Handle=C:\BACKUP2\ORCL_19_2_1_20091223.BAK Kommentar=NONE
Kanal ORA_DISK_1: Backup Set vollständig, abgelaufene Zeit: 00:03:06
Kanal ORA_DISK_1: Vollständiges Backup Set für Datendatei wird begonnen
Kanal ORA_DISK_1: Datendateien werden in Backup Set angegeben
Aktuelle Kontrolldatei wird in Backup Set aufgenommen
Aktuelle SPFILE wird in Backup Set aufgenommen
Kanal ORA_DISK_1: Piece 1 wird auf 23.12.09 begonnen
Kanal ORA_DISK_1: Piece 1 beendet auf 23.12.09 mit 2 Kopien und Tag
TAG20091223T170609
Stück-Handle=C:\BACKUP1\ORCL_20_1_1_20091223.BAK Kommentar=NONE
Stück-Handle=C:\BACKUP2\ORCL_20_2_1_20091223.BAK Kommentar=NONE
Kanal ORA_DISK_1: Backup Set vollständig, abgelaufene Zeit: 00:00:06
Beendet backup um 23.12.09
```

Mithilfe der Erstellung eines eigenen Sicherungskanals wird die Erstellung mehrerer Sicherungskopien mit folgendem Format vorgegeben:
```
RMAN> run
2> {
3> allocate channel c1 device type disk
4> format 'c:\backup1\%d_%s_%c_%p_%T.bak','c:\backup2\%d_%s_%c_%p_%T.bak';
5> backup as backupset copies 2 database;
6> }

Zugewiesener Kanal: c1
Kanal c1: SID=131 Gerätetyp=DISK

Starten backup um 23.12.09
Kanal c1: Vollständiges Backup Set für Datendatei wird begonnen
Kanal c1: Datendateien werden in Backup Set angegeben
Eingabe-Datendatei fno=00001
  Name=C:\PROGRAMME\ORACLE\PRODUCT\10.2.0\ORADATA\ORCL\SYSTEM01.DBF
Eingabe-Datendatei fno=00003
  Name=C:\PROGRAMME\ORACLE\PRODUCT\10.2.0\ORADATA\ORCL\SYSAUX01.DBF
Eingabe-Datendatei fno=00002
  Name=C:\PROGRAMME\ORACLE\PRODUCT\10.2.0\ORADATA\ORCL\UNDOTBS01.DBF
Eingabe-Datendatei fno=00005
  Name=C:\PROGRAMME\ORACLE\PRODUCT\10.2.0\ORADATA\ORCL\RCATTBS01.DBF
Eingabe-Datendatei fno=00004
  Name=C:\PROGRAMME\ORACLE\PRODUCT\10.2.0\ORADATA\ORCL\USERS01.DBF
Kanal c1: Piece 1 wird auf 23.12.09 begonnen
Kanal c1: Piece 1 beendet auf 23.12.09 mit 2 Kopien und Tag
TAG20091223T171417
Stück-Handle=C:\BACKUP1\ORCL_21_1_1_20091223.BAK Kommentar=NONE
Stück-Handle=C:\BACKUP2\ORCL_21_2_1_20091223.BAK Kommentar=NONE
```

```
Kanal c1: Backup Set vollständig, abgelaufene Zeit: 00:02:55
Kanal c1: Vollständiges Backup Set für Datendatei wird begonnen
Kanal c1: Datendateien werden in Backup Set angegeben
Aktuelle Kontrolldatei wird in Backup Set aufgenommen
Aktuelle SPFILE wird in Backup Set aufgenommen
Kanal c1: Piece 1 wird auf 23.12.09 begonnen
Kanal c1: Piece 1 beendet auf 23.12.09 mit 2 Kopien und Tag
TAG20091223T171417
Stück-Handle=C:\BACKUP1\ORCL_22_1_1_20091223.BAK Kommentar=NONE
Stück-Handle=C:\BACKUP2\ORCL_22_2_1_20091223.BAK Kommentar=NONE
Kanal c1: Backup Set vollständig, abgelaufene Zeit: 00:00:06
Beendet backup um 23.12.09
Freigegebener Kanal: c1
```

8.7. Verwenden mehrerer Sicherungsprozesse

In der Enterpriseversion können mehrere Sicherungsprozesse gleichzeitig eine Sicherung der Datenbank durchführen, wodurch die Erstellung der Sicherung beschleunigt wird. Interessant ist die Verwendung zusätzlicher Sicherungsprozesse, wenn mehrere Bandlaufwerke vorhanden sind, auf die gleichzeitig gesichert werden kann. Bei der Verwendung mehrerer Sicherungsprozesse werden die zu sichernden Datenbankdateien auf jeden Prozess gleichmäßig aufgeteilt, sodass jeder Sicherungsprozess für seine Datenbankdateien ein eigenes Backupset auf dem zugewiesenen Sicherungsmedium erzeugt.

Die Anzahl der zu verwendenden Sicherungsprozesse kann entweder vorkonfiguriert oder durch die Verwendung mehrerer Sicherungskanäle definiert werden.

8.7.1. Vorkonfiguration mehrerer Sicherungsprozesse

Um mehrere Sicherungsprozesse vorzukonfigurieren, wird das Schlüsselwort PARALLELISM des CONFIGURE-Befehls verwendet.

Vorkonfiguration von 2 Sicherungsprozessen:
```
RMAN> CONFIGURE DEVICE TYPE DISK PARALLELISM 2 BACKUP TYPE TO COMPRESSED
BACKUPSET;
Alte RMAN-Konfigurationsparameter:
CONFIGURE DEVICE TYPE DISK PARALLELISM 1 BACKUP TYPE TO COMPRESSED BACKUPSET;
Neue RMAN-Konfigurationsparameter:
CONFIGURE DEVICE TYPE DISK PARALLELISM 2 BACKUP TYPE TO COMPRESSED BACKUPSET;
Neue RMAN-Konfigurationsparameter wurden erfolgreich gespeichert
Vollständige Neusynchronisation des Recovery-Katalogs wird begonnen
Vollständige Neusynchronisation abgeschlossen
```

Durchführen von Datenbanksicherungen

Die Verwendung mehrerer Sicherungsprozesse für Bandlaufwerke wird wie folgt angegeben:

```
RMAN> CONFIGURE DEVICE TYPE SBT PARALLELISM 2 BACKUP TYPE TO COMPRESSED
BACKUPSET;
Alte RMAN-Konfigurationsparameter:
CONFIGURE DEVICE TYPE DISK PARALLELISM 1 BACKUP TYPE TO COMPRESSED BACKUPSET;
Neue RMAN-Konfigurationsparameter:
CONFIGURE DEVICE TYPE 'SBT_TAPE' PARALLELISM 2 BACKUP TYPE TO COMPRESSED
BACKUPSET;
Neue RMAN-Konfigurationsparameter wurden erfolgreich gespeichert
Vollständige Neusynchronisation des Recovery-Katalogs wird begonnen
Vollständige Neusynchronisation abgeschlossen
```

Bei der Ausführung des Backup-Befehls werden dann automatisch die Anzahl der Kanäle erzeugt, die durch das Schlüsselwort PARALLELISM definiert sind.

Automatische Erstellung mehrere Sicherungskanäle durch PARALLELISM:
```
RMAN> backup database;

Starten backup um 23.12.09
Kanal ORA_DISK_1: SID=131 Gerätetyp=DISK
Zugewiesener Kanal: ORA_DISK_2
Kanal ORA_DISK_2: SID=130 Gerätetyp=DISK
Kanal ORA_DISK_1: komprimiertes vollständiges Backup Set von Datendatei wird
 begonnen
Kanal ORA_DISK_1: Datendateien werden in Backup Set angegeben
Eingabe-Datendatei fno=00001
  Name=C:\PROGRAMME\ORACLE\PRODUCT\10.2.0\ORADATA\ORCL\SYSTEM01.DBF
Eingabe-Datendatei fno=00002
  Name=C:\PROGRAMME\ORACLE\PRODUCT\10.2.0\ORADATA\ORCL\UNDOTBS01.DBF
Kanal ORA_DISK_1: Piece 1 wird auf 23.12.09 begonnen
Kanal ORA_DISK_2: komprimiertes vollständiges Backup Set von Datendatei wird
 begonnen
Kanal ORA_DISK_2: Datendateien werden in Backup Set angegeben
Eingabe-Datendatei fno=00003
  Name=C:\PROGRAMME\ORACLE\PRODUCT\10.2.0\ORADATA\ORCL\SYSAUX01.DBF
Eingabe-Datendatei fno=00005
  Name=C:\PROGRAMME\ORACLE\PRODUCT\10.2.0\ORADATA\ORCL\RCATTBS01.DBF
Eingabe-Datendatei fno=00004
  Name=C:\PROGRAMME\ORACLE\PRODUCT\10.2.0\ORADATA\ORCL\USERS01.DBF
Kanal ORA_DISK_2: Piece 1 wird auf 23.12.09 begonnen
Kanal ORA_DISK_2: Piece 1 auf 23.12.09 beendet
```

Sollen die Sicherungsprozesse unterschiedliche Ziele verwenden, so erfolgt deren Definition mithilfe des Format-Schlüsselwortes.

Durch die Vorkonfiguration der parallelen Sicherungsprozesse wird für jedes Sicherungsziel der FORMAT-Klausel ein eigener Kanal und dadurch ein eigenes Backupset pro Kanal erzeugt:
```
RMAN> CONFIGURE DEVICE TYPE DISK PARALLELISM 2 BACKUP TYPE TO BACKUPSET;
Alte RMAN-Konfigurationsparameter:
CONFIGURE DEVICE TYPE DISK PARALLELISM 1 BACKUP TYPE TO BACKUPSET;
Neue RMAN-Konfigurationsparameter:
CONFIGURE DEVICE TYPE DISK PARALLELISM 2 BACKUP TYPE TO BACKUPSET;
Neue RMAN-Konfigurationsparameter wurden erfolgreich gespeichert
Vollständige Neusynchronisation des Recovery-Katalogs wird begonnen
Vollständige Neusynchronisation abgeschlossen

RMAN> backup as compressed backupset
```

Durchführen von Datenbanksicherungen

```
2>     format 'c:\backup1\%d_%s_%p_%T.bak','c:\backup2\%d_%s_%p_%T.bak'
3>     database;

Starten backup um 28.12.09
Kanal ORA_DISK_1 wird benutzt
Kanal ORA_DISK_2 wird benutzt
Kanal ORA_DISK_1: komprimiertes vollständiges Backup Set von Datendatei wird
begonnen
Kanal ORA_DISK_1: Datendateien werden in Backup Set angegeben
Eingabe-Datendatei fno=00001 Na-
me=C:\PROGRAMME\ORACLE\PRODUCT\10.2.0\ORADATA\ORCL\SYSTEM01.DBF
Eingabe-Datendatei fno=00002 Na-
me=C:\PROGRAMME\ORACLE\PRODUCT\10.2.0\ORADATA\ORCL\UNDOTBS01.DBF
Kanal ORA_DISK_1: Piece 1 wird auf 28.12.09 begonnen
Kanal ORA_DISK_2: komprimiertes vollständiges Backup Set von Datendatei wird
begonnen
Kanal ORA_DISK_2: Datendateien werden in Backup Set angegeben
Eingabe-Datendatei fno=00003 Na-
me=C:\PROGRAMME\ORACLE\PRODUCT\10.2.0\ORADATA\ORCL\SYSAUX01.DBF
Eingabe-Datendatei fno=00005 Na-
me=C:\PROGRAMME\ORACLE\PRODUCT\10.2.0\ORADATA\ORCL\RCATTBS01.DBF
Eingabe-Datendatei fno=00004 Na-
me=C:\PROGRAMME\ORACLE\PRODUCT\10.2.0\ORADATA\ORCL\USERS01.DBF
Kanal ORA_DISK_2: Piece 1 wird auf 28.12.09 begonnen
Kanal ORA_DISK_2: Piece 1 auf 28.12.09 beendet
Piece Handle=C:\BACKUP1\ORCL_32_1_20091228.BAK Tag=TAG20091228T164816 Kommen-
tar=NONE
Kanal ORA_DISK_2: Backup Set vollständig, abgelaufene Zeit: 00:00:46
Kanal ORA_DISK_2: komprimiertes vollständiges Backup Set von Datendatei wird
begonnen
......
```

8.7.2. Manuelle Erzeugung mehrerer Sicherungsprozesse

In der Enterpriseversion können mehrere Kanäle für die Sicherung erzeugt werden. Jeder Kanal besitzt einen eigenen Prozess, mit dem gesichert wird. Diese Kanäle können auf unterschiedliche Sicherungsziele, beispielsweise Bandlaufwerk oder Festplatte, zeigen.

Angabe mehrerer Sicherungskanäle in einem Ausführungsblock zur Parallelisierung:

```
RMAN> run
2> {
3> allocate channel c1 device type disk format='c:\backup1\%d_%s_%p_%T.bak';
4> allocate channel c2 device type disk format='c:\backup2\%d_%s_%p_%T.bak';
5> allocate channel c3 device type disk format='c:\backup3\%d_%s_%p_%T.bak';
6> backup as compressed backupset database;
7> }
Zugewiesener Kanal: c1
Kanal c1: SID=139 Gerätetyp=DISK

Zugewiesener Kanal: c2
Kanal c2: SID=144 Gerätetyp=DISK

Zugewiesener Kanal: c3
Kanal c3: SID=140 Gerätetyp=DISK

Starten backup um 28.12.09
Kanal c1: komprimiertes vollständiges Backup Set von Datendatei wird begonnen
Kanal c1: Datendateien werden in Backup Set angegeben
Eingabe-Datendatei fno=00001 Na-
me=C:\PROGRAMME\ORACLE\PRODUCT\10.2.0\ORADATA\ORCL\SYSTEM01.DBF
```

```
Kanal c1: Piece 1 wird auf 28.12.09 begonnen
Kanal c2: komprimiertes vollständiges Backup Set von Datendatei wird begonnen
Kanal c2: Datendateien werden in Backup Set angegeben
Eingabe-Datendatei fno=00003 Na-
me=C:\PROGRAMME\ORACLE\PRODUCT\10.2.0\ORADATA\ORCL\SYSAUX01.DBF
Eingabe-Datendatei fno=00004 Na-
me=C:\PROGRAMME\ORACLE\PRODUCT\10.2.0\ORADATA\ORCL\USERS01.DBF
Kanal c2: Piece 1 wird auf 28.12.09 begonnen
Kanal c3: komprimiertes vollständiges Backup Set von Datendatei wird begonnen
Kanal c3: Datendateien werden in Backup Set angegeben
Eingabe-Datendatei fno=00002 Na-
me=C:\PROGRAMME\ORACLE\PRODUCT\10.2.0\ORADATA\ORCL\UNDOTBS01.DBF
Eingabe-Datendatei fno=00005 Na-
me=C:\PROGRAMME\ORACLE\PRODUCT\10.2.0\ORADATA\ORCL\RCATTBS01.DBF
Kanal c3: Piece 1 wird auf 28.12.09 begonnen
......
```

Zusätzlich besteht die Möglichkeit, anzugeben, über welchen Kanal welche Datenbankdatei gesichert werden soll, indem innerhalb des Sicherungsbefehls mit den Klauseln DATAFILE und CHANNEL die Datendatei dem entsprechenden Kanal zugewiesen wird.

Bestimmung, über welche Kanäle welche Datendateien gesichert werden sollen:
```
RMAN> run
2> {
3> allocate channel c1 device type disk format='c:\backup1\%d_%s_%p_%t.bak';
4> allocate channel c2 device type disk format='c:\backup2\%d_%s_%p_%t.bak';
5> allocate channel c3 device type disk format='c:\backup3\%d_%s_%p_%t.bak';
6> backup as compressed backupset
7> (datafile 1 channel c1)
8> (datafile 3 channel c2)
9> (datafile 2,4,5 channel c3)
10> database;
11> }
Zugewiesener Kanal: c1
Kanal c1: SID=139 Gerätetyp=DISK

Zugewiesener Kanal: c2
Kanal c2: SID=144 Gerätetyp=DISK

Zugewiesener Kanal: c3
Kanal c3: SID=140 Gerätetyp=DISK

Starten backup um 28.12.09
Kanal c1: komprimiertes vollständiges Backup Set von Datendatei wird begonnen
Kanal c1: Datendateien werden in Backup Set angegeben
Eingabe-Datendatei fno=00001 Na-
me=C:\PROGRAMME\ORACLE\PRODUCT\10.2.0\ORADATA\ORCL\SYSTEM01.DBF
Kanal c1: Piece 1 wird auf 28.12.09 begonnen
Kanal c2: komprimiertes vollständiges Backup Set von Datendatei wird begonnen
Kanal c2: Datendateien werden in Backup Set angegeben
Eingabe-Datendatei fno=00001 Na-
me=C:\PROGRAMME\ORACLE\PRODUCT\10.2.0\ORADATA\ORCL\SYSTEM01.DBF
Kanal c2: Piece 1 wird auf 28.12.09 begonnen
Kanal c3: komprimiertes vollständiges Backup Set von Datendatei wird begonnen
Kanal c3: Datendateien werden in Backup Set angegeben
Eingabe-Datendatei fno=00003 Na-
me=C:\PROGRAMME\ORACLE\PRODUCT\10.2.0\ORADATA\ORCL\SYSAUX01.DBF
Eingabe-Datendatei fno=00004 Na-
me=C:\PROGRAMME\ORACLE\PRODUCT\10.2.0\ORADATA\ORCL\USERS01.DBF
Kanal c3: Piece 1 wird auf 28.12.09 begonnen
Kanal c1: Piece 1 auf 28.12.09 beendet
```

```
Piece Handle=C:\BACKUP1\ORCL_42_1_706813750.BAK Tag=TAG20091228T170909 Kom-
mentar=NONE
Kanal c1: Backup Set vollständig, abgelaufene Zeit: 00:01:03
Kanal c1: komprimiertes vollständiges Backup Set von Datendatei wird begonnen
Kanal c1: Datendateien werden in Backup Set angegeben
Eingabe-Datendatei fno=00002 Na-
me=C:\PROGRAMME\ORACLE\PRODUCT\10.2.0\ORADATA\ORCL\UNDOTBS01.DBF
Eingabe-Datendatei fno=00005 Na-
me=C:\PROGRAMME\ORACLE\PRODUCT\10.2.0\ORADATA\ORCL\RCATTBS01.DBF
Kanal c1: Piece 1 wird auf 28.12.09 begonnen
Kanal c2: Piece 1 auf 28.12.09 beendet
Piece Handle=C:\BACKUP2\ORCL_43_1_706813750.BAK Tag=TAG20091228T170909 Kom-
mentar=NONE
Kanal c2: Backup Set vollständig, abgelaufene Zeit: 00:01:03
Kanal c2: komprimiertes vollständiges Backup Set von Datendatei wird begonnen
Kanal c2: Datendateien werden in Backup Set angegeben
Eingabe-Datendatei fno=00003 Na-
me=C:\PROGRAMME\ORACLE\PRODUCT\10.2.0\ORADATA\ORCL\SYSAUX01.DBF
Kanal c2: Piece 1 wird auf 28.12.09 begonnen
Kanal c3: Piece 1 auf 28.12.09 beendet
Piece Handle=C:\BACKUP3\ORCL_44_1_706813750.BAK Tag=TAG20091228T170909 Kom-
mentar=NONE
Kanal c3: Backup Set vollständig, abgelaufene Zeit: 00:01:04
Kanal c3: komprimiertes vollständiges Backup Set von Datendatei wird begonnen
Kanal c3: Datendateien werden in Backup Set angegeben
Eingabe-Datendatei fno=00002 Na-
me=C:\PROGRAMME\ORACLE\PRODUCT\10.2.0\ORADATA\ORCL\UNDOTBS01.DBF
Eingabe-Datendatei fno=00005 Na-
me=C:\PROGRAMME\ORACLE\PRODUCT\10.2.0\ORADATA\ORCL\RCATTBS01.DBF
Eingabe-Datendatei fno=00004 Na-
me=C:\PROGRAMME\ORACLE\PRODUCT\10.2.0\ORADATA\ORCL\USERS01.DBF
Kanal c3: Piece 1 wird auf 28.12.09 begonnen
Kanal c2: Piece 1 auf 28.12.09 beendet
```

8.8. Differenzielle inkrementelle Sicherungsstrategien

Der Recovery Manager unterstützt differenzielle inkrementelle Sicherungsstrategien, bei denen nur die Blöcke gesichert werden, in denen sich seit einer differenziellen inkrementellen Sicherung Änderungen vollzogen haben. Dadurch reduziert sich die Menge der zu sichernden Daten, allerdings müssen bei der Wiederherstellung diese Sicherungen auch wieder angewendet werden. Differenzielle inkrementelle Sicherungsstrategien werden auch bei Datenbanken unterstützt, die sich im NOARCHIVELOG-Modus befinden.

Damit eine differenzielle inkrementelle Sicherungsstrategie verwendet werden kann, ist eine spezielle Vollsicherung der Datenbank, des Tablespaces oder der Datendatei als Ausgangsbasis notwendig. Eine konventionelle Sicherung, wie im Vorfeld angesprochen, ist dafür nicht ausreichend. Als Ausgangsbasis kann nur eine Sicherung verwendet werden, die mit der Ebene 0 erstellt wurde.

8.8.1. Ebenen von differenziellen inkrementellen Sicherungen

Eine differenzielle inkrementelle Sicherung kann mit der Ebene 0 oder der Ebene 1 erzeugt werden. Wird eine Sicherung der Ebene 0 durchgeführt, dann wird die zu sichernde Komponente (Datenbank, Tablespace oder Datendatei) voll gesichert und dient als Ausgangssicherung einer differenziellen inkrementellen Sicherungsstrategie.

Wird im nächsten Schritt eine Sicherung der Ebene 1 der Komponente durchgeführt, so werden nur noch die Blöcke gesichert, die sich seit einer letzten differenziellen inkrementellen Sicherung der Ebene 1 oder 0 geändert haben.

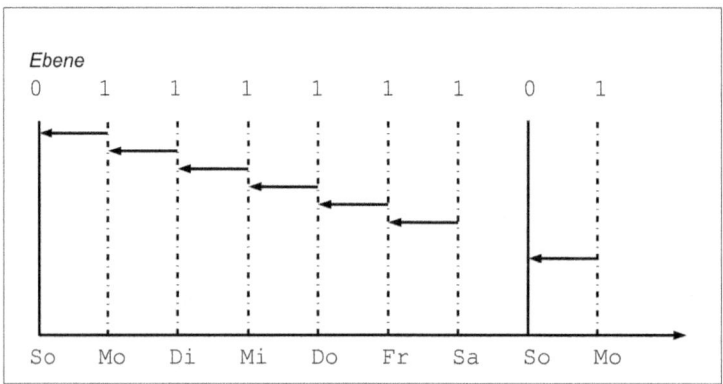

Abbildung 15: Schematische Darstellung einer differenziellen Sicherungsstrategie

Die Definition der Ebene erfolgt über die Klausel INCREMENTAL LEVEL des Backup-Befehls.

Befehlssyntax für die Erstellung differenzieller inkrementeller Sicherungen:
```
BACKUP INCREMENTAL LEVEL [Level] [DATABASE | TABLESPACE [Namen] | DATAFILE [Nummern]]
```

Durchführung der Sicherung der Ebene 0 für die Ausgangssicherung:
```
RMAN> backup as compressed backupset incremental level 0 database;
Starten backup um 28.12.09
Kanal ORA_DISK_1 wird benutzt
Kanal ORA_DISK_1: komprimiertes Backup Set von Datendatei auf inkrementeller Ebene 0 wird begonnen
Kanal ORA_DISK_1: Datendateien werden in Backup Set angegeben
Eingabe-Datendatei fno=00001 Name=C:\PROGRAMME\ORACLE\PRODUCT\10.2.0\ORADATA\ORCL\SYSTEM01.DBF
Eingabe-Datendatei fno=00003 Name=C:\PROGRAMME\ORACLE\PRODUCT\10.2.0\ORADATA\ORCL\SYSAUX01.DBF
Eingabe-Datendatei fno=00002 Name=C:\PROGRAMME\ORACLE\PRODUCT\10.2.0\ORADATA\ORCL\UNDOTBS01.DBF
```

```
Eingabe-Datendatei fno=00005 Na-
me=C:\PROGRAMME\ORACLE\PRODUCT\10.2.0\ORADATA\ORCL\RCATTBS01.DBF
Eingabe-Datendatei fno=00004 Na-
me=C:\PROGRAMME\ORACLE\PRODUCT\10.2.0\ORADATA\ORCL\USERS01.DBF
Kanal ORA_DISK_1: Piece 1 wird auf 28.12.09 begonnen
Kanal ORA_DISK_1: Piece 1 auf 28.12.09 beendet
Piece Han-
dle=C:\PROGRAMME\ORACLE\PRODUCT\10.2.0\FLASH_RECOVERY_AREA\ORCL\BACKUPSET\200
9_12_28\O1_MF_NNND0_TAG20091228T202410_5ML1GWQG_.BKP Tag=TAG20091228T202410
Kommentar=NONE
Kanal ORA_DISK_1: Backup Set vollständig, abgelaufene Zeit: 00:01:06
Kanal ORA_DISK_1: komprimiertes Backup Set von Datendatei auf inkrementeller
Ebene 0 wird begonnen
Kanal ORA_DISK_1: Datendateien werden in Backup Set angegeben
Aktuelle Kontrolldatei wird in Backup Set aufgenommen
Aktuelle SPFILE wird in Backup Set aufgenommen
Kanal ORA_DISK_1: Piece 1 wird auf 28.12.09 begonnen
Kanal ORA_DISK_1: Piece 1 auf 28.12.09 beendet
Piece Han-
dle=C:\PROGRAMME\ORACLE\PRODUCT\10.2.0\FLASH_RECOVERY_AREA\ORCL\BACKUPSET\200
9_12_28\O1_MF_NCSN0_TAG20091228T202410_5ML1JYPY_.BKP Tag=TAG20091228T202410
Kommentar=NONE
Kanal ORA_DISK_1: Backup Set vollständig, abgelaufene Zeit: 00:00:03
Beendet backup um 28.12.09
```

Durchführung der Sicherung der Ebene 1 zur Sicherung der Änderungen:
```
RMAN> backup as compressed backupset incremental level 1 database;
Starten backup um 28.12.09
Kanal ORA_DISK_1 wird benutzt
Kanal ORA_DISK_1: komprimiertes Backup Set von Datendatei auf inkrementeller
Ebene 1 wird begonnen
Kanal ORA_DISK_1: Datendateien werden in Backup Set angegeben
Eingabe-Datendatei fno=00001 Na-
me=C:\PROGRAMME\ORACLE\PRODUCT\10.2.0\ORADATA\ORCL\SYSTEM01.DBF
Eingabe-Datendatei fno=00003 Na-
me=C:\PROGRAMME\ORACLE\PRODUCT\10.2.0\ORADATA\ORCL\SYSAUX01.DBF
Eingabe-Datendatei fno=00002 Na-
me=C:\PROGRAMME\ORACLE\PRODUCT\10.2.0\ORADATA\ORCL\UNDOTBS01.DBF
Eingabe-Datendatei fno=00005 Na-
me=C:\PROGRAMME\ORACLE\PRODUCT\10.2.0\ORADATA\ORCL\RCATTBS01.DBF
......
Kanal ORA_DISK_1: Piece 1 wird auf 28.12.09 begonnen
Kanal ORA_DISK_1: Piece 1 auf 28.12.09 beendet
Piece Han-
dle=C:\PROGRAMME\ORACLE\PRODUCT\10.2.0\FLASH_RECOVERY_AREA\ORCL\BACKUPSET\200
9_12_28\O1_MF_NNND1_TAG20091228T202620_5ML1LX7B_.BKP Tag=TAG20091228T202620
Kommentar=NONE
Kanal ORA_DISK_1: Backup Set vollständig, abgelaufene Zeit: 00:00:45
Kanal ORA_DISK_1: komprimiertes Backup Set von Datendatei auf inkrementeller
Ebene 1 wird begonnen
Kanal ORA_DISK_1: Datendateien werden in Backup Set angegeben
Aktuelle Kontrolldatei wird in Backup Set aufgenommen
Aktuelle SPFILE wird in Backup Set aufgenommen
Kanal ORA_DISK_1: Piece 1 wird auf 28.12.09 begonnen
Kanal ORA_DISK_1: Piece 1 auf 28.12.09 beendet
Piece Han-
dle=C:\PROGRAMME\ORACLE\PRODUCT\10.2.0\FLASH_RECOVERY_AREA\ORCL\BACKUPSET\200
9_12_28\O1_MF_NCSN1_TAG20091228T202620_5ML1ND5V_.BKP Tag=TAG20091228T202620
Kommentar=NONE
Kanal ORA_DISK_1: Backup Set vollständig, abgelaufene Zeit: 00:00:03
Beendet backup um 28.12.09
```

Sollte eine differenzielle inkrementelle Sicherung mit der Ebene 1 unter einem Kompatibilitätslevel größer oder gleich 10.0.0 gestartet werden, für die keine Sicherung der Ebene 0 vorliegt, so sichert der Recovery Manager alle Datenbankblöcke, die sich seit der Erstellung der Datendatei geändert haben. In vorherigen Versionen startet der Recovery Manager automatisch eine Sicherung der Ebene 0.

8.8.2. Kumulative inkrementelle Sicherungen

Eine Erweiterung zur normalen differenziellen inkrementellen Sicherung der Ebene 1 stellt die kumulative inkrementelle Sicherung der Ebene 1 da. Die kumulative inkrementelle Sicherung der Ebene 1 sichert alle Blöcke, die sich seit der letzten Sicherung der Ebene 0 geändert haben.

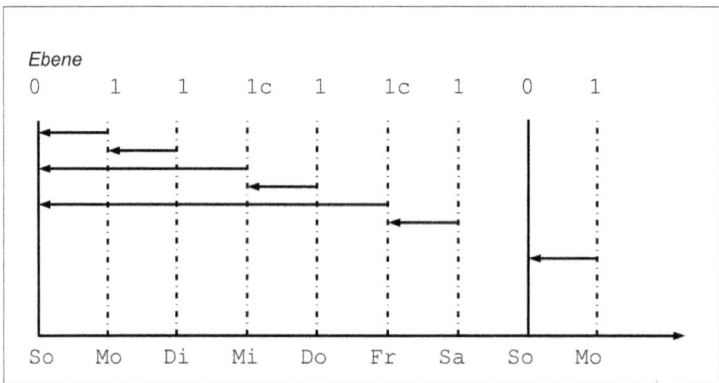

Abbildung 16: Schematische Darstellung für die Durchführung einer kumulativen inkrementellen Sicherungsstrategie

Durch Verwendung der kumulativen inkrementellen Sicherung verringert sich die Anzahl der Sicherungen, die bei der Wiederherstellung einer Komponente angewendet werden müssen.

Befehlssyntax für die Erstellung kumulativer inkrementeller Sicherungen:
```
BACKUP INCREMENTAL LEVEL 1 CUMULATIVE [DATABASE | TABLESPACE [Namen] |
DATAFILE [Nummern]]
```

Durchführen von Datenbanksicherungen

Durchführung einer kumulativen inkrementellen Sicherung:
RMAN> backup as compressed backupset incremental level 1 cumulative database;

```
Starten backup um 28.12.09
Kanal ORA_DISK_1 wird benutzt
Kanal ORA_DISK_1: komprimiertes Backup Set von Datendatei auf inkrementeller
Ebene 1 wird begonnen
Kanal ORA_DISK_1: Datendateien werden in Backup Set angegeben
Eingabe-Datendatei fno=00001 Na-
me=C:\PROGRAMME\ORACLE\PRODUCT\10.2.0\ORADATA\ORCL\SYSTEM01.DBF
Eingabe-Datendatei fno=00003 Na-
me=C:\PROGRAMME\ORACLE\PRODUCT\10.2.0\ORADATA\ORCL\SYSAUX01.DBF
Eingabe-Datendatei fno=00002 Na-
me=C:\PROGRAMME\ORACLE\PRODUCT\10.2.0\ORADATA\ORCL\UNDOTBS01.DBF
Eingabe-Datendatei fno=00005 Na-
me=C:\PROGRAMME\ORACLE\PRODUCT\10.2.0\ORADATA\ORCL\RCATTBS01.DBF
Eingabe-Datendatei fno=00004 Na-
me=C:\PROGRAMME\ORACLE\PRODUCT\10.2.0\ORADATA\ORCL\USERS01.DBF
Kanal ORA_DISK_1: Piece 1 wird auf 28.12.09 begonnen
Kanal ORA_DISK_1: Piece 1 auf 28.12.09 beendet
Piece Han-
dle=C:\PROGRAMME\ORACLE\PRODUCT\10.2.0\FLASH_RECOVERY_AREA\ORCL\BACKUPSET\200
9_12_28\O1_MF_NNND1_TAG20091228T204955_5ML2Z4KL_.BKP Tag=TAG20091228T204955
Kommentar=NONE
Kanal ORA_DISK_1: Backup Set vollständig, abgelaufene Zeit: 00:01:06
Kanal ORA_DISK_1: komprimiertes Backup Set von Datendatei auf inkrementeller
Ebene 1 wird begonnen
Kanal ORA_DISK_1: Datendateien werden in Backup Set angegeben
Aktuelle Kontrolldatei wird in Backup Set aufgenommen
Aktuelle SPFILE wird in Backup Set aufgenommen
Kanal ORA_DISK_1: Piece 1 wird auf 28.12.09 begonnen
Kanal ORA_DISK_1: Piece 1 auf 28.12.09 beendet
Piece Han-
dle=C:\PROGRAMME\ORACLE\PRODUCT\10.2.0\FLASH_RECOVERY_AREA\ORCL\BACKUPSET\200
9_12_28\O1_MF_NCSN1_TAG20091228T204955_5ML317B8_.BKP Tag=TAG20091228T204955
Kommentar=NONE
Kanal ORA_DISK_1: Backup Set vollständig, abgelaufene Zeit: 00:00:03
Beendet backup um 28.12.09
```

8.9. Block Change Tracking

Da bei inkrementellen Sicherungen alle Blöcke der Datendateien nach Änderungen durchsucht werden müssen, ist die Durchführung der Sicherung nicht bedeutend schneller als eine herkömmliche Sicherung. Der Vorteil einer inkrementellen Sicherung besteht hauptsächlich darin, dass der Umfang der Daten der Sicherung kleiner ist.

Um eine inkrementelle Sicherung zu beschleunigen, wurde in der Oracle 10g Enterpriseversion das Block Change Tracking eingeführt, mit dessen Hilfe die geänderten Blöcke in einer separaten Datei protokolliert werden. Bei der Aktivierung des Block Change Tracking wird der Hintergrundprozess CTWR (Change Tracking Writer) gestartet, der die physikalischen Standorte der geänderten Blöcke in eine Tracking-Datei schreibt. Bei Durchführung einer inkrementellen Sicherung wird diese Datei ausgelesen, um die geänderten Blöcke in den Datenbankdateien zu lokalisieren und eine gesamte Suche über die Datendateien zu vermeiden.

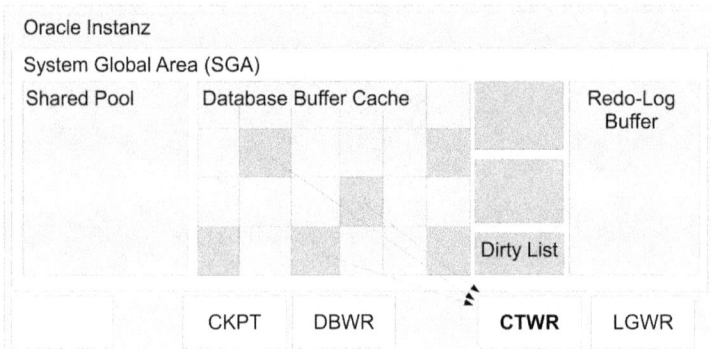

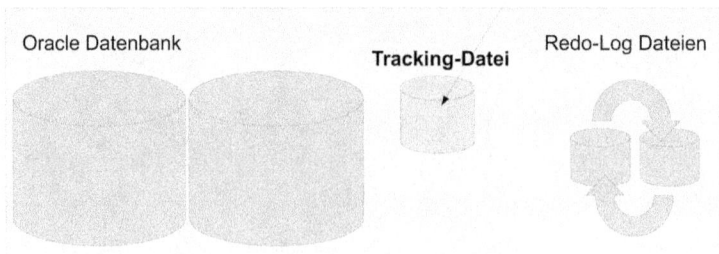

Abbildung 17: Architektur des Block Change Tracking

8.9.1. Aktivieren des Block Change Trackings

Das Block Change Tracking kann aus einer laufenden Datenbank aktiviert werden. Die Aktivierung erfolgt mit dem Befehl:

Befehlssyntax für die Aktivierung des Block Change Trackings:
ALTER DATABASE ENABLE BLOCK CHANGE TRACKING USING FILE 'Pfad & Dateiname';

Nach der Aktivierung des Block Change Trackings muss eine Sicherung der Ebene 0 oder 1 ausgeführt werden, da die Tracking-Datei noch nicht den gesamten Status der Datendateien mit ihren Blöcken widerspiegelt. Erst nachdem diese Sicherung durchgeführt wurde, enthält die Tracking-Datei einen Aufsatzpunkt für die Protokollierung neuer geänderter Datenbankblöcke.

Beispiel für die Aktivierung des Block Change Trackings:
```
C:\>sqlplus / as sysdba

SQL*Plus: Release 10.2.0.1.0 - Production on Fr Mai 29 12:35:37 2009

Copyright (c) 1982, 2005, Oracle.  All rights reserved.

Verbunden mit:
Oracle Database 10g Enterprise Edition Release 10.2.0.1.0 - Production
With the Partitioning, OLAP and Data Mining options

SQL> ALTER DATABASE ENABLE BLOCK CHANGE TRACKING
  2  USING FILE 'c:\track\trackingfile.dbf';

Datenbank wurde geändert.

SQL> exit
Verbindung zu Oracle Database 10g Enterprise Edition Release 10.2.0.1.0 -
Production
With the Partitioning, OLAP and Data Mining options beendet

C:\>rman target /

Recovery Manager: Release 10.2.0.1.0 - Production on Fr Mai 29 12:36:09 2009

Copyright (c) 1982, 2005, Oracle.  All rights reserved.

Mit Ziel-Datenbank verbunden: ORCL (DBID=1231023614)

RMAN> backup as compressed backupset incremental level 0 database;

Starten backup um 29.05.09
Kontrolldatei der Zieldatenbank wird anstelle des Recovery-Katalogs verwendet
Zugewiesener Kanal: ORA_DISK_1
Kanal ORA_DISK_1: SID=141 Gerätetyp=DISK
Kanal ORA_DISK_1: komprimiertes Backup Set von Datendatei auf inkrementeller
......
```

Das Block Change Tracking beschleunigt die Durchführung von inkrementellen Sicherungen, allerdings hat das Schreiben der Tracking-Datei einen geringen Einfluss auf die Performance der Datenbank.

Ein besonderer Gewinn ist dieses Feature, wenn Bandlaufwerke im Streaming-Modus arbeiten. Bei diesem Modus läuft das Bandlaufwerk immer mit einer gleichbleibenden Geschwindigkeit, wodurch permanent Daten für das Schreiben am Laufwerk anliegen müssen. Reißt bei einer inkrementellen Sicherung aufgrund des Durchsuchens nach geänderten Blöcken dieser Datenstrom ab, hält das Bandlaufwerk an und muss wegen des kurzzeitigen Nachlaufens zum letzten Aufsatzpunkt zurückspulen. Durch das Block Change Tracking wird das Abreißen des Datenstroms vermieden, weil das Durchsuchen von nicht geänderten Bereichen von Datendateien, in denen während dieser Zeit keine Daten für das Schreiben am Bandlaufwerk anliegen, wegfällt.

8.9.2. Überwachen von Block Change Tracking

Ob das Block Change Tracking aktiviert ist, kann über die View V$BLOCK_CHANGE_TRACKING eingesehen werden. Zusätzlich liefert die View den Speicherort und die Größe der Tracking-Datei.

Auslesen der Konfiguration des Block Change Trackings:
```
SQL> SELECT * FROM V$BLOCK_CHANGE_TRACKING;

STATUS      FILENAME                           BYTES
---------   ------------------------------    ---------
ENABLED     C:\TRACK\TRACKINGFILE.DBF          11599872
```

Das Sammeln der Informationen über die Änderungen erfolgt in einem Speicherbereich des Large-Pools, dem CTWR DBA Buffer, der dann in die Tracking-Datei überführt wird. Die Größe dieses Bereiches wird über die View V$SGASTAT ausgelesen.

Auslesen des verwendeten Speichers des Block Change Tracking:
```
SQL> SELECT * FROM V$SGASTAT WHERE NAME LIKE 'CTWR%';

POOL          NAME                      BYTES
-----------   ------------------------  ---------
large pool    CTWR dba buffer            901120
```

8.10. Inkrementell aktualisierte Sicherungen

Inkrementell aktualisierte Sicherungen bieten die Möglichkeit, eine Art Schattendatenbank zu erstellen. Hierfür werden Image-Kopien der Datenbankdateien angefertigt, die dann regelmäßig mit den daraufhin erstellten differenziellen Sicherungen aktualisiert werden, sodass die Kopien den aktuellen Stand der Datenbank erhalten.

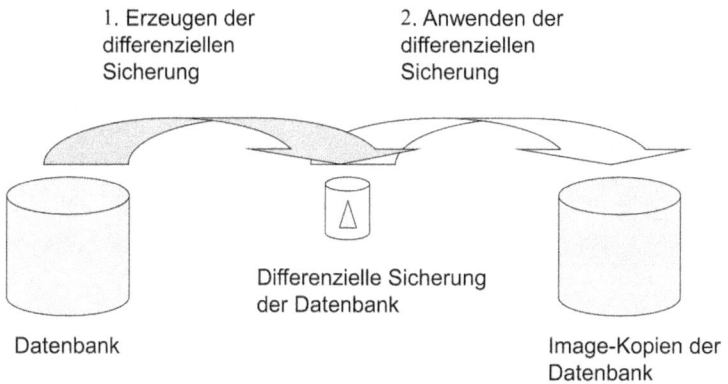

Abbildung 18: Schematische Darstellung der inkrementell aktualisierten Sicherung

8.10.1. Image-Kopien und differenzielle Sicherungen

Die Erzeugung der Image-Kopien erfolgt mit dem gleichen Befehl, der die daraufhin erzeugten differenziellen Sicherungen erstellt. Der Recovery Manager erkennt bei der ersten versuchten Erstellung einer differenziellen Sicherung, dass keine Image-Kopien als Ausgangsbasis vorhanden sind und erzeugt diese dann automatisch.

Die Syntax zur Erzeugung der differenziellen Sicherungen und der Image-Kopien für die gesamte Datenbank sieht wie folgt aus:

Befehlssyntax für die Erzeugung einer inkrementell aktualisierten Sicherung:
BACKUP INCREMENTAL LEVEL 1 FOR RECOVER OF COPY WITH TAG 'Name' DATABASE;

Für die Erstellung der Image-Kopien und der differenziellen Sicherung muss ein Bezeichner der Sicherung angegeben werden, damit der Recovery Manager weiß, für welche Image-Kopien die erzeugte differenzielle Sicherung später zuständig ist. Dieser Bezeichner wird über das Schlüsselwort TAG angegeben.

Durchführen von Datenbanksicherungen

Die erste Ausführung des Befehls zur Erzeugung einer differenziellen Sicherung erzeugt die Image-Kopien:

```
RMAN> backup incremental level 1
2>      for recover of copy with tag 'full_copy' database;
Starten backup um 28.12.09
Kanal ORA_DISK_1 wird benutzt
Kein Vater-Backup bzw. keine Kopie der Datendatei 1 gefunden
Kein Vater-Backup bzw. keine Kopie der Datendatei 3 gefunden
Kein Vater-Backup bzw. keine Kopie der Datendatei 2 gefunden
Kein Vater-Backup bzw. keine Kopie der Datendatei 5 gefunden
Kein Vater-Backup bzw. keine Kopie der Datendatei 4 gefunden
Kanal ORA_DISK_1: Datendatei-Kopie wird gestartet
Eingabe-Datendatei fno=00001
Name=C:\PROGRAMME\ORACLE\PRODUCT\10.2.0\ORADATA\ORCL\SYSTEM01.DBF
Ausgabe
dateiname=C:\PROGRAMME\ORACLE\PRODUCT\10.2.0\FLASH_RECOVERY_AREA\ORCL\DATAFIL
E\O1_MF_SYSTEM_5ML55L3X_.DBF tag=FULL_COPY recid=13 stamp=706829282
Kanal ORA_DISK_1: Datendatei-Kopie abgeschlossen, abgelaufene Zeit: 00:00:36
Kanal ORA_DISK_1: Datendatei-Kopie wird gestartet
Eingabe-Datendatei fno=00003
Name=C:\PROGRAMME\ORACLE\PRODUCT\10.2.0\ORADATA\ORCL\SYSAUX01.DBF
Ausgabe
dateiname=C:\PROGRAMME\ORACLE\PRODUCT\10.2.0\FLASH_RECOVERY_AREA\ORCL\DATAFIL
E\O1_MF_SYSAUX_5ML56OK2_.DBF tag=FULL_COPY recid=14 stamp=706829321
Kanal ORA_DISK_1: Datendatei-Kopie abgeschlossen, abgelaufene Zeit: 00:00:45
Kanal ORA_DISK_1: Datendatei-Kopie wird gestartet
Eingabe-Datendatei fno=00002
Name=C:\PROGRAMME\ORACLE\PRODUCT\10.2.0\ORADATA\ORCL\UNDOTBS01.DBF
Ausgabe
dateiname=C:\PROGRAMME\ORACLE\PRODUCT\10.2.0\FLASH_RECOVERY_AREA\ORCL\DATAFIL
E\O1_MF_UNDOTBS1_5ML582PY_.DBF tag=FULL_COPY recid=15 stamp=706829340
Kanal ORA_DISK_1: Datendatei-Kopie abgeschlossen, abgelaufene Zeit: 00:00:15
Kanal ORA_DISK_1: Datendatei-Kopie wird gestartet
Eingabe-Datendatei fno=00005
Name=C:\PROGRAMME\ORACLE\PRODUCT\10.2.0\ORADATA\ORCL\RCATTBS01.DBF
Ausgabe
dateiname=C:\PROGRAMME\ORACLE\PRODUCT\10.2.0\FLASH_RECOVERY_AREA\ORCL\DATAFIL
E\O1_MF_RCAT_5ML58L0Z_.DBF tag=FULL_COPY recid=16 stamp=706829348
Kanal ORA_DISK_1: Datendatei-Kopie abgeschlossen, abgelaufene Zeit: 00:00:03
Kanal ORA_DISK_1: Datendatei-Kopie wird gestartet
Eingabe-Datendatei fno=00004
Name=C:\PROGRAMME\ORACLE\PRODUCT\10.2.0\ORADATA\ORCL\USERS01.DBF
Ausgabe
dateiname=C:\PROGRAMME\ORACLE\PRODUCT\10.2.0\FLASH_RECOVERY_AREA\ORCL\DATAFIL
E\O1_MF_USERS_5ML58O6T_.DBF tag=FULL_COPY recid=17 stamp=706829349
Kanal ORA_DISK_1: Datendatei-Kopie abgeschlossen, abgelaufene Zeit: 00:00:01
Kanal ORA_DISK_1: komprimiertes Backup Set von Datendatei auf inkrementeller
Ebene 1 wird begonnen
Kanal ORA_DISK_1: Datendateien werden in Backup Set angegeben
Aktuelle Kontrolldatei wird in Backup Set aufgenommen
Aktuelle SPFILE wird in Backup Set aufgenommen
Kanal ORA_DISK_1: Piece 1 wird auf 28.12.09 begonnen
Kanal ORA_DISK_1: Piece 1 auf 28.12.09 beendet
Piece Han
dle=C:\PROGRAMME\ORACLE\PRODUCT\10.2.0\FLASH_RECOVERY_AREA\ORCL\BACKUPSET\200
9_12_28\O1_MF_NCSN1_TAG20091228T212729_5ML58S2X_.BKP Tag=TAG20091228T212729
Kommentar=NONE
Kanal ORA_DISK_1: Backup Set vollständig, abgelaufene Zeit: 00:00:04
Beendet backup um 28.12.09
```

Die zweite Ausführung des selben Befehls erzeugt die differenzielle Sicherung, die nur noch die Änderungen beinhaltet, welche im zweiten Schritt auf die Image-Kopien angewendet werden können.

Da die Image-Kopien nun vorhanden sind, wird nur noch differenziell gesichert:
```
RMAN> backup incremental level 1
2 >     for recover of copy with tag 'full_copy' database;

Starten backup um 28.12.09
Kanal ORA_DISK_1 wird benutzt
Kanal ORA_DISK_1: komprimiertes Backup Set von Datendatei auf inkrementeller
Ebene 1 wird begonnen
Kanal ORA_DISK_1: Datendateien werden in Backup Set angegeben
Eingabe-Datendatei fno=00001 Na-
me=C:\PROGRAMME\ORACLE\PRODUCT\10.2.0\ORADATA\ORCL\SYSTEM01.DBF
Eingabe-Datendatei fno=00003 Na-
me=C:\PROGRAMME\ORACLE\PRODUCT\10.2.0\ORADATA\ORCL\SYSAUX01.DBF
Eingabe-Datendatei fno=00002 Na-
me=C:\PROGRAMME\ORACLE\PRODUCT\10.2.0\ORADATA\ORCL\UNDOTBS01.DBF
Eingabe-Datendatei fno=00005 Na-
me=C:\PROGRAMME\ORACLE\PRODUCT\10.2.0\ORADATA\ORCL\RCATTBS01.DBF
Eingabe-Datendatei fno=00004 Na-
me=C:\PROGRAMME\ORACLE\PRODUCT\10.2.0\ORADATA\ORCL\USERS01.DBF
Kanal ORA_DISK_1: Piece 1 wird auf 28.12.09 begonnen
Kanal ORA_DISK_1: Piece 1 auf 28.12.09 beendet
Piece Han-
dle=C:\PROGRAMME\ORACLE\PRODUCT\10.2.0\FLASH_RECOVERY_AREA\ORCL\BACKUPSET\200
9_12_28\O1_MF_NNND1_TAG20091228T213125_5ML5F1TV_.BKP Tag=TAG20091228T213125
Kommentar=NONE
Kanal ORA_DISK_1: Backup Set vollständig, abgelaufene Zeit: 00:00:35
Kanal ORA_DISK_1: komprimiertes Backup Set von Datendatei auf inkrementeller
Ebene 1 wird begonnen
Kanal ORA_DISK_1: Datendateien werden in Backup Set angegeben
Aktuelle Kontrolldatei wird in Backup Set aufgenommen
Aktuelle SPFILE wird in Backup Set aufgenommen
Kanal ORA_DISK_1: Piece 1 wird auf 28.12.09 begonnen
Kanal ORA_DISK_1: Piece 1 auf 28.12.09 beendet
Piece Han-
dle=C:\PROGRAMME\ORACLE\PRODUCT\10.2.0\FLASH_RECOVERY_AREA\ORCL\BACKUPSET\200
9_12_28\O1_MF_NCSN1_TAG20091228T213125_5ML5G3TV_.BKP Tag=TAG20091228T213125
Kommentar=NONE
Kanal ORA_DISK_1: Backup Set vollständig, abgelaufene Zeit: 00:00:03
Beendet backup um 28.12.09
```

8.10.2. Anwenden der differenziellen Sicherungen

Die erzeugten differenziellen Sicherungen können nun regelmäßig angewendet werden, um die Image-Kopien auf den aktuellen Stand der Datenbank zu bringen.

Die Aktualisierung wird über den Befehl RECOVER eingeleitet, der die Sicherungen auf die Image-Kopien anwendet:

Befehlssyntax für das Anwenden der differenziellen Sicherung auf Image-Kopien der Datenbank:
```
RECOVER COPY OF DATABASE WITH TAG 'Name';
```

Anwenden der im Vorfeld erzeugten differenziellen Sicherungen auf die Image-Kopien:
```
RMAN> recover copy of database with tag 'full_copy';

Starten recover um 28.12.09
Kanal ORA_DISK_1 wird benutzt
Kanal ORA_DISK_1: Schrittweise Recovery des Datendatei-Backup Sets beginnt
Kanal ORA_DISK_1: Datendatei-Kopien für Recovery werden angegeben
Datendatei-Kopie fno=00001 Na-
me=C:\PROGRAMME\ORACLE\PRODUCT\10.2.0\FLASH_RECOVERY_AREA\ORCL\DATAFILE\O1_MF
_SYSTEM_5ML55L3X_.DBF wird wiederhergestellt
Datendatei-Kopie fno=00002 Na-
me=C:\PROGRAMME\ORACLE\PRODUCT\10.2.0\FLASH_RECOVERY_AREA\ORCL\DATAFILE\O1_MF
_UNDOTBS1_5ML582PY_.DBF wird wiederhergestellt
Datendatei-Kopie fno=00003 Na-
me=C:\PROGRAMME\ORACLE\PRODUCT\10.2.0\FLASH_RECOVERY_AREA\ORCL\DATAFILE\O1_MF
_SYSAUX_5ML56OK2_.DBF wird wiederhergestellt
Datendatei-Kopie fno=00004 Na-
me=C:\PROGRAMME\ORACLE\PRODUCT\10.2.0\FLASH_RECOVERY_AREA\ORCL\DATAFILE\O1_MF
_USERS_5ML58O6T_.DBF wird wiederhergestellt
Datendatei-Kopie fno=00005
Name=C:\PROGRAMME\ORACLE\PRODUCT\10.2.0\FLASH_RECOVERY_AREA\ORCL\DATAFILE\O1_
MF_RCAT_5ML58L0Z_.DBF wird wiederhergestellt
Kanal ORA_DISK_1: Lesen aus Backup Piece
C:\PROGRAMME\ORACLE\PRODUCT\10.2.0\FLASH_RECOVERY_AREA\ORCL\BACKUPSET\2009_12
_28\O1_MF_NNND1_TAG20091228T213125_5ML5F1TV_.BKP
Kanal ORA_DISK_1: Backup Piece 1 wurde wiederhergestellt
Piece Han-
dle=C:\PROGRAMME\ORACLE\PRODUCT\10.2.0\FLASH_RECOVERY_AREA\ORCL\BACKUPSET\200
9_12_28\O1_MF_NNND1_TAG20091228T213125_5ML5F1TV_.BKP Tag=TAG20091228T213125
Kanal ORA_DISK_1: Restore abgeschlossen, abgelaufene Zeit: 00:00:07
Beendet recover um 28.12.09
```

Es ist allerdings nicht immer sinnvoll, die differenziellen Sicherungen sofort auf die Image-Kopien anzuwenden, weil die Kopien eventuell für ein unvollständiges Recovery notwendig sind.

Ein unvollständiges Recovery bedeutet, dass die Datenbank zeitlich zurückgesetzt werden muss, um einen Fehler aus der Datenbank zu eliminieren. Dies kann aber nur funktionieren, wenn eine volle Sicherung der Datenbank vor dem Fehler existiert. Diese Sicherung wird dann im nächsten Schritt mit den Archiven bis kurz vor dem Fehler wiederhergestellt.

Sollten die Geschäftsprozesse es notwendig machen, dass ein unvollständiges Recovery möglich sein muss, so sollten die differenziellen Sicherungen nur maximal bis zu dem Zeitpunkt angewendet werden, zu dem eine Wiederherstellung der Datenbank ermöglicht werden kann.

Muss also die Möglichkeit bestehen, eine Datenbank im Falle eines Fehlers maximal um einen Tag zurückzusetzen, dann dürfen die Image-Kopien auch nur maximal bis einen Tag vor dem aktuellen Stand der Datenbank aktualisiert werden.

Um eine Aktualisierung der Kopien nur bis zu einem bestimmten Zeitpunkt zu erreichen, wird die Klausel UNTIL TIME verwendet, welche den Zeitversatz der Aktualisierung bestimmt.

Befehlssyntax für die unvollständige Anwendung von inkrementell aktualisierten Sicherungen:
RECOVER COPY OF DATABASE WITH TAG 'Name' UNTIL TIME 'Zeitpunkt';

In diesem Beispiel werden die differenziellen Sicherungen in einem 1-Tagesversatz angewendet.
```
RMAN> recover copy of database with tag 'full_copy'
2>      until time 'sysdate-1';

Starten recover um 28.12.09
Kanal ORA_DISK_1 wird benutzt
Kanal ORA_DISK_1: Schrittweise Recovery des Datendatei-Backup Sets beginnt
Kanal ORA_DISK_1: Datendatei-Kopien für Recovery werden angegeben
Datendatei-Kopie fno=00001 Na-
me=C:\PROGRAMME\ORACLE\PRODUCT\10.2.0\FLASH_RECOVERY_AREA\ORCL\DATAFILE\O1_MF
_SYSTEM_5ML55L3X_.DBF wird wiederhergestellt
Datendatei-Kopie fno=00002 Na-
me=C:\PROGRAMME\ORACLE\PRODUCT\10.2.0\FLASH_RECOVERY_AREA\ORCL\DATAFILE\O1_MF
_UNDOTBS1_5ML582PY_.DBF wird wiederhergestellt
Datendatei-Kopie fno=00003 Na-
me=C:\PROGRAMME\ORACLE\PRODUCT\10.2.0\FLASH_RECOVERY_AREA\ORCL\DATAFILE\O1_MF
_SYSAUX_5ML56OK2_.DBF wird wiederhergestellt
Datendatei-Kopie fno=00004 Na-
me=C:\PROGRAMME\ORACLE\PRODUCT\10.2.0\FLASH_RECOVERY_AREA\ORCL\DATAFILE\O1_MF
_USERS_5ML58O6T_.DBF wird wiederhergestellt
Datendatei-Kopie fno=00005
Name=C:\PROGRAMME\ORACLE\PRODUCT\10.2.0\FLASH_RECOVERY_AREA\ORCL\DATAFILE\O1_
MF_RCAT_5ML58L0Z_.DBF wird wiederhergestellt
Kanal ORA_DISK_1: Lesen aus Backup Piece
C:\PROGRAMME\ORACLE\PRODUCT\10.2.0\FLASH_RECOVERY_AREA\ORCL\BACKUPSET\2009_12
_28\O1_MF_NNND1_TAG20091228T220749_5ML7K6TV_.BKP
Kanal ORA_DISK_1: Backup Piece 1 wurde wiederhergestellt
Piece Han-
dle=C:\PROGRAMME\ORACLE\PRODUCT\10.2.0\FLASH_RECOVERY_AREA\ORCL\BACKUPSET\200
9_12_28\O1_MF_NNND1_TAG20091228T220749_5ML7K6TV_.BKP Tag=TAG20091228T220749
Kanal ORA_DISK_1: Restore abgeschlossen, abgelaufene Zeit: 00:00:15
Beendet recover um 28.12.09
```

Die Erstellung und das Anwenden der differenziellen Sicherungen auf die Image-Kopien kann in einem Ausführungsblock zusammengefasst werden.

Erstellung einer inkrementell aktualisierten Sicherung und direktes Anwenden durch RECOVER in einem Ausführungsblock:
```
RMAN> run
2> {
3>      backup incremental level 1
4>          for recover of copy with tag 'full_copy' database;
5>      recover copy of database with tag 'full_copy';
6> }

Starten backup um 28.12.09
Kanal ORA_DISK_1 wird benutzt
Kanal ORA_DISK_1: komprimiertes Backup Set von Datendatei auf inkrementeller
Ebene 1 wird begonnen
Kanal ORA_DISK_1: Datendateien werden in Backup Set angegeben
```

Durchführen von Datenbanksicherungen

```
Eingabe-Datendatei fno=00001 Na-
me=C:\PROGRAMME\ORACLE\PRODUCT\10.2.0\ORADATA\ORCL\SYSTEM01.DBF
Eingabe-Datendatei fno=00003 Na-
me=C:\PROGRAMME\ORACLE\PRODUCT\10.2.0\ORADATA\ORCL\SYSAUX01.DBF
.........
Kanal ORA_DISK_1: Piece 1 wird auf 28.12.09 begonnen
Kanal ORA_DISK_1: Piece 1 auf 28.12.09 beendet
Piece Han-
dle=C:\PROGRAMME\ORACLE\PRODUCT\10.2.0\FLASH_RECOVERY_AREA\ORCL\BACKUPSET\200
9_12_28\O1_MF_NNND1_TAG20091228T222250_5ML8FF9R_.BKP Tag=TAG20091228T222250
Kommentar=NONE
Kanal ORA_DISK_1: Backup Set vollständig, abgelaufene Zeit: 00:00:46
Kanal ORA_DISK_1: komprimiertes Backup Set von Datendatei auf inkrementeller
Ebene 1 wird begonnen
Kanal ORA_DISK_1: Datendateien werden in Backup Set angegeben
Aktuelle Kontrolldatei wird in Backup Set aufgenommen
Aktuelle SPFILE wird in Backup Set aufgenommen
Kanal ORA_DISK_1: Piece 1 wird auf 28.12.09 begonnen
Kanal ORA_DISK_1: Piece 1 auf 28.12.09 beendet
Piece Han-
dle=C:\PROGRAMME\ORACLE\PRODUCT\10.2.0\FLASH_RECOVERY_AREA\ORCL\BACKUPSET\200
9_12_28\O1_MF_NCSN1_TAG20091228T222250_5ML8GTB8_.BKP Tag=TAG20091228T222250
Kommentar=NONE
Kanal ORA_DISK_1: Backup Set vollständig, abgelaufene Zeit: 00:00:03
Beendet backup um 28.12.09

Starten recover um 28.12.09
Kanal ORA_DISK_1 wird benutzt
Kanal ORA_DISK_1: Schrittweise Recovery des Datendatei-Backup Setes beginnt
Kanal ORA_DISK_1: Datendatei-Kopien für Recovery werden angegeben
Datendatei-Kopie fno=00001 Na-
me=C:\PROGRAMME\ORACLE\PRODUCT\10.2.0\FLASH_RECOVERY_AREA\ORCL\DATAFILE\O1_MF
_SYSTEM_5ML55L3X_.DBF wird wiederhergestellt
Datendatei-Kopie fno=00002 Na-
me=C:\PROGRAMME\ORACLE\PRODUCT\10.2.0\FLASH_RECOVERY_AREA\ORCL\DATAFILE\O1_MF
_UNDOTBS1_5ML582PY_.DBF wird wiederhergestellt
......

Kanal ORA_DISK_1: Backup Piece 1 wurde wiederhergestellt
Piece Han-
dle=C:\PROGRAMME\ORACLE\PRODUCT\10.2.0\FLASH_RECOVERY_AREA\ORCL\BACKUPSET\200
9_12_28\O1_MF_NNND1_TAG20091228T222250_5ML8FF9R_.BKP Tag=TAG20091228T222250
Kanal ORA_DISK_1: Restore abgeschlossen, abgelaufene Zeit: 00:00:07
Beendet recover um 28.12.09
```

8.11. Sichern von Archiven

Ergänzend zur Datenbank können auch die archivierten Redo-Log-Dateien gesichert werden. Dies ist unter Umständen notwendig, wenn Sicherungen über einen längeren Zeitraum aufgehoben werden sollen und die Flash Recovery Area bzw. der Speicherort der Archive nicht ausreichend Platz zur Verfügung stellen. Ein weiterer Grund ist das Lagern der Dateien aus Sicherheitsgründen dezentral vom Datenbankserver, indem sie zum Beispiel auf Band abgelegt werden.

8.11.1. Sichern aller Archive

Die Sicherung aller aktuell verfügbaren Archive erfolgt über den Backup-Befehl:

Befehlssyntax für das Sichern aller Archive:
```
BACKUP ARCHIVELOG ALL [NOT BACKED UP] [DELETE INPUT];
```

Beispiel für das Sichern aller Archive:
```
RMAN> backup archivelog all;

Starten backup um 29.05.09
Aktuelles Log archiviert
Kanal ORA_DISK_1 wird benutzt
Kanal ORA_DISK_1: komprimiertes Backup Set von Archive Log wird begonnen
Kanal ORA_DISK_1: Archive Logs in Backup Set werden angegeben
Eingabe-Archive-Log-Thread=1 Sequenz=45 Recid=7 Stempel=706829473
Eingabe-Archive-Log-Thread=1 Sequenz=46 Recid=8 Stempel=688131986
Eingabe-Archive-Log-Thread=1 Sequenz=47 Recid=9 Stempel=688144332
Eingabe-Archive-Log-Thread=1 Sequenz=48 Recid=10 Stempel=688144332
Eingabe-Archive-Log-Thread=1 Sequenz=49 Recid=11 Stempel=688144335
Eingabe-Archive-Log-Thread=1 Sequenz=50 Recid=12 Stempel=688144336
Eingabe-Archive-Log-Thread=1 Sequenz=51 Recid=13 Stempel=688144342
Eingabe-Archive-Log-Thread=1 Sequenz=52 Recid=14 Stempel=688144371
Eingabe-Archive-Log-Thread=1 Sequenz=53 Recid=15 Stempel=688144405
Eingabe-Archive-Log-Thread=1 Sequenz=54 Recid=16 Stempel=688144419
Kanal ORA_DISK_1: Piece 1 wird auf 29.05.09 begonnen
Kanal ORA_DISK_1: Piece 1 auf 29.05.09 beendet
......
```

Die Klausel NOT BACKED UP ist optional und sorgt dafür, nur nicht-gesicherte Archive zu sichern, DELETE INPUT, sie nach der Sicherung zu löschen.

8.11.2. Sichern der Archive ab einer Sequenznummer

Sollen Archive ab einer bestimmten Sequenznummer gesichert werden, so wird die Startsequenz mit dem Schlüsselwort FROM SEQUENCE angegeben.

Befehlssyntax für das Sichern von Archiven ab einer Sequenznummer:
BACKUP ARCHIVELOG FROM SEQUENCE=[Sequenznummer];

Beispiel für das Sichern von Archiven ab einer Sequenznummer:
RMAN> backup archivelog from sequence=62;

```
Starten backup um 29.05.09
Aktuelles Log archiviert
Kanal ORA_DISK_1 wird benutzt
Kanal ORA_DISK_1: komprimiertes Backup Set von Archive Log wird begonnen
Kanal ORA_DISK_1: Archive Logs in Backup Set werden angegeben
Eingabe-Archive-Log-Thread=1 Sequenz=62 Recid=38 Stempel=688145439
Eingabe-Archive-Log-Thread=1 Sequenz=63 Recid=39 Stempel=688145441
Eingabe-Archive-Log-Thread=1 Sequenz=64 Recid=40 Stempel=688145443
Eingabe-Archive-Log-Thread=1 Sequenz=65 Recid=41 Stempel=688145617
Kanal ORA_DISK_1: Piece 1 wird auf 29.05.09 begonnen
Kanal ORA_DISK_1: Piece 1 auf 29.05.09 beendet
Piece Handle=C:\PROGRAMME\ORACLE\PRODUCT\10.2.0\FLASH_RECOVERY_AREA\ORCL\BACKUPSET\2009_05_29\O1_MF_ANNNN_TAG20090529T153337_51ZS1M3X_.BKP Tag=TAG20090529T153337 Kommentar=NONE
Kanal ORA_DISK_1: Backup Set vollständig, abgelaufene Zeit: 00:00:02
Beendet backup um 29.05.09
```

8.11.3. Sichern von Archiven mit LIKE

Archive können auch über ein Suchwort lokalisiert und gesichert werden. Interessant ist das beim Real Application Cluster (RAC), bei dessen Architektur mehrere Instanzen auf eine Datenbank zugreifen. Jede Instanz verwendet eigene Redo-Log-Dateien, die im ARCHIVELOG-Modus archiviert werden. Durch Formatierung des Archivnamens mit dem Parameter LOG_ARCHIVE_FORMAT können die Archive der Instanzen voneinander unterschieden und einzeln gesichert werden.

Das LIKE-Schlüsselwort wird, wie der LIKE-Operator, in SQL verwendet.

Befehlssyntax für das Sichern von Archiven mit LIKE:
BACKUP ARCHIVELOG LIKE 'Suchwort';

Beispiel für das Sichern von Archiven mit LIKE:
RMAN> backup archivelog like '%THREAD_1%';

```
Starten backup um 29.05.09
Kanal ORA_DISK_1 wird benutzt
Kanal ORA_DISK_1: komprimiertes Backup Set von Archive Log wird begonnen
Kanal ORA_DISK_1: Archive Logs in Backup Set werden angegeben
Eingabe-Archive-Log-Thread=1 Sequenz=58 Recid=34 Stempel=688145425
Eingabe-Archive-Log-Thread=1 Sequenz=59 Recid=35 Stempel=688145434
Eingabe-Archive-Log-Thread=1 Sequenz=60 Recid=36 Stempel=688145436
Eingabe-Archive-Log-Thread=1 Sequenz=61 Recid=37 Stempel=688145437
Eingabe-Archive-Log-Thread=1 Sequenz=62 Recid=38 Stempel=688145439
Eingabe-Archive-Log-Thread=1 Sequenz=63 Recid=39 Stempel=688145441
Eingabe-Archive-Log-Thread=1 Sequenz=64 Recid=40 Stempel=688145443
Eingabe-Archive-Log-Thread=1 Sequenz=65 Recid=41 Stempel=688145617
```

```
Kanal ORA_DISK_1: Piece 1 wird auf 29.05.09 begonnen
Kanal ORA_DISK_1: Piece 1 auf 29.05.09 beendet
Piece Handle=C:\.. \O1_MF_ANNNN_TAG20090529T153841_51ZSC2VC_.BKP
Tag=TAG20090529T153841 Kommentar=NONE
Kanal ORA_DISK_1: Backup Set vollständig, abgelaufene Zeit: 00:00:02
Beendet backup um 29.05.09
```

8.11.4. Erstellen mehrerer Sicherungskopien der Archive

Wie bei Sicherungen der Datenbankkomponenten können auch die Archive bei der Sicherung dupliziert werden.

Erstellen von Backup-Kopien der Archivsicherungen:
```
RMAN> backup copies 2
2> format 'c:\backup1\ARC_%d_%s_%c_%T.bak','c:\backup2\ARC_%d_%s_%c_%T.bak'
3> archivelog all;

Starten backup um 29.05.09
Aktuelles Log archiviert
Kanal ORA_DISK_1 wird benutzt
Kanal ORA_DISK_1: Backup Set für Archive Log wird begonnen
Kanal ORA_DISK_1: Archive Logs in Backup Set werden angegeben
Eingabe-Archive-Log-Thread=1 Sequenz=58 Recid=34 Stempel=688145425
Eingabe-Archive-Log-Thread=1 Sequenz=59 Recid=35 Stempel=688145434
Eingabe-Archive-Log-Thread=1 Sequenz=60 Recid=36 Stempel=688145436
Eingabe-Archive-Log-Thread=1 Sequenz=61 Recid=37 Stempel=688145437
Eingabe-Archive-Log-Thread=1 Sequenz=62 Recid=38 Stempel=688145439
Eingabe-Archive-Log-Thread=1 Sequenz=63 Recid=39 Stempel=688145441
Eingabe-Archive-Log-Thread=1 Sequenz=64 Recid=40 Stempel=688145443
Eingabe-Archive-Log-Thread=1 Sequenz=65 Recid=41 Stempel=688145617
Eingabe-Archive-Log-Thread=1 Sequenz=66 Recid=42 Stempel=688146438
Kanal ORA_DISK_1: Piece 1 wird auf 29.05.09 begonnen
Kanal ORA_DISK_1: Piece 1 beendet auf 29.05.09 mit 2 Kopien und Tag
TAG20090529T154718
Stück-Handle=C:\BACKUP1\ARC_ORCL_105_1_20090529.BAK Kommentar=NONE
Stück-Handle=C:\BACKUP2\ARC_ORCL_105_2_20090529.BAK Kommentar=NONE
Kanal ORA_DISK_1: Backup Set vollständig, abgelaufene Zeit: 00:00:04
Beendet backup um 29.05.09
```

8.11.5. Löschen von Archiven nach der Sicherung

Nach der Sicherung der Archive können diese aus dem Archivierungsbereich oder der Flash Recovery Area entfernt werden, um Platz für neue Archive freizugeben. Das Löschen der Archive wird durch Hinzufügen der Option DELETE INPUT erreicht.

Sichern aller Archive mit nachträglichem Löschen der gesicherten Archive:
```
BACKUP ARCHIVELOG ALL DELETE INPUT;
```

Sichern aller Archive ab Sequenz 62 mit nachträglichem Löschen der gesicherten Archive:
```
BACKUP ARCHIVELOG FROM SEQUENCE=62 DELETE INPUT;
```

Erzeugen von zwei Sicherungskopien mit nachträglichem Löschen der gesicherten Archive:
```
BACKUP COPIES 2
FORMAT 'C:\BACKUP1\ARC_%D_%S_%C_%T.BAK','C:\BACKUP2\ARC_%D_%S_%C_%T.BAK'
ARCHIVELOG ALL DELETE INPUT;
```

Beispiel für das Sichern von Archiven mit nachträglichem Löschen der gesicherten Archive:
```
RMAN> backup format 'c:\backup1\ARC_%d_%s_%c_%T.bak'
2>     archivelog all delete input;

Starten backup um 29.05.09
Aktuelles Log archiviert
Kanal ORA_DISK_1 wird benutzt
Kanal ORA_DISK_1: komprimiertes Backup Set von Archive Log wird begonnen
Kanal ORA_DISK_1: Archive Logs in Backup Set werden angegeben
Eingabe-Archive-Log-Thread=1 Sequenz=75 Recid=62 Stempel=688147739
Eingabe-Archive-Log-Thread=1 Sequenz=76 Recid=63 Stempel=688147741
Eingabe-Archive-Log-Thread=1 Sequenz=77 Recid=64 Stempel=688147742
Eingabe-Archive-Log-Thread=1 Sequenz=78 Recid=65 Stempel=688147771
Kanal ORA_DISK_1: Piece 1 wird auf 29.05.09 begonnen
Kanal ORA_DISK_1: Piece 1 auf 29.05.09 beendet
Piece Handle=C:\BACKUP1\ARC_ORCL_121_1_20090529.BAK Tag=TAG20090529T160931
Kommentar=NONE
Kanal ORA_DISK_1: Backup Set vollständig, abgelaufene Zeit: 00:00:02
Kanal ORA_DISK_1: Archive Log(s) werden gelöscht
Archive Log-
Dateiname=C:\PROGRAMME\ORACLE\PRODUCT\10.2.0\FLASH_RECOVERY_AREA\ORCL\ARCHIVE
LOG\2009_05_29\O1_MF_1_75_51ZV3V0H_.ARC Recid=62 Stempel=688147739
Archive Log-
Dateiname=C:\PROGRAMME\ORACLE\PRODUCT\10.2.0\FLASH_RECOVERY_AREA\ORCL\ARCHIVE
LOG\2009_05_29\O1_MF_1_76_51ZV3WQX_.ARC Recid=63 Stempel=688147741
Archive Log-
Dateiname=C:\PROGRAMME\ORACLE\PRODUCT\10.2.0\FLASH_RECOVERY_AREA\ORCL\ARCHIVE
LOG\2009_05_29\O1_MF_1_77_51ZV3Y6C_.ARC Recid=64 Stempel=688147742
Archive Log-
Dateiname=C:\PROGRAMME\ORACLE\PRODUCT\10.2.0\FLASH_RECOVERY_AREA\ORCL\ARCHIVE
LOG\2009_05_29\O1_MF_1_78_51ZV4TYR_.ARC Recid=65 Stempel=688147771
Beendet backup um 29.05.09
```

8.12. Sichern der Kontrolldatei

Bei jeder Durchführung einer Sicherung wird automatisch die Kontrolldatei mit gesichert. Ist das AUTOBACKUP der Kontrolldatei aktiviert, wird sie zusätzlich auch bei jeder strukturellen Änderung automatisch mit gesichert. Eine manuelle Sicherung der Kontrolldatei kann über den BACKUP-Befehl erfolgen.

Befehlssyntax für das Sichern der Kontrolldatei:
```
BACKUP [AS BACKUPSET | COPY]
[FORMAT='Format']
CURRENT CONTROLFILE;
```

Beispiel für das Sichern der Kontrolldatei als Backupset:
```
RMAN> backup as backupset
```

```
2> format='c:\backup\%d_controlfile_%T.bak'
3> current controlfile;

Starten backup um 31.12.09
Kanal ORA_DISK_1 wird benutzt
Kanal ORA_DISK_1: Vollständiges Backup Set für Datendatei wird begonnen
Kanal ORA_DISK_1: Datendateien in Backup Set werden angegeben
Aktuelle Kontrolldatei wird in Backup Set aufgenommen
Kanal ORA_DISK_1: Piece 1 wird auf 31.12.09 begonnen
Kanal ORA_DISK_1: Piece 1 auf 31.12.09 beendet
Piece Handle=C:\BACKUP\ORCL_CONTROLFILE_20091231.BAK Tag=TAG20091231T165147
Kommentar=NONE
Kanal ORA_DISK_1: Backup Set vollständig, abgelaufene Zeit: 00:00:01
Beendet backup um 31.12.09

Starten Control File and SPFILE Autobackup um 31.12.09
Stück-Handle=C:\APP\..\O1_MF_S_707071921_5MSL5D05_.BKP Kommentar=NONE
Beendet Control File and SPFILE Autobackup um 31.12.09
```

8.13. Sichern der gesamten Datenbank und Archive

Die gesamte Datenbank inklusive aller Archive können ab Oracle 10g in einem einzelnen Befehl gesichert und komprimiert werden.

Befehlssyntax für das Sichern der gesamten Datenbank und Archive als komprimiertes Backupset mit nachträglichem Löschen der gesicherten Archive:
BACKUP AS COMPRESSED BACKUPSET DATABASE PLUS ARCHIVELOG DELETE INPUT;

Beispiel für das Sichern der gesamten Datenbank:
RMAN> BACKUP AS COMPRESSED BACKUPSET DATABASE PLUS ARCHIVELOG DELETE INPUT;

```
Starten backup um 29.05.09
Aktuelles Log archiviert
Kanal ORA_DISK_1 wird benutzt
Kanal ORA_DISK_1: komprimiertes Backup Set von Archive Log wird begonnen
Kanal ORA_DISK_1: Archive Logs in Backup Set werden angegeben
Eingabe-Archive-Log-Thread=1 Sequenz=81 Recid=68 Stempel=688148193
Eingabe-Archive-Log-Thread=1 Sequenz=82 Recid=69 Stempel=688148197
Kanal ORA_DISK_1: Piece 1 wird auf 29.05.09 begonnen
Kanal ORA_DISK_1: Piece 1 auf 29.05.09 beendet
Piece Handle=C:\PROGRAMME\ORACLE\PRODUCT\10.2.0\FLASH_RECOVERY_AREA\ORCL\BACKUPSET\200
9_05_29\O1_MF_ANNNN_TAG20090529T161652_51ZVLQ0Z_.BKP Tag=TAG20090529T161652
Kommentar=NONE
Kanal ORA_DISK_1: Backup Set vollständig, abgelaufene Zeit: 00:00:03
Kanal ORA_DISK_1: Archive Log(s) werden gelöscht
Archive Log-
Dateiname=C:\PROGRAMME\ORACLE\PRODUCT\10.2.0\FLASH_RECOVERY_AREA\ORCL\ARCHIVE
LOG\2009_05_29\O1_MF_1_81_51ZVL16T_.ARC Recid=68 Stempel=688148193
Archive Log-
Dateiname=C:\PROGRAMME\ORACLE\PRODUCT\10.2.0\FLASH_RECOVERY_AREA\ORCL\ARCHIVE
LOG\2009_05_29\O1_MF_1_82_51ZVL5KL_.ARC Recid=69 Stempel=688148197
Beendet backup um 29.05.09

Starten backup um 29.05.09
Kanal ORA_DISK_1 wird benutzt
Kanal ORA_DISK_1: komprimiertes vollständiges Backup Set von Datendatei wird
begonnen
Kanal ORA_DISK_1: Datendateien werden in Backup Set angegeben
Eingabe-Datendatei fno=00001 Na-
me=C:\PROGRAMME\ORACLE\PRODUCT\10.2.0\ORADATA\ORCL\SYSTEM01.DBF
```

```
Eingabe-Datendatei fno=00003 Na-
me=C:\PROGRAMME\ORACLE\PRODUCT\10.2.0\ORADATA\ORCL\SYSAUX01.DBF
......
......
Kanal ORA_DISK_1: Piece 1 wird auf 29.05.09 begonnen
......
```

8.14. Sichern von Disk-Sicherungen auf Band

Oracle bietet die Möglichkeit, alle Sicherungen, die auf einem Plattenlaufwerk erstellt wurden, im Nachhinein auf Band zu schreiben. Dies wird erreicht durch die Ausführung des Befehls:

Sichern aller auf Platte durchgeführten Sicherungen auf Band:
```
BACKUP RECOVERY FILES;
```

Sollen alle Sicherungen auf Band abgelegt werden, die in der Flash Recovery Area gespeichert wurden, so kann folgender Befehl verwendet werden:

Sichern aller in die Flash Recovery Area durchgeführten Sicherungen auf Band:
```
BACKUP RECOVERY AREA;
```

Für beide Befehle muss ein Bandlaufwerk vorhanden sein, sonst schlägt der Sicherungsvorgang fehl.

8.15. Zusammenfassung

➢ Unter Oracle können die Sicherungstypen Backupset und Image-Kopie erzeugt werden. Ein Backupset ist eine Sicherungsdatei, in der die zu sichernden Datenbankdateien verpackt werden. Eine Image-Kopie ist eine Eins-zu-Eins-Kopie einer Datendatei der Datenbank.

➢ Der zu verwendende Sicherungstyp kann vorkonfiguriert oder direkt innerhalb des Sicherungsbefehls angegeben werden. Wird bei der Durchführung einer Sicherung der zu verwendende Sicherungstyp nicht angegeben, dann wird die vorkonfigurierte Einstellung übernommen.

➢ Für die Durchführung von Sicherungen werden Kanäle benötigt, die den Datenstrom zum Sicherungsziel darstellen. Diese Kanäle können auf Bandlaufwerke, Festplatten oder die Flash Recovery Area zeigen. Werden Kanäle manuell erzeugt, dann müssen sie innerhalb eines Ausführungsblockes angegeben werden.

➢ Sicherungen können in Teilen gleicher Größe erstellt werden, um sie auf Medien, wie zum Beispiel CD oder DVD, übertragen zu können.

➢ Bei der Durchführung von Sicherungen kann es notwendig sein, mehrere Sicherungsprozesse zu verwenden, um den Sicherungsvorgang zu beschleunigen. Mehrere Sicherungsprozesse können entweder vorkonfiguriert oder durch Angabe mehrerer Kanäle in einem Ausführungsblock erzeugt werden.

➢ Differenzielle Sicherungen werden verwendet, um die Datenmenge der erstellten Sicherungen zu begrenzen. Bei differenziellen Sicherungen werden zwei Ebenen für die Sicherung verwendet. Die Ebene 0 ist die Sicherung, die als Ausgangssicherung für eine differenzielle Sicherungsstrategie dient. Eine differenzielle Sicherung der Ebene 1 sichert nur die Blöcke, die sich seit einer letzten Sicherung der Ebene 0 oder 1 geändert haben.

➢ Das Block Change Tracking wird verwendet, um differenzielle Sicherungen zu beschleunigen. Bei differenziellen Sicherungen müssen die Datendateien der Datenbank nach geänderten

Blöcken durchsucht werden. Um dieses Durchsuchen zu vermeiden, werden durch das Block Change Tracking die Orte der geänderten Blöcke in einer Tracking-Datei protokolliert und bei der nächsten differenziellen Sicherung ausgelesen, um sie in den Datendateien zu lokalisieren.

➢ Mit der Strategie „inkrementell aktualisierte Sicherungen" können Image-Kopien der Datenbank mit differenziellen Sicherungen der Datenbank aktualisiert werden, um dadurch eine aktuelle Vollsicherung der Datenbank zu erhalten.

➢ Die Archive der Datenbank können mithilfe des Backup-Befehls auf Basis einer Startsequenz, eines Suchwortes oder aller verfügbaren Archive gesichert werden. Die Sicherung der Archive kann dupliziert werden. Alle gesicherten Archive können nach erfolgreicher Sicherung vom Archivierungsziel gelöscht werden, um Speicherplatz freizugeben.

8.16. Auf einen Blick

8.16.1. Sicherungsbefehle

```
BACKUP
    [AS BACKUPSET | AS COMPRESSED BACKUPSET | AS COPY]
    [COPIES Anzahl]
    [INCREMENTAL LEVEL Ebene [CUMULATIVE]]
    [FORMAT 'Format1','Format2',..,'FormatN']
    [TAG 'Name']
    [DATABASE | TABLESPACE tbs1,tbs2,..,tbsn | DATAFILE 1,2,..,n]
```

backup database;	Sichern der Datenbank mit dem vorkonfigurierten Sicherungstyp
backup as backupset database;	Sichern der Datenbank als Backupset
backup as compressed backupset database;	Sichern der Datenbank als komprimiertes Backupset
backup as copy database;	Sichern der Datenbank als Image-Kopie
backup as copy tablespace Tablespace1, Tablespace2,...,TablespaceN;	Sichern bestimmter Tablespaces als Image-Kopien
backup copies [Anzahl] format='Format1', 'Format2', ..'FormatN' database;	Erzeugen von mehreren Sicherungskopien
backup incremental level 0 database;	Erstellen einer Sicherung der Ebene 0 der gesamten Datenbank, die als Ausgangssicherung einer differenziellen Sicherungsstrategie dient
backup incremental level 1 database;	Erstellen einer Sicherung der Ebene 1 der gesamten Datenbank
allocate channel [Name] device type disk|sbt format='Format';	Erzeugen eines Sicherungskanals
backup incremental level 1 for recover of copy with tag 'Name' database;	Erzeugen einer Image-Kopie einer Datenbank für eine inkrementell aktualisierte Sicherung oder Erzeugen einer differenziellen Sicherung für eine inkrementell aktualisierte Sicherung
recover copy of database with tag 'Name';	Anwenden einer differenziellen Sicherung auf eine Image-Kopie einer inkrementell aktualisierten Sicherung
backup archivelog all;	Sichern aller Archive
backup archivelog like '%THREAD_1%';	Sichern der Archive mit LIKE
backup archivelog from sequence=62;	Sichern aller Archive ab einer Sequenznummer
backup archivelog all delete input;	Sichern aller Archive mit anschließendem Löschen
backup as compressed backupset database plus archivelog delete input;	Sichern der gesamten Datenbank mit allen Archiven als komprimiertes Backupset und anschließendem Löschen der Archive
run { allocate channel c1 device type disk format='c:\backup1\%d_%s_%p_%T.bak'; allocate channel c2 device type disk format='c:\backup2\%d_%s_%p_%T.bak';	Sichern einer Datenbank mit einem Ausführungsblock und manueller Erstellung von Kanälen

```
allocate channel c3 device type disk
format='c:\backup3\%d_%s_%p_%T.bak';
backup as compressed backupset database;
}
```

backup recovery files;	Sichern aller auf ein Plattenlaufwerk geschriebenen Sicherungen auf Band
backup recovery area;	Sichern aller in die Flash Recovery Area geschriebenen Sicherungen auf Band

8.16.2. Platzhalter für die Formatierung von Sicherungsdateien

%d	Datenbankname
%s	Backupset-Nummer
%p	Backup-Stücknummer
%c	Kopienummer
%T	Datum
%t	Timestamp
%U	Oracle-generierter Dateiname

8.16.3. Vorkonfigurationen

CONFIGURE DEFAULT DEVICE TYPE TO 'SBT_TAPE';	Konfiguration der Standardsicherung auf Band
CONFIGURE DEVICE TYPE DISK PARALLELISM 2 BACKUP TYPE TO BACKUPSET;	Konfiguration des Sicherungstyps als Backupset mit einem Parallelisierungsgrad von 2 auf Platte
CONFIGURE DEVICE TYPE DISK PARALLELISM 2 BACKUP TYPE TO COMPRESSED BACKUPSET;	Konfiguration des Sicherungstyps als komprimiertes Backupset mit einem Parallelisierungsgrad von 2 auf Platte
CONFIGURE DEVICE TYPE DISK PARALLELISM 2 BACKUP TYPE TO COPY;	Konfiguration des Sicherungstyps als Image-Kopie mit einem Parallelisierungsgrad von 2 auf Platte
CONFIGURE DEVICE TYPE SBT PARALLELISM 2 BACKUP TYPE TO COMPRESSED BACKUPSET;	Konfiguration des Sicherungstyps als komprimiertes Backupset mit einem Parallelisierungsgrad von 2 auf Band
CONFIGURE CHANNEL DEVICE TYPE DISK FORMAT 'c:\backup\%d_%s_%p_%T.bak' MAXPIECESIZE 100M;	Vorkonfiguration eines Kanals mit einer festen Stückgröße
CONFIGURE CONTROLFILE AUTOBACKUP ON;	Aktivierung der automatischen Kontrolldateisicherung

8.16.4. Views

V$BLOCK_CHANGE_TRACKING	Anzeigen der Einstellung des Block Change Trackings

9. Verwaltung des Sicherungskatalogs

Der Sicherungskatalog kann entweder nur die Kontrolldatei der Datenbank oder zusätzlich eine eigens dafür erstellte Datenbank sein. Je nach Unternehmensanforderungen sollte entschieden werden, ob eine eigene Datenbank als Sicherungskatalog verwendet werden sollte. Nachfolgend werden die Vor- und Nachteile zwischen der Verwendung der Kontrolldatei der Datenbank und einer zusätzlichen Katalogdatenbank dargestellt.

Vorteile der Verwendung der Kontrolldatei:
- ist einfach zu warten
- kann schnell gesichert werden

Vorteile der Verwendung einer Katalogdatenbank:
- ist zentraler Speicher aller Metadaten der zu sichernden Datenbanken
- kann eine beliebige Größe erreichen
- kann Sicherung beliebig lange inventarisieren

Bei der alleinigen Verwendung der Kontrolldatei als Sicherungskatalog liegen die Vorteile in einer einfacheren Wartung und Sicherung des Katalogs. Ist die automatische Kontrolldateisicherung aktiviert, so wird bei jeder Sicherung und strukturellen Änderung der Datenbank eine Sicherung der Kontrolldatei durchgeführt. Bei der Verwendung einer Katalogdatenbank muss für diese eine eigene Sicherungsstrategie erarbeitet werden.

Ein entscheidender Nachteil bei der Verwendung der Kontrolldatei als Sicherungskatalog ist, dass Sicherungen nicht beliebig lange in der Kontrolldatei aufgehoben werden können. Sicherungen können maximal 365 Tage vorgehalten werden, da die Kontrolldatei nur eine begrenzte Größe erreichen kann. Die maximale Erhaltung von Einträgen in der Kontrolldatei wird über den Parameter CONTROL_FILE_RECORD_KEEP_TIME gesteuert, der nicht mit der Erhaltungsrichtlinie kollidieren darf. Wird also die Erhaltungsrichtlinie größer eingestellt als dieser Parameter, so kann es sein, dass Einträge von Sicherungen in der Kontrolldatei überschrieben werden, obwohl dies die Erhaltungsrichtlinie verbietet. Der maximale Wert des Parameters CONTROL_FILE_RECORD_KEEP_TIME beträgt 365 Tage. Sollen also Sicherungen beliebig lange vorgehalten werden, muss eine Sicherungskatalogdatenbank verwendet werden.

Entscheidend ist, dass Sicherungen nicht so einfach wiederhergestellt werden können, wenn deren Metadaten im Sicherungskatalog nicht mehr verfügbar sind. Auch wenn die Sicherungen physisch auf den entsprechenden Medien vorhanden sind, die dazugehörigen Metadaten im Katalog aber fehlen, ist eine Wiederherstellung der defekten Komponente einer Datenbank schwer zu erreichen. Deshalb ist es notwendig, dass der Sicherungskatalog (egal, ob die Kontrolldatei oder eine eigene Datenbank verwendet wird) regelmäßig gesichert wird. Wird eine Sicherungskatalogdatenbank verwendet, so empfiehlt es sich, zusätzlich die Metadaten regelmäßig zu exportieren, um bei Verlust der Sicherungskatalogdatenbank eine Wiederherstellung zu garantieren.

Ein interessanter Ansatzpunkt ist die zentrale Haltung der Metadaten aller Sicherungen der Datenbanken im Unternehmen, wenn eine Sicherungskatalogdatenbank verwendet wird.

Bei der Verwendung einer eigenen Datenbank als Sicherungskatalog besteht zudem die Möglichkeit, zentral Sicherungsskripte abzulegen, die von allen Datenbanken verwendet werden können.

Ab Oracle 11g können zusätzlich sogenannte virtuelle Sicherungskataloge erstellt werden, um weiteren Administratoren den Zugriff auf einen Ausschnitt des Sicherungskatalogs zu ermöglichen. Dadurch kann man die Zuständigkeiten für Sicherungen der Datenbanken auf entsprechende Administratoren verteilen.

9.1. Erstellung einer Sicherungskatalogdatenbank

Sollte die Entscheidung für eine Sicherungskatalogdatenbank getroffen sein, so muss diese entsprechend eingerichtet werden. Für die Verwendung einer solchen Datenbank sind keine weiteren Lizenzen notwendig, wenn diese ausschließlich nur für die Haltung der Metadaten von Sicherungen verwendet wird.

Für die Erstellung einer eigenen Katalogdatenbank sind folgende Schritte durchzuführen:

- ➢ Erstellung eines Tablespaces für die Objekte des Sicherungskatalogs

- ➢ Erstellung eines Benutzers, dem die Objekte des Sicherungskatalogs zugeordnet werden

➢ Erteilung von Berechtigungen an den Besitzer des Sicherungskatalogs

➢ Erstellung des Sicherungskatalogs unter dem Besitzer mit dem Recovery Manager

➢ Einmalige Registrierung der Datenbanken, die den Sicherungskatalog verwenden sollen

➢ Sichern der registrierten Datenbanken mit einer zusätzlichen Verbindung zum Sicherungskatalog

9.1.1. Durchführung der Erstellung einer Sicherungskatalogdatenbank

1. Erzeugen des Tablespaces mit SQLPLUS:
```
SQL> CREATE TABLESPACE RCAT
2    DATAFILE 'RCAT01.DBF' SIZE 100M AUTOEXTEND ON NEXT 5M;

Tablespace wurde angelegt.
```

2. Erstellen des Sicherungskatalogbesitzers mit SQLPLUS:
```
SQL> CREATE USER RMANUSER IDENTIFIED BY rman4711_123
2    DEFAULT TABLESPACE RCAT
3    QUOTA UNLIMITED ON RCAT;

Benutzer wurde erstellt.
```

3. Erteilen der Berichtigungen mit SQLPLUS:
```
SQL> GRANT RECOVERY_CATALOG_OWNER TO RMANUSER;

Benutzerzugriff (Grant) wurde erteilt.
```

4. Erstellen des Sicherungskatalogs mit dem Recovery Manager:
```
C:\>rman catalog rmanuser/rman4711_123@rcat
......

Verbindung mit Datenbank des Recovery-Katalogs

RMAN> create catalog;

Recovery-Katalog erstellt
```

5. Registrieren der Datenbanken im Sicherungskatalog mit dem Recovery Manager:
```
C:\>rman catalog rmanuser/rman4711_123@rcat target sys/oracle@orcl
......

Mit Ziel-Datenbank verbunden: ORCL (DBID=1231023614)
Verbindung mit Datenbank des Recovery-Katalogs

RMAN> register database;
```

```
Datenbank im Recovery-Katalog registriert
Vollständige Neusynchronisation des Recovery-Katalogs wird begonnen
Vollständige Neusynchronisation abgeschlossen
```

9.2. Registrieren von Datenbanken im Sicherungskatalog

Datenbanken, deren Metadaten Sicherungen in der Sicherungskatalogdatenbank aufgenommen werden sollen, müssen registriert werden. Dies ist ein einmaliger Vorgang, bei der die Datenbank-ID der Datenbank im Katalog aufgenommen wird, mit der dann alle Sicherungen verknüpft werden. Da die eindeutige Zuordnung der Sicherungen über die Datenbank-ID erfolgt, muss beim Duplizieren von Datenbanken ohne den Recovery Manager darauf geachtet werden, dass – wenn die duplizierte Datenbank im Katalog mit aufgenommen werden soll – sie eine neue Datenbank-ID erhalten muss. Diese neue ID kann mit dem Werkzeug NEWID (NID) erzeugt werden.

Um eine Datenbank im Sicherungskatalog zu registrieren, muss eine Verbindung zur Ziel- und Katalogdatenbank existieren. Die Registrierung erfolgt mit dem Befehl:

Registrieren der Zieldatenbank in der Sicherungskatalogdatenbank:
```
REGISTER DATABASE;
```

Beispiel für die Registrierung einer Zieldatenbank:
```
C:\>rman catalog rmanuser/rman4711_123@rcat target sys/oracle@orcl
.........
.........
Mit Ziel-Datenbank verbunden: ORCL (DBID=1231023614)
Verbindung mit Datenbank des Recovery-Katalogs

RMAN> register database;

Datenbank im Recovery-Katalog registriert
Vollständige Neusynchronisation des Recovery-Katalogs wird begonnen
Vollständige Neusynchronisation abgeschlossen
```

Nach der Registrierung der Datenbank im Sicherungskatalog wird automatisch eine volle Synchronisation zwischen der Kontrolldatei der Zieldatenbank und Katalogdatenbank durchgeführt.

9.3. Deregistrieren von Datenbanken aus dem Sicherungskatalog

Um nicht mehr benötigte Datenbanken aus dem Sicherungskatalog zu entfernen, können sie ab Oracle 10g deregistriert werden. Durch die Deregistrierung werden alle Metadaten der Datenbank aus dem Sicherungskatalog entfernt. Für das Entfernen der Metadaten der Datenbank aus dem Sicherungskatalog muss eine Verbindung zur Ziel- und Katalogdatenbank vorhanden sein.

Syntax für die Deregistrierung einer Zieldatenbank aus der Sicherungskatalogdatenbank:
UNREGISTER DATABASE;

Beispiel für die Deregistrierung einer Zieldatenbank:
RMAN> unregister database;

Datenbankname ist "ORCL" und DBID ist 1216010750

Möchten Sie die Registrierung der Datenbank wirklich aufheben (geben Sie YES oder NO ein)? y
Registrierung von Datenbank in Recovery-Katalog aufgehoben

9.4. Synchronisation des Sicherungskatalogs

Jede mit dem Recovery Manager erzeugte Sicherung wird im Sicherungskatalog aufgenommen. Hierbei erfolgt eine Synchronisation zwischen der Kontrolldatei der Datenbank und der Sicherungskatalogdatenbank. Sollte beispielsweise aufgrund von Wartungsarbeiten die Sicherungskatalogdatenbank nicht verfügbar sein, so kann nur die Kontrolldatei der Datenbank für diesen Zeitraum als Sicherungskatalog verwendet werden. Ist die Sicherungskatalogdatenbank später wieder erreichbar, so muss ein Abgleich zwischen den Sicherungen in der Kontrolldatei der Datenbank und der Katalogdatenbank erfolgen.

Ebenfalls ist nach einer strukturellen Änderung der Datenbank, wenn zum Beispiel ein Tablespace gelöscht oder hinzugefügt wird, eine Synchronisation zwischen Datenbankkatalog und Datenbank notwendig.

Eine volle Synchronisation erreicht man mit dem Befehl:

Vollsynchronisation der Zieldatenbank mit der Sicherungskatalogdatenbank:
RESYNC CATALOG;

Beispiel für die Vollsynchronisation:
```
RMAN> resync catalog;

Vollständige Neusynchronisation des Recovery-Katalogs wird begonnen
Vollständige Neusynchronisation abgeschlossen
```

Normalerweise führt der Recovery Manager automatisch eine volle Synchronisation aus, wenn er bemerkt, dass eine Divergenz zwischen Kontrolldatei und Katalogdatenbank existiert.

In dem folgenden Beispiel wurde der Datenbank aus einer anderen Session ein neuer Tablespace hinzugefügt. Bei der Ausführung des Befehls REPORT SCHEMA erkennt der Recovery Manager, dass sich die Datenbankstruktur geändert hat und führt automatisch eine vollständige Neusynchronisation aus.

Anzeigen der physikalischen Struktur der Zieldatenbank mit REPORT SCHEMA:
```
RMAN> report schema;

Vollständige Neusynchronisation des Recovery-Katalogs wird begonnen
Vollständige Neusynchronisation abgeschlossen
Bericht des Datenbankschemas für Datenbank mit db_unique_name ORCL

Liste mit permanenten Datendateien
===================================
Dateigröße (MB) Tablespace         RB-Segmente Datendateiname
---- -------- ---------------      ----------- --------------------------
1    710      SYSTEM               YES         C:\APP\ORADATA\ORCL\SYSTEM01.DBF
2    585      SYSAUX               NO      *   C:\APP\ORADATA\ORCL\SYSAUX01.DBF
3    65       UNDOTBS1             YES         C:\APP\ORADATA\ORCL\UNDOTBS01.DBF
4    5        USERS                NO          C:\APP\ORADATA\ORCL\USERS01.DBF
5    100      EXAMPLE              NO          C:\APP\ORADATA\ORCL\EXAMPLE01.DBF
6    100      RCAT                 NO          C:\APP\ORADATA\ORCL\RCAT01.DBF
7    10       DATA01               NO          C:\APP\ORADATA\ORCL\DATA01_01.DBF

Liste mit temporären Dateien
=============================
Dateigröße (MB) Tablespace  Max. Größe (MB) Name von temp.Datei
---- -------- ------------- -------------- --------------------
1    20       TEMP           32767          C:\APP\ORADATA\ORCL\ORCL\TEMP01.DBF
```

9.5. Katalog-Upgrade für Datenbanken

Wurde eine Zieldatenbank auf eine neuere Version aktualisiert, dann muss auch der Sicherungskatalog für diese Datenbank aktualisiert werden. Damit ist nicht gemeint, dass ein Upgrade der Sicherungskatalogdatenbank auf eine neue Datenbankversion erfolgen muss, sondern es müssen nur die Objekte für die Metadaten innerhalb der Sicherungskatalogdatenbank angepasst werden. Es ist also ohne Weiteres möglich, dass eine Datenbank der Version 11g einen Sicherungskatalog in einer Datenbank der Version 9i verwendet. Wichtig ist nur, dass die Struktur des Sicherungskatalogs für die Version der Zieldatenbank entsprechend angepasst wird.

Ein Upgrade des Katalogs erfolgt, indem eine Verbindung mit der neuen Version des Recovery Managers zur Katalogdatenbank aufgebaut wird. Aufgrund der neueren Version des Recovery Managers und der Zieldatenbank zur Struktur des Sicherungskatalogs generiert der Recovery Manager eine Fehlermeldung, dass die Version des Recovery Managers nicht mit der Version des Sicherungskatalogs übereinstimmt und eine Aktualisierung erfolgen muss.

Die Aktualisierung wird im nächsten Schritt durch Eingabe des Befehls UPGRADE CATALOG erreicht. Dafür muss der Befehl zweimal eingegeben werden, wobei die zweite Eingabe die Bestätigung für die Ausführung des Upgrades ist.

Durchführung eines Katalog-Upgrades:
```
RMAN> upgrade catalog;

Eigentümer von Recovery-Katalog ist RMANUSER
Befehl UPGRADE CATALOG erneut eingeben, um Katalogumstellung zu bestätigen

RMAN> upgrade catalog;

Recovery-Katalog auf Version 11.01.00.06 umgestellt
Package DBMS_RCVMAN umgestellt auf Version 11.01.00.06
Package DBMS_RCVCAT umgestellt auf Version 11.01.00.06
```

9.6. Auflisten der erstellten Sicherungen mit LIST

Unabhängig von der Verwendung der Kontrolldatei oder einer Datenbank als Sicherungskatalog können mit dem Befehl LIST die erstellten Sicherungen angezeigt werden.

9.6.1. Anzeigen von Backupset-Sicherungen

Bei der Auflistung der erstellten Backupsets wird ähnlich wie beim BACKUP-Befehl die entsprechende Komponente angegeben, die in den entsprechenden Sicherungen vorhanden ist.

Befehlssyntax des LIST-Befehls:
```
LIST BACKUP [OF DATABASE | TABLESPACE tbs1,tbs2,..,tbsn | DATAFILE 1,2,..n]
[SUMMARY];
```

Auflisten aller Sicherungen, die als Backupset erzeugt wurden:
```
LIST BACKUP;
```

Verwaltung des Sicherungskatalogs

Beispiel für das Auflisten aller durchgeführten Sicherungen:
```
RMAN> list backup;


Liste mit Backup Sets
=====================

BS-Schlüssel  Typ LV-Größe    Gerätetyp Abgelaufene Zeit Abschlusszeit
-------       ---- -- ---------- ----------- ------------ -------------
31            Full   207.42M    DISK        00:02:05      30.05.09
        BP-Schlüssel: 33   Status: AVAILABLE  Kompr: YES  Tag:
TAG20090530T152823
        Piece-Name:
C:\APP\FLASH_RECOVERY_AREA\ORCL\BACKUPSET\2009_05_30\O1_MF_NNNDF_TAG20090530T
152823_522F4D98_.BKP
  Liste mit Datendateien in Backup Set 31
  Datei LV Typ Ckp SCN    Ckp Zeit  Name
  ---- -- ---- ---------- --------- ----
  1        Full 956544    30.05.09  C:\APP\ORADATA\ORCL\SYSTEM01.DBF
  2        Full 956544    30.05.09  C:\APP\ORADATA\ORCL\SYSAUX01.DBF
  3        Full 956544    30.05.09  C:\APP\ORADATA\ORCL\UNDOTBS01.DBF
  4        Full 956544    30.05.09  C:\APP\ORADATA\ORCL\USERS01.DBF
  5        Full 956544    30.05.09  C:\APP\ORADATA\ORCL\EXAMPLE01.DBF
  6        Full 956544    30.05.09  C:\APP\ORADATA\ORCL\RCAT01.DBF

BS-Schlüssel  Typ LV-Größe    Gerätetyp Abgelaufene Zeit Abschlusszeit
-------       ---- -- ---------- ----------- ------------ -------------
32            Full   1.03M      DISK        00:00:05      30.05.09
        BP-Schlüssel: 34   Status: AVAILABLE  Kompr: YES  Tag:
TAG20090530T152823
        Piece-Name:
C:\APP\FLASH_RECOVERY_AREA\ORCL\BACKUPSET\2009_05_30\O1_MF_NCSNF_TAG20090530T
152823_522F7T7T_.BKP
  SPFILE enthalten: Änderungszeit: 30.05.09
  SPFILE db_unique_name: ORCL
  Kontrolldatei enthalten: Ckp SCN: 957234    Ckp-Zeit: 30.05.09
```

Auflisten aller Backupsets, die die gesamte Datenbank beinhalten:
```
LIST BACKUP OF DATABASE;
```

Auflisten aller Sicherungen, die als Backupset erzeugt wurden und den Tablespace USERS beinhalten:
```
LIST BACKUP OF TABLESPACE USERS;
```

Beispiel für das Auflisten aller Sicherungen, die den Tablespace USERS beinhalten:
```
RMAN> list backup of tablespace users;

Vollständige Neusynchronisation des Recovery-Katalogs wird begonnen
Vollständige Neusynchronisation abgeschlossen

Liste mit Backup Sets
=====================


BS-Schlüssel  Typ LV-Größe    Gerätetyp Abgelaufene Zeit Abschlusszeit
-------       ---- -- ---------- ----------- ------------ -------------
31            Full   207.42M    DISK        00:02:05      30.05.09
        BP-Schlüssel: 33   Status: AVAILABLE  Kompr: YES  Tag:
TAG20090530T152823
        Piece-Name:
C:\APP\FLASH_RECOVERY_AREA\ORCL\BACKUPSET\2009_05_30\O1_MF_NNNDF_TAG20090530T
152823_522F4D98_.BKP
  Liste mit Datendateien in Backup Set 31
```

```
Datei LV Typ Ckp SCN     Ckp Zeit Name
---- -- ---- ---------- -------- ----
4       Full 956544     30.05.09 C:\APP\ORADATA\ORCL\USERS01.DBF
```

Auflisten aller Sicherungen, die als Backupset erzeugt wurden und die Datendateien mit den Nummern 1,2 und 3 beinhalten:
`LIST BACKUP OF DATAFILE 1,2,3;`

Beispiel für das Auflisten von Sicherungen, die die Datendatei 1, 2 und 3 beinhalten:
`RMAN> list backup of datafile 1,2,3;`

```
Liste mit Backup Sets
===================

BS-Schlüssel  Typ LV-Größe      Gerätetyp Abgelaufene Zeit Abschlusszeit
-------  ---- -- ---------- ----------- --------------- -------------
31       Full    207.42M    DISK        00:02:05        30.05.09
        BP-Schlüssel: 33   Status: AVAILABLE   Kompr: YES   Tag:
TAG20090530T152823
        Piece-Name: C:\..\O1_MF_NNNDF_TAG20090530T152823_522F4D98_.BKP
  Liste mit Datendateien in Backup Set 31
  Datei LV Typ Ckp SCN     Ckp Zeit Name
  ---- -- ---- ---------- -------- ----
  1       Full 956544     30.05.09 C:\APP\ORADATA\ORCL\SYSTEM01.DBF
  2       Full 956544     30.05.09 C:\APP\ORADATA\ORCL\SYSAUX01.DBF
  3       Full 956544     30.05.09 C:\APP\ORADATA\ORCL\UNDOTBS01.DBF
```

Um nur eine Übersicht der erzeugten Sicherungen zu erhalten, kann die Zusatzoption SUMMARY angegeben werden:
`LIST BACKUP OF DATABASE SUMMARY;`

Anzeigen aller Sicherungen der Datenbank als Zusammenfassung:
`RMAN> list backup of database summary;`

```
Liste mit Backups
===============
Schlüssel    TY LV S Gerätetyp Abschlusszeit #Pieces #Kopien Kompr Tag
-------  -- -- - ---------- ------------- ------- ------- ---------- ---
31       B  F  A DISK       30.05.09      1       1       YES
TAG20090530T152823
```

9.6.2. Anzeigen von Image-Kopien

Image-Kopien werden mit dem Befehl LIST COPY angezeigt, wobei zwischen Kopien von Datendateien, Kontrolldateien und Archiven unterschieden werden kann.

Anzeigen aller erzeugten Kopien:
```
LIST COPY;
```

Beispiel für das Anzeigen aller erzeugten Image-Kopien:
```
RMAN> list copy;

Liste mit Datendatei-Kopien
===========================

Schlüssel   Datei S Abschlusszeit Ckp SCN    Ckp Zeit
-------     ----  - -------------- ----------  -------------
66          1     A 30.05.09       957504      30.05.09
            Name: C:\APP\FLASH_RECOVERY_AREA\..\O1_MF_SYSTEM_522FLB4D_.DBF
            Tag: TAG20090530T153609

67          2     A 30.05.09       957537      30.05.09
            Name: C:\APP\FLASH_RECOVERY_AREA\..\O1_MF_SYSAUX_522FMQYR_.DBF
            Tag: TAG20090530T153609

70          3     A 30.05.09       957612      30.05.09
            Name: C:\APP\FLASH_RECOVERY_AREA\..\O1_MF_UNDOTBS1_522FONY8_.DBF
            Tag: TAG20090530T153609

72          4     A 30.05.09       957619      30.05.09
            Name: C:\APP\FLASH_RECOVERY_AREA\..\O1_MF_USERS_522FP00Z_.DBF
            Tag: TAG20090530T153609

68          5     A 30.05.09       957605      30.05.09
            Name: C:\APP\FLASH_RECOVERY_AREA\..\O1_MF_EXAMPLE_522FO5JM_.DBF
            Tag: TAG20090530T153609

69          6     A 30.05.09       957609      30.05.09
            Name: C:\APP\FLASH_RECOVERY_AREA\..\O1_MF_RCAT_522FOF4W_.DBF
            Tag: TAG20090530T153609

Liste der Kontrolldateikopien
=============================

Schlüssel   S Abschlusszeit Ckp SCN    Ckp Zeit
-------     - -------------- ----------  -------------
71          A 30.05.09       957617      30.05.09
            Name:
C:\APP\FLASH_RECOVERY_AREA\..\O1_MF_TAG20090530T153609_522FOW98_.CTL
            Tag: TAG20090530T153609

Liste der Archive Log-Kopien für Datenbank mit db_unique_name ORCL
==================================================================

Schlüssel   Thrd Seq     S Niedrige Zeit
-------     ---- ------- - -------------
24          1    4       A 30.05.09
            Name: C:\APP\PRODUCT\11.1.0\DB_1\RDBMS\ARC00004_0688230019.001
25          1    4       A 30.05.09
            Name: C:\APP\FLASH_RECOVERY_AREA\..\O1_MF_1_4_522DSPDP_.ARC
26          1    5       A 30.05.09
```

```
           Name: C:\APP\PRODUCT\11.1.0\DB_1\RDBMS\ARC00005_0688230019.001
27    1    5     A 30.05.09
           Name: C:\APP\FLASH_RECOVERY_AREA\..\O1_MF_1_5_522F2KK2_.ARC
```

Anzeigen der Kopien der Datenbank:
```
LIST COPY OF DATABASE;
```

Anzeigen aller erzeugten Image-Kopien der Datenbank:
```
RMAN> list copy of database;

Liste mit Datendatei-Kopien
===========================

Schlüssel   Datei S Abschlusszeit Ckp SCN      Ckp Zeit
---------   ----- - ------------- ----------   -------------
66          1     A 30.05.09      957504       30.05.09
            Name: C:\APP\FLASH_RECOVERY_AREA\..\O1_MF_SYSTEM_522FLB4D_.DBF
            Tag: TAG20090530T153609

67          2     A 30.05.09      957537       30.05.09
            Name: C:\APP\\FLASH_RECOVERY_AREA\..\O1_MF_SYSAUX_522FMQYR_.DBF
            Tag: TAG20090530T153609

70          3     A 30.05.09      957612       30.05.09
            Name: C:\APP\\FLASH_RECOVERY_AREA\..\O1_MF_UNDOTBS1_522FONY8_.DBF
            Tag: TAG20090530T153609

72          4     A 30.05.09      957619       30.05.09
            Name: C:\APP\FLASH_RECOVERY_AREA\..\O1_MF_USERS_522FP00Z_.DBF
            Tag: TAG20090530T153609

68          5     A 30.05.09      957605       30.05.09
            Name: C:\APP\FLASH_RECOVERY_AREA\..\O1_MF_EXAMPLE_522FO5JM_.DBF
            Tag: TAG20090530T153609

69          6     A 30.05.09      957609       30.05.09
            Name: C:\APP\\FLASH_RECOVERY_AREA\..\O1_MF_RCAT_522FOF4W_.DBF
            Tag: TAG20090530T153609
```

Anzeigen der Kontrolldateikopien:
```
LIST COPY OF CONTROLFILE;
```

Anzeigen der Image-Kopien von Kontrolldateien:
```
RMAN> list copy of controlfile;

Liste der Kontrolldateikopien
=============================

Schlüssel       S Abschlusszeit Ckp SCN      Ckp Zeit
---------       - ------------- ----------   -------------
71              A 30.05.09      957617       30.05.09
       Name:
C:\APP\FLASH_RECOVERY_AREA\..\O1_MF_TAG20090530T153609_522FOW98_.CTL
       Tag: TAG20090530T153609
......
```

Anzeigen der Kopien einzelner Datendateien:
```
LIST COPY OF DATAFILE 1,2,3;
```

Beispiel für das Anzeigen der Image-Kopien der Datendateien 1, 2 und 3:
```
RMAN> list copy of datafile 1,2,3;

Liste mit Datendatei-Kopien
===========================

Schlüssel    Datei S Abschlusszeit Ckp SCN    Ckp Zeit
-------    ---- - ------------- ----------  -------------
66           1    A 30.05.09      957504     30.05.09
             Name: C:\APP\FLASH_RECOVERY_AREA\..\O1_MF_SYSTEM_522FLB4D_.DBF
             Tag: TAG20090530T153609

67           2    A 30.05.09      957537     30.05.09
             Name: C:\APP\FLASH_RECOVERY_AREA\..\O1_MF_SYSAUX_522FMQYR_.DBF
             Tag: TAG20090530T153609

70           3    A 30.05.09      957612     30.05.09
             Name: C:\APP\FLASH_RECOVERY_AREA\..\O1_MF_UNDOTBS1_522FONY8_.DBF
             Tag: TAG20090530T153609
```

Anzeigen aller Archive:
```
LIST COPY OF ARCHIVELOG ALL;
```

Anzeigen aller Kopien der Archive:
```
RMAN> list copy of archivelog all;

Liste der Archive Log-Kopien für Datenbank mit db_unique_name ORCL
==================================================================

Schlüssel    Thrd Seq    S Niedrige Zeit
-------    ---- ------- - -------------
24           1    4       A 30.05.09
             Name: C:\APP\PRODUCT\11.1.0\DB_1\RDBMS\ARC00004_0688230019.001
25           1    4       A 30.05.09
             Name: C:\APP\FLASH_RECOVERY_AREA\..\O1_MF_1_4_522DSPDP_.ARC
26           1    5       A 30.05.09
             Name: C:\APP\PRODUCT\11.1.0\DB_1\RDBMS\ARC00005_0688230019.001
27           1    5       A 30.05.09
             Name: C:\APP\FLASH_RECOVERY_AREA\..\O1_MF_1_5_522F2KK2_.ARC
```

9.7. Sicherungsinformation mit REPORT

Mithilfe des REPORT-Befehls werden Informationen ausgegeben, die eine Sicherung von Datendateien oder Tablespaces notwendig machen. So können beispielsweise alle Datendateien oder Tablespaces angezeigt werden, die bis zu diesem Zeitpunkt die aktuell eingestellte Erhaltungsrichtlinie noch nicht erfüllen. Ebenfalls ermöglicht dieser Befehl das Anzeigen der physikalischen Struktur der Datenbank, um Informationen zu erhalten, was gesichert werden kann.

9.7.1. Anzeigen der Datenbankstruktur

Die physikalische Struktur der Datenbank wird mit dem Befehl REPORT SCHEMA ausgegeben:

Befehlssyntax zum Anzeigen der physikalischen Struktur der Zieldatenbank:
REPORT SCHEMA;

Beispiel für das Anzeigen der physikalischen Struktur der Zieldatenbank mit REPORT SCHEMA:
```
RMAN> report schema;

Bericht des Datenbankschemas für Datenbank mit db_unique_name ORCL

Liste mit permanenten Datendateien
==================================
Dateigröße (MB) Tablespace          RB-Segmente Datendateiname
---- --------- -------------------- ------- -------------------------
1    710       SYSTEM               YES     C:\APP\ORADATA\ORCL\SYSTEM01.DBF
2    572       SYSAUX               NO      C:\APP\ORADATA\ORCL\SYSAUX01.DBF
3    65        UNDOTBS1             YES     C:\APP\ORADATA\ORCL\UNDOTBS01.DBF
4    5         USERS                NO      C:\APP\ORADATA\ORCL\USERS01.DBF
5    100       EXAMPLE              NO      C:\APP\ORADATA\ORCL\EXAMPLE01.DBF
6    100       RCAT                 NO      C:\APP\ORADATA\ORCL\RCAT01.DBF

Liste mit temporären Dateien
============================
Dateigröße (MB) Tablespace          Max. Größe (MB) Name von temp.Datei
---- --------- -------------------- ----------- --------------------
1    20        TEMP                 32767       C:\APP\ORADATA\ORCL\TEMP01.DBF
```

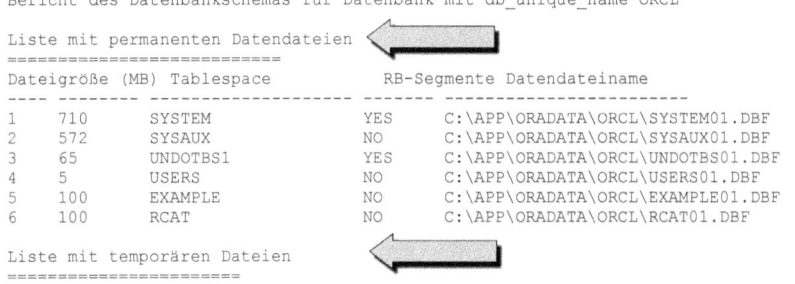

9.7.2. Anzeigen veralteter Sicherungen

Bevor veraltete Sicherungen gelöscht werden sollen, können sie im Vorfeld mit dem Befehl REPORT OBSOLETE angezeigt werden. Hierbei bezieht sich der Befehl auf die vorkonfigurierte Erhaltungsrichtlinie, sodass die Sicherungen angezeigt werden, die aus der Erhaltungsrichtlinie herausgefallen sind.

Befehlssyntax für das Auflisten aller Sicherungen, die aus der vorkonfigurierten Erhaltungsrichtlinie herausgefallen sind:
REPORT OBSOLETE;

9.7.3. Anzeigen der Sicherungsnotwendigkeit

Der REPORT-Befehl ermöglicht, die Datenbankkomponenten anzuzeigen, für die eine Sicherung notwendig ist, um die vorkonfigurierte Erhaltungsrichtlinie zu erfüllen. Wurde beispielsweise die Erhaltungsrichtlinie auf Basis der Redundanz mit dem Wert drei konfiguriert, aber es liegen nur zwei Sicherungen der gesamten Datenbank vor, so liefert der Befehl REPORT NEED BACKUP die Datendateien der Datenbank zurück, die nicht mindestens drei Sicherungen besitzen. Wurde die Erhaltungsrichtlinie auf NONE gesetzt, so kann der Befehl entsprechend der Notwendigkeit angepasst werden.

Anzeigen von Datendateien, die die vorkonfigurierte Erhaltungsrichtlinie nicht erfüllen:
REPORT NEED BACKUP;

Beispiel für das Auflisten von Datenbankdateien, die noch nicht die Erhaltungsrichtlinie erfüllen:
```
RMAN> report need backup;

RMAN-Sperr-Policy wird für den Befehl angewendet
RMAN-Sperr-Policy ist auf Redundanz 3 festgelegt
Bericht. Dateien mit weniger als 3 redundanten Backups
Datei #bkps Name
---- ----- ------------------------------------------------
1    2     C:\APP\ORADATA\ORCL\SYSTEM01.DBF
2    2     C:\APP\ORADATA\ORCL\SYSAUX01.DBF
3    2     C:\APP\ORADATA\ORCL\UNDOTBS01.DBF
4    2     C:\APP\ORADATA\ORCL\USERS01.DBF
5    2     C:\APP\ORADATA\ORCL\EXAMPLE01.DBF
6    2     C:\APP\ORADATA\ORCL\RCAT01.DBF
```

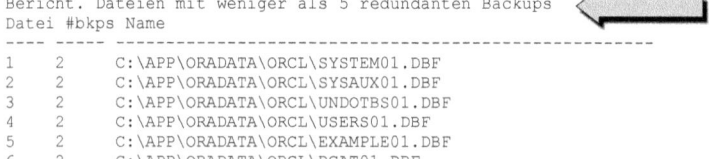

Datendateien anzeigen, die nicht die geforderte Anzahl von Sicherungen besitzen:
```
RMAN> report need backup redundancy 5;

Bericht. Dateien mit weniger als 5 redundanten Backups
Datei #bkps Name
---- ----- ------------------------------------------------
1    2     C:\APP\ORADATA\ORCL\SYSTEM01.DBF
2    2     C:\APP\ORADATA\ORCL\SYSAUX01.DBF
3    2     C:\APP\ORADATA\ORCL\UNDOTBS01.DBF
4    2     C:\APP\ORADATA\ORCL\USERS01.DBF
5    2     C:\APP\ORADATA\ORCL\EXAMPLE01.DBF
6    2     C:\APP\ORADATA\ORCL\RCAT01.DBF
```

Anzeigen der Datendateien, die gesichert werden müssen, um das angegebene Wiederherstellungsfenster erfüllen zu können:
```
RMAN> report need backup recovery window of 3 days;

Bericht von Dateien, der gesichert werden muss, damit das Recovery-Fenster
von 3 Tagen erfüllt wird

Datei Tage  Name
---- ----- ------------------------------------------------
1    2     C:\APP\ORADATA\ORCL\SYSTEM01.DBF
2    2     C:\APP\ORADATA\ORCL\SYSAUX01.DBF
3    2     C:\APP\ORADATA\ORCL\UNDOTBS01.DBF
4    2     C:\APP\ORADATA\ORCL\USERS01.DBF
5    2     C:\APP\ORADATA\ORCL\EXAMPLE01.DBF
6    2     C:\APP\ORADATA\ORCL\RCAT01.DBF
```

9.8. Löschen von Sicherungen

Datenbanksicherungen sollten nicht direkt vom Sicherungsmedium gelöscht werden. Für das Löschen der Sicherungen wird ein entsprechender Befehl des Recovery Managers verwendet, der die Sicherung physisch vom Medium löscht und gleichzeitig den Eintrag aus dem Sicherungskatalog entfernt.

Bevor der Löschvorgang durchgeführt wird, ist darauf zu achten, dass ein entsprechender Kanal für das dazugehörige Medium existiert. Wird kein Kanal im Vorfeld zu dem entsprechenden Medium aufgebaut, so wird der vorkonfigurierte Standardkanal verwendet. Sollen also Sicherungen von Band gelöscht werden, muss ein Kanal für das Bandlaufwerk vorhanden sein.

Wird eine Sicherung ohne Recovery Manager vom Medium gelöscht, so bleibt der Eintrag im Sicherungskatalog erhalten. Um diesen Eintrag nun ebenfalls aus dem Sicherungskatalog zu entfernen, muss der Recovery Manager das Medium mit den Einträgen des Sicherungskatalogs vergleichen, um herauszufinden, welche Einträge im Katalog verwaist sind.

9.8.1. Löschen veralteter Sicherungen

Wird eine vorkonfigurierte Erhaltungsrichtlinie verwendet, so können Sicherungen mithilfe des Befehls DELETE OBSOLETE vom Medium gelöscht und aus dem Sicherungskatalog entfernt werden.

Syntax für das Löschen veralteter Sicherungen:
```
DELETE OBSOLETE;
```

Beispiel für das Löschen veralteter Sicherungen:
```
RMAN> delete obsolete;

RMAN-Sperr-Policy wird für den Befehl angewendet
RMAN-Sperr-Policy ist auf Redundanz 1 festgelegt
Kanal ORA_DISK_1 wird benutzt
Die folgenden veralteten Backups und Kopien werden gelöscht:
Typ                 Schlüssel    Abschlusszeit    Dateiname/Handle
------------------- ------------ ---------------- --------------------
C:\APP\FLASH_RECOVERY_AREA\..\O1_MF_1_5_522F2KK2_.ARC
Backup Set          31           30.05.09
  Backup Piece      33           30.05.09
C:\APP\FLASH_RECOVERY_AREA\..\O1_MF_NNNDF_TAG20090530T152823_522F4D98_.BKP
Backup Set          32           30.05.09
  Backup Piece      34           30.05.09
C:\APP\FLASH_RECOVERY_AREA\ORCL\..\O1_MF_NCSNF_TAG20090530T152823_5227T_.BKP

Möchten Sie die obigen Objekte wirklich löschen (geben Sie YES oder NO ein)?y
Archive Log gelöscht
```

Verwaltung des Sicherungskatalogs

```
Archive Log-Dateiname=C:\APP\FLASH_RECOVERY_AREA\..\O1_MF_1_5_522F2KK2_.ARC
RECID=4 STAMP=688231680
Backup Piece gelöscht
Backup Piece-
Han-
dle=C:\APP\FLASH_RECOVERY_AREA\..\O1_MF_NNNDF_TAG20090530T152823_522F4D98_.BK
P RECID=1 STAMP=688231723
Backup Piece gelöscht
Backup Piece-
Han-
dle=C:\APP\FLASH_RECOVERY_AREA\ORCL\..\O1_MF_NCSNF_TAG20090530T152823_5227T_.
BKP RECID=2 STAMP=688231834
3 Objekte gelöscht
```

9.8.2. Löschen spezifischer Backupsets

Einzelne Backupsets werden durch Angabe ihrer Nummer oder ihres Namens aus dem Sicherungskatalog und vom Medium gelöscht.

Löschen eines Backupsets auf Basis seiner Backupset-Nummer:
DELETE BACKUPSET Nummer;

Beispiel für das Löschen eines Backupsets auf Basis der Backupset-Nummer:
```
RMAN> list backup;

Liste mit Backup Sets
=====================
BS-Schlüssel  Typ LV-Größe      Gerätetyp Abgelaufene Zeit Abschlusszeit
------------  --- ----------    --------- ---------------- -------------
61            Full   80.00K     DISK      00:00:00         30.05.09
        BP-Schlüssel: 64   Status: AVAILABLE  Kompr: NO  Tag:
TAG20090530T153609
        Piece-Name:
C:\APP\FLASH_RECOVERY_AREA\..\O1_MF_NNSNF_TAG20090530T153609_522FP1KL_.BKP
    SPFILE enthalten: Änderungszeit: 30.05.09
    SPFILE db_unique_name: ORCL

RMAN> delete backupset 61;

Kanal ORA_DISK_1 wird benutzt
Liste mit Backup Pieces
BP Schl  BS Schl   Pc# Cp# Status      Gerätetyp Stückname
-------  -------   --- --- ----------- --------- ----------
64       61        1   1   AVAILABLE   DISK
C:\APP\FLASH_RECOVERY_AREA\..\O1_MF_NNSNF_TAG20090530T153609_522FP1KL_.BKP

Möchten Sie die obigen Objekte wirklich löschen (geben Sie YES oder NO ein)?y
Backup Piece gelöscht
Backup Piece-
Hadle=C:\APP\FLASH_RECOVERY_AREA\..\O1_MF_NNSNF_TAG20090530T153609_522FP1KL_.
BKP RECID=3 STAMP=688232289
1 Objekte gelöscht
```

Verwaltung des Sicherungskatalogs

Löschen von Backupsets auf Basis des Sicherungsnamens:
DELETE BACKUPSET TAG='Name';

Beispiel für das Löschen von Backupsets auf Basis des Bezeichners:
```
RMAN> list backup;

Liste mit Backup Sets
=====================

BS-Schlüssel  Typ LV-Größe      Gerätetyp Abgelaufene Zeit Abschlusszeit
-------      ---- -- ----------  ---------- ------------ -------------
61           Full  80.00K        DISK      00:00:00     30.05.09
    BP-Schlüssel: 64   Status: AVAILABLE  Kompr: NO   Tag:
TAG20090530T153609
    Piece-Name:
C:\APP\FLASH_RECOVERY_AREA\..\O1_MF_NNSNF_TAG20090530T153609_522FP1KL_.BKP
  SPFILE enthalten: Änderungszeit: 30.05.09
  SPFILE db_unique_name: ORCL

RMAN> delete backupset tag='TAG20090530T153609';

Kanal ORA_DISK_1 wird benutzt
Liste mit Backup Pieces
BP Schl  BS Schl  Pc# Cp# Status       Gerätetyp Stückname
-------  -------  --- --- ----------   ---------- ----------
64       61       1   1   AVAILABLE    DISK
C:\APP\FLASH_RECOVERY_AREA\..\O1_MF_NNSNF_TAG20090530T153609_522FP1KL_.BKP

Möchten Sie die obigen Objekte wirklich löschen (geben Sie YES oder NO ein)?y
Backup Piece gelöscht
Backup Piece-Han-
dle=C:\APP\FLASH_RECOVERY_AREA\..\O1_MF_NNSNF_TAG20090530T153609_522FP1KL_.BK
P RECID=3 STAMP=688232289
1 Objekte gelöscht
```

9.8.3. Löschen spezifischer Kopien

In Abhängigkeit der Art der Kopie besteht die Möglichkeit, einzelne Datendateikopien oder Kontrolldateikopien zu löschen.

Das Löschen von Datendateikopien erfolgt mit dem Befehl:

Befehlssyntax für das Löschen von Datendateikopien:
DELETE DATAFILECOPY Nummer;

Löschen einer Datendateikopie:
```
RMAN> list copy of database;

Liste mit Datendatei-Kopien
===========================

Schlüssel   Datei S Abschlusszeit Ckp SCN    Ckp Zeit
-------     ---- - ------------- ---------- -------------
66          1    A 30.05.09      957504     30.05.09
   Name: C:\APP\..\O1_MF_SYSTEM_522FLB4D_.DBF
   Tag: TAG20090530T153609
```

115

Verwaltung des Sicherungskatalogs

```
67      2    A 30.05.09      957537      30.05.09
             Name: C:\APP\..\O1_MF_SYSAUX_522FMQYR_.DBF
             Tag: TAG20090530T153609

70      3    A 30.05.09      957612      30.05.09
             Name: C:\APP\..\O1_MF_UNDOTBS1_522FONY8_.DBF
             Tag: TAG20090530T153609

72      4    A 30.05.09      957619      30.05.09
             Name: C:\APP\..\O1_MF_USERS_522FP00Z_.DBF
             Tag: TAG20090530T153609

68      5    A 30.05.09      957605      30.05.09
             Name: C:\APP\..\O1_MF_EXAMPLE_522FO5JM_.DBF
             Tag: TAG20090530T153609

69      6    A 30.05.09      957609      30.05.09
             Name: C:\APP\..\O1_MF_RCAT_522FOF4W_.DBF
             Tag: TAG20090530T153609

RMAN> delete datafilecopy 66;

Freigegebener Kanal: ORA_DISK_1
Freigegebener Kanal: ORA_DISK_2
Zugewiesener Kanal: ORA_DISK_1
Kanal ORA_DISK_1: SID=126 Device-Typ=DISK
Zugewiesener Kanal: ORA_DISK_2
Kanal ORA_DISK_2: SID=124 Device-Typ=DISK
Liste mit Datendatei-Kopien
========================

Schlüssel    Datei S Abschlusszeit Ckp SCN    Ckp Zeit
-------      ----  - -------------- ----------  -------------
66           1     A 30.05.09      957504      30.05.09
             Name: C:\APP\..\O1_MF_SYSTEM_522FLB4D_.DBF
             Tag: TAG20090530T153609

Möchten Sie die obigen Objekte wirklich löschen (geben Sie YES oder NO ein)?y
Datendateikopie gelöscht
Dateiname der Datendateikopie=C:\APP\..\O1_MF_SYSTEM_522FLB4D_.DBF RECID=2
STAMP=688232206
1 Objekte gelöscht
```

Das Löschen von Kontrolldateikopien erreicht man mit dem Befehl:

Befehlssyntax für das Löschen von Kontrolldateikopien:
```
DELETE CONTROLFILECOPY Nummer;
```

Löschen von Kontrolldateikopien:
```
RMAN> list copy of controlfile;

Liste der Kontrolldateikopien
============================

Schlüssel    S Abschlusszeit Ckp SCN    Ckp Zeit
-------      - -------------- ----------  -------------
71           A 30.05.09      957617      30.05.09
             Name: C:\APP\..\O1_MF_TAG20090530T153609_522FOW98_.CTL
             Tag: TAG20090530T153609
```

Verwaltung des Sicherungskatalogs

```
RMAN> delete controlfilecopy 71;
Freigegebener Kanal: ORA_DISK_1
Freigegebener Kanal: ORA_DISK_2
Zugewiesener Kanal: ORA_DISK_1
Kanal ORA_DISK_1: SID=126 Device-Typ=DISK
Zugewiesener Kanal: ORA_DISK_2
Kanal ORA_DISK_2: SID=124 Device-Typ=DISK
Liste der Kontrolldateikopien
=============================
Schlüssel     S Abschlusszeit Ckp SCN      Ckp Zeit
-------       - ------------- ----------   -------------
71            A 30.05.09       957617       30.05.09
              Name: C:\APP\..\O1_MF_TAG20090530T153609_522FOW98_.CTL
              Tag: TAG20090530T153609


Möchten Sie die obigen Objekte wirklich löschen (geben Sie YES oder NO ein)?y
Kontrolldateikopie gelöscht
Dateiname der Kontrolldateiko-
pie=C:\APP\..\O1_MF_TAG20090530T153609_522FOW98_.CTL RECID=7 STAMP=688232285
1 Objekte gelöscht
```

9.8.4. Löschen von Archiven

Archive können aus dem Sicherungskatalog entfernt werden, indem man die Sequenz angibt, bis zu der alle Archive gelöscht werden sollen. Dieser Vorgang wird mit dem folgenden Befehl erreicht:

Befehlssyntax für das Löschen von Archiven bis zu einer Sequenznummer:
DELETE ARCHIVELOG UNTIL SEQUENCE Nummer;

Löschen von Archiven bis zu einer Sequenz:
```
RMAN> delete archivelog until sequence 9;
Freigegebener Kanal: ORA_DISK_1
Freigegebener Kanal: ORA_DISK_2
Zugewiesener Kanal: ORA_DISK_1
Kanal ORA_DISK_1: SID=126 Device-Typ=DISK
Zugewiesener Kanal: ORA_DISK_2
Kanal ORA_DISK_2: SID=124 Device-Typ=DISK
Liste der Archive Log-Kopien für Datenbank mit db_unique_name ORCL
==================================================================
Schlüssel     Thrd Seq     S Niedrige Zeit
-------       ---- ------- - -------------
147           1    6         A 30.05.09
              Name: C:\APP\..\ARC00006_0688230019.001

148           1    6         A 30.05.09
              Name: C:\APP\..\O1_MF_1_6_522H0DQG_.ARC

393           1    7         A 30.05.09
              Name: C:\APP\..\O1_MF_1_7_522QW3PY_.ARC

392           1    7         A 30.05.09
              Name: C:\APP\..\ARC00007_0688230019.001

422           1    8         A 30.05.09
              Name: C:\APP\..\ARC00008_0688230019.001
```

Verwaltung des Sicherungskatalogs

```
423      1    8         A 30.05.09
              Name: C:\APP\..\O1_MF_1_8_522QWCSW_.ARC

453      1    9         A 30.05.09
              Name: C:\APP\..\O1_MF_1_9_522QWHLK_.ARC

452      1    9         A 30.05.09
              Name: C:\APP\..\ARC00009_0688230019.001

Möchten Sie die obigen Objekte wirklich löschen (geben Sie YES oder NO ein)?y
Archive Log gelöscht
Archive Log-Dateiname=C:\APP\..\DB_1\RDBMS\ARC00006_0688230019.001 RECID=5
STAMP=688233652
Archive Log gelöscht
Archive Log-Dateiname=C:\APP\..\O1_MF_1_6_522H0DQG_.ARC RECID=6
STAMP=688233652
Archive Log gelöscht
Archive Log-Dateiname=C:\APP\..\O1_MF_1_7_522QW3PY_.ARC RECID=8
STAMP=688242726
Archive Log gelöscht
Archive Log-Dateiname=C:\APP\..\ARC00007_0688230019.001 RECID=7
STAMP=688242726
Archive Log gelöscht
Archive Log-Dateiname=C:\APP\..\ARC00008_0688230019.001 RECID=9
STAMP=688242732
Archive Log gelöscht
Archive Log-Dateiname=C:\APP\..\O1_MF_1_8_522QWCSW_.ARC RECID=10
STAMP=688242732
Archive Log gelöscht
Archive Log-Dateiname=C:\APP\..\O1_MF_1_9_522QWHLK_.ARC RECID=12
STAMP=688242736
Archive Log gelöscht
Archive Log-Dateiname=C:\APP\..\ARC00009_0688230019.001 RECID=11
STAMP=688242736
8 Objekte gelöscht
```

Sollen alle Archive aus dem Katalog und vom Medium entfernt werden, so erfolgt dies mit dem folgenden Befehl:

Befehlssyntax für das Löschen aller Archive:
```
DELETE ARCHIVELOG ALL;
```

Löschen aller Archive:
```
RMAN> delete archivelog all;

Freigegebener Kanal: ORA_DISK_1
Freigegebener Kanal: ORA_DISK_2
Zugewiesener Kanal: ORA_DISK_1
Kanal ORA_DISK_1: SID=126 Device-Typ=DISK
Zugewiesener Kanal: ORA_DISK_2
Kanal ORA_DISK_2: SID=124 Device-Typ=DISK
Liste der Archive Log-Kopien für Datenbank mit db_unique_name ORCL
=====================================================================
Schlüssel    Thrd Seq      S Niedrige Zeit
-------      ---- -------  - --------------
482      1    10        A 30.05.09
              Name: C:\APP\..\ARC00010_0688230019.001

483      1    10        A 30.05.09
              Name: C:\APP\..\O1_MF_1_10_522QWNVT_.ARC

513      1    11        A 30.05.09
```

Verwaltung des Sicherungskatalogs

```
              Name: C:\APP\..\ARC00011_0688230019.001
514   1    11      A 30.05.09
              Name: C:\APP\..\O1_MF_1_11_522QWTRW_.ARC

Möchten Sie die obigen Objekte wirklich löschen (geben Sie YES oder NO ein)?y
Archive Log gelöscht
Archive Log-Dateiname=C:\APP\..\ARC00010_0688230019.001 RECID=13
STAMP=688242741
Archive Log gelöscht
Archive Log-Dateiname=C:\APP\..\O1_MF_1_10_522QWNVT_.ARC RECID=14
STAMP=688242741
Archive Log gelöscht
Archive Log-Dateiname=C:\APP\..\ARC00011_0688230019.001 RECID=15
STAMP=688242747
Archive Log gelöscht
Archive Log-Dateiname=C:\APP\..\O1_MF_1_11_522QWTRW_.ARC RECID=16
STAMP=688242747
4 Objekte gelöscht
```

9.8.5. Die Option FORCE

Sollten Sicherungen im Katalog eingetragen sein, die sich nicht mehr auf dem Sicherungsmedium befinden, so können diese Einträge auf normalem Weg nicht entfernt werden. Nur die Angabe der Option FORCE des DELETE-Befehls entfernt diesen Eintrag aus dem Katalog.

Löschen eines Backupsets, das sich nicht mehr auf dem Medium befindet, ohne die Option FORCE:

```
RMAN> delete backupset 263;
Kanal ORA_DISK_1 wird benutzt

Liste mit Backup Pieces
BP Schl  BS Schl  Pc# Cp# Status       Gerätetyp  Stückname
-------  -------  --- --- -----------  ---------- ----------
265      263      1   1   AVAILABLE    DISK
C:\..\O1_MF_NNNDF_TAG20090530T163538_522K1XSW_.BKP
Möchten Sie die obigen Objekte wirklich löschen (geben Sie YES oder NO ein)?y
RMAN-06207: WARNUNG: 1 Objekte konnten für DISK Kanäle nicht gelöscht werden,
weil
RMAN-06208:         Status nicht übereinstimmt. Korrigieren Sie den Status
mit Befehl CROSSCHECK
RMAN-06210: Liste mit nicht übereinstimmenden Objekten
RMAN-06211: ==========================
RMAN-06212:    Objekttyp   Dateiname/Handle
RMAN-06213: -------------  ------------------------------------------------
RMAN-06214: Backup Piece   C:\..\O1_MF_NNNDF_TAG20090530T163538_522K1XSW_.BKP
```

Löschen eines Backupsets, das sich nicht mehr auf dem Medium befindet, mit der Option FORCE:
```
RMAN> delete force backupset 263;

Kanal ORA_DISK_1 wird benutzt
Kanal ORA_DISK_2 wird benutzt

Liste mit Backup Pieces
BP Schl  BS Schl  Pc#  Cp#  Status       Gerätetyp  Stückname
-------  -------  ---  ---  -----------  ---------  ----------
265      263      1    1    AVAILABLE    DISK
C:\APP\...\O1_MF_NNNDF_TAG20090530T163538_522K1XSW_.BKP

Möchten Sie die obigen Objekte wirklich löschen (geben Sie YES oder NO ein)?y
Backup Piece gelöscht
Backup Piece-Handle=C:\APP\...\O1_MF_NNNDF_TAG20090530T163538_522K1XSW_.BKP
RECID=4 STAMP=688235741
1 Objekte gelöscht
```

9.8.6. Verwenden der Option NOPROMPT

Bei der Ausführung des Löschbefehls wird für die Durchführung der Löschung um eine Bestätigung gebeten. Bei Ausführung von Sicherungsskripten ist diese Abfrage hinderlich und muss unterdrückt werden. Das Unterdrücken der Abfrage kann dann mithilfe der Klausel NOPROMPT erreicht werden.

Verwenden von NOPROMPT zur Unterdrückung der Bestätigungsabfrage:
```
DELETE NOPRMPT OBSOLETE;
```

Innerhalb eines Sicherungsskripts könnte die Verwendung dann folgendermaßen aussehen:

Beispiel für die Verwendung von NOPROMPT:
```
RMAN> run
2> {
3> backup as compressed backupset database plus archivelog delete input;
4> delete noprompt obsolete;
5> }

Starten backup um 31.12.09
Aktuelles Log archiviert
Zugewiesener Kanal: ORA_DISK_1
Kanal ORA_DISK_1: SID=155 Device-Typ=DISK
Kanal ORA_DISK_1: komprimiertes Backup Set von Archive Log wird begonnen
Kanal ORA_DISK_1: Archive Logs in Backup Set werden angegeben
Eingabe-Archive-Log-Thread=1 Sequence=16 RECID=26 STAMP=707053003
......

Eingabe-Archive-Log-Thread=1 Sequence=26 RECID=46 STAMP=707070468
Kanal ORA_DISK_1: Piece 1 wird auf 31.12.09 begonnen
Kanal ORA_DISK_1: Piece 1 auf 31.12.09 beendet
Piece Handle=C:\APP\...\O1_MF_ANNNN_TAG20091231T162751_5MSJR25J_.BKP
Tag=TAG20091231T162751 Kommentar=NONE
Kanal ORA_DISK_1: Backup Set vollständig, abgelaufene Zeit: 00:00:07
Kanal ORA_DISK_1: Archive Logs werden gelöscht
Archive Log-Dateiname=C:\APP\...\O1_MF_1_16_5MRZOPGB_.ARC RECID=26
STAMP=707053003
```

Verwaltung des Sicherungskatalogs

```
......
......
Beendet backup um 31.12.09

Starten backup um 31.12.09
Kanal ORA_DISK_1 wird benutzt
Kanal ORA_DISK_1: komprimiertes vollständiges Backup Set von Datendatei wird
begonnen
Kanal ORA_DISK_1: Datendateien in Backup Set werden angegeben
Dateinummer der Eingabedatendatei=00001 Name=C:\APP\ORADATA\ORCL\SYSTEM01.DBF
......
Beendet backup um 31.12.09

Starten backup um 31.12.09
Aktuelles Log archiviert
Kanal ORA_DISK_1 wird benutzt
Kanal ORA_DISK_1: komprimiertes Backup Set von Archive Log wird begonnen
Kanal ORA_DISK_1: Archive Logs in Backup Set werden angegeben
Eingabe-Archive-Log-Thread=1 Sequence=27 RECID=48 STAMP=707070586
......
......
Beendet backup um 31.12.09

Starten Control File and SPFILE Autobackup um 31.12.09
Stück-Handle=C:\APP\..\AUTOBACKUP\2009_12_31\O1_MF_S_707070600_5MSJW323_.BKP
Kommentar=NONE
Beendet Control File and SPFILE Autobackup um 31.12.09

RMAN-Sperr-Policy wird für den Befehl angewendet
RMAN-Sperr-Policy ist auf Redundanz 1 festgelegt
Kanal ORA_DISK_1 wird benutzt
Die folgenden veralteten Backups und Kopien werden gelöscht:
Typ                 Schlüssel   Abschlusszeit      Dateiname/Handle
------------------- ----------- ------------------ --------------------
Archive Log         1378        31.12.09
C:\APP\PRODUCT\11.1.0\DB_1\RDBMS\ARC00016_0688230019.001
......

Kontrolldateikopie  2036        31.12.09
C:\APP\..\CONTROLFILE\O1_MF_TAG20091231T132127_5MS5THYX_.CTL
......

Datendateikopie     2162        31.12.09              C:\BACKUP\USERS01.BAK
Backup Set     2076 31.12.09
  Backup Piece      2078        31.12.09
......

15 Objekte gelöscht
```

9.8.7. Überprüfung des Katalogs mit CROSSCHECK

Sollten Einträge im Sicherungskatalog vorhanden sein, deren Sicherungen physisch nicht mehr auf den Medien zu finden sind, so sollte eine Überprüfung zwischen den Einträgen im Sicherungskatalog und den Medien stattfinden. Diese Überprüfung ist ein Abgleich zwischen den Medien und dem Sicherungskatalog. Werden hierbei verwaiste Einträge im Sicherungskatalog gefunden, so werden diese Einträge als abgelaufen markiert. Im Sicherungskatalog wird der Status der Sicherung von AVAILABLE auf EXPIRED gesetzt. Der Abgleich zwischen Katalog und Medium wird mit dem Befehl CROSSCHECK durchgeführt, wobei auch hierfür ein entsprechender Kanal auf das Medium zeigen muss. Wird kein Kanal zum Medium erstellt, wird der vorkonfigurierte Standardkanal verwendet.

Befehlssyntax für die Verwendung von CROSSCHECK:
```
CROSSCHECK [BACKUP | COPY] OF
[DATABASE | TABLESPACE tbs1,tbs2,..,tbsn | datafile 1,2,..,n];
```

Durchführung von CROSSCHECK für Backupsets:
```
RMAN> crosscheck backup of database;

Kanal ORA_DISK_1 wird benutzt
Kanal ORA_DISK_2 wird benutzt
Backup Piece auf Übereinstimmung geprüft: 'EXPIRED' ermittelt
Backup Piece-Handle=C:\APP\..\O1_MF_NNNDF_TAG20090530T163538_522K1WOH_.BKP
RECID=5 STAMP=688235740
1 Objekte auf Übereinstimmung geprüft


RMAN> list backup of database;


Liste mit Backup Sets
=====================

BS-Schlüssel  Typ LV-Größe       Gerätetyp Abgelaufene Zeit Abschlusszeit
------------  --- ----------     --------- ---------------- -------------
264           Full    136.88M    DISK      00:01:10         30.05.09
        BP-Schlüssel: 266   Status: EXPIRED          Tag:
TAG20090530T163538
           Piece-Name: C:\APP\..\O1_MF_NNNDF_TAG20090530T163538_522K1WOH_.BKP
  Liste mit Datendateien in Backup Set 264
  Datei LV Typ Ckp SCN    Ckp Zeit Name
  ---- -- ---- ---------- -------- ----
  1        Full 962921    30.05.09 C:\APP\ORADATA\ORCL\SYSTEM01.DBF
  3        Full 962921    30.05.09 C:\APP\ORADATA\ORCL\UNDOTBS01.DBF
  4        Full 962921    30.05.09 C:\APP\ORADATA\ORCL\USERS01.DBF
```

Verwaltung des Sicherungskatalogs

Durchführung von CROSSCHECK für Image-Kopien:
```
RMAN> crosscheck copy of database;

Freigegebener Kanal: ORA_DISK_1
Freigegebener Kanal: ORA_DISK_2
Zugewiesener Kanal: ORA_DISK_1
Kanal ORA_DISK_1: SID=126 Device-Typ=DISK
Zugewiesener Kanal: ORA_DISK_2
Kanal ORA_DISK_2: SID=124 Device-Typ=DISK
Überprüfung der Datendateikopie erfolgreich
Dateiname der Datendateikopie=C:\APP\..\O1_MF_SYSTEM_522FLB4D_.DBF RECID=2
STAMP=688232206
Überprüfung der Datendateikopie erfolgreich
Dateiname der Datendateikopie=C:\APP\..\O1_MF_SYSAUX_522FMQYR_.DBF RECID=3
STAMP=688232254
Überprüfung der Datendateikopie erfolgreich
Dateiname der Datendateikopie=C:\APP\..\O1_MF_UNDOTBS1_522FONY8_.DBF RECID=6
STAMP=688232282
Überprüfung der Datendateikopie erfolgreich
Dateiname der Datendateikopie=C:\APP\..\O1_MF_USERS_522FP00Z_.DBF RECID=8
STAMP=688232288
Überprüfung der Datendateikopie erfolgreich
Dateiname der Datendateikopie=C:\APP\..\O1_MF_EXAMPLE_522FO5JM_.DBF RECID=4
STAMP=688232268
Überprüfung der Datendateikopie erfolgreich
Dateiname der Datendateikopie=C:\APP\..\O1_MF_RCAT_522FOF4W_.DBF RECID=5
STAMP=688232274
6 Objekte auf Übereinstimmung geprüft
```

Müssen nun die gefundenen und verwaisten Einträge aus dem Katalog entfernt werden, wird der Befehl DELETE EXPIRED ausgeführt.

Löschen verwaister Backupsets:
```
DELETE EXPIRED BACKUP;
```

Beispiel für das Löschen verwaister Backupsets:
```
RMAN> delete expired backup;

Vollständige Neusynchronisation des Recovery-Katalogs wird begonnen
Vollständige Neusynchronisation abgeschlossen
Kanal ORA_DISK_1 wird benutzt

Liste mit Backup Pieces
BP Schl  BS Schl  Pc# Cp# Status       Gerätetyp Stückname
-------  -------  --- --- -----------  --------- ----------
266      264      1   1   EXPIRED      DISK      C:\APP\..
\O1_MF_NNNDF_TAG20090530T163538_522K1WOH_.BKP

Möchten Sie die obigen Objekte wirklich löschen (geben Sie YES oder NO ein)?y
Backup Piece gelöscht
Backup Piece-Handle=C:\APP\..\O1_MF_NNNDF_TAG20090530T163538_522K1WOH_.BKP
RECID=5 STAMP=688235740
1 EXPIRED Objekte gelöscht
```

Löschen verwaister Image-Kopien:
```
DELETE EXPIRED COPY;
```

Beispiel für das Löschen verwaister Image-Kopien:
```
RMAN> delete expired copy;

Zugewiesener Kanal: ORA_DISK_1
Kanal ORA_DISK_1: SID=126 Device-Typ=DISK
Spezifikation stimmt mit keinem Archive Log im Recovery-Katalog überein
Liste mit Datendatei-Kopien
=========================

Schlüssel   Datei S Abschlusszeit Ckp SCN     Ckp Zeit
-------    ----- - ------------- ----------  -------------
67          2   X  30.05.09        957537    30.05.09
            Name: C:\APP\..\O1_MF_SYSAUX_522FMQYR_.DBF
            Tag:  TAG20090530T153609

Möchten Sie die obigen Objekte wirklich löschen (geben Sie YES oder NO ein)?y
Datendateikopie gelöscht
Dateiname der Datendateikopie=C:\APP\..\O1_MF_SYSAUX_522FMQYR_.DBF RECID=3
STAMP=688232254
1 EXPIRED Objekte gelöscht
```

9.9. Statusänderung von Backupsets und Kopien mit CHANGE

Innerhalb des Sicherungskatalogs kann der Status von Backupsets und Kopien geändert werden, um sie beispielsweise als nicht verfügbar zu markieren, weil sie temporär von ihrem ursprünglich erzeugten Sicherungsort entfernt wurden.

9.9.1. Backupsets und Kopien als nicht verfügbar markieren

Die Möglichkeit, ein Backupset oder eine Kopie auf „nicht verfügbar" zu setzen, besteht nicht für Sicherungen in der Flash Recovery Area.

Befehlssyntax für das Anwenden des Befehls CHANGE:
```
CHANGE [BACKUP | COPY]
OF [DATABASE | TABLESPACE tbs1,tbs2,..,tbsn | datafile 1,2,..,n]
[AVAILABLE | UNAVAILABLE];
```

Ein Backupset als nicht verfügbar markieren:
```
RMAN> change backup of database tag='TAG20091231T105823' unavailable;

geändertes Backup Piece nicht verfügbar
Backup Piece-Handle=C:\BACKUP\0IL29F6G_1_1.BAK RECID=10 STAMP=707050713
1 Objekte in Status UNAVAILABLE geändert

RMAN> list backup of database;


Liste mit Backup Sets
==================


BS-Schlüssel  Typ LV-Größe      Gerätetyp Abgelaufene Zeit Abschlusszeit
-------      ---- -- ---------- --------- ---------------- -------------
1239         Full    203.01M    DISK      00:01:32         31.12.09
```

Verwaltung des Sicherungskatalogs

```
          BP-Schlüssel: 1242    Status: UNAVAILABLE              ag:
TAG20091231T105823
          Piece-Name: C:\BACKUP\0IL29F6G_1_1.BAK
   Liste mit Datendateien in Backup Set 1239
   Datei LV Typ Ckp SCN      Ckp Zeit  Name
   ----- -- --- ----------   --------  ----
   1        Full 1002627      31.12.09  C:\APP\ORADATA\ORCL\SYSTEM01.DBF
   2        Full 1002627      31.12.09  C:\APP\ORADATA\ORCL\SYSAUX01.DBF
   3        Full 1002627      31.12.09  C:\APP\ORADATA\ORCL\UNDOTBS01.DBF
   4        Full 1002627      31.12.09  C:\APP\ORADATA\ORCL\USERS01.DBF
   5        Full 1002627      31.12.09  C:\APP\ORADATA\ORCL\EXAMPLE01.DBF
   6        Full 1002627      31.12.09  C:\APP\ORADATA\ORCL\RCAT01.DBF

RMAN> change backup of database tag='TAG20091231T105823' available;

Kanal ORA_DISK_1 wird benutzt
geändertes Backup Piece verfügbar
Backup Piece-Handle=C:\BACKUP\0IL29F6G_1_1.BAK  RECID=10 STAMP=707050713
1 Objekte in Status AVAILABLE geändert
```

9.9.2. Langzeitsicherungen

Langzeitsicherungen sind Sicherungen, die unabhängig von der Erhaltungsrichtlinie über einen bestimmten Zeitraum oder für immer aufgehoben werden können. Dafür muss das entsprechende Backupset als Langzeitsicherung markiert werden. Sicherungen, die in der Flash Recovery Area abgelegt wurden, können nicht als eine Langzeitsicherung definiert werden.

Befehlssyntax für das Markieren eines Backupsets als Langzeitsicherung:
```
CHANGE [BACKUP | COPY]
OF [DATABASE | TABLESPACE tbs1,tbs2,..,tbsn | datafile 1,2,..,n]
[TAG='Name']
[KEEP FOREVER [LOGS | NOLOGS]| KEEP UNTIL TIME [=] 'DATUM' [LOGS | NOLOGS] |
NOKEEP];
```

Durch Angabe der KEEP-Klausel wird bestimmt, wie lange eine Sicherung vorgehalten werden soll. Die Verwendung von KEEP FOREVER setzt das Vorhandensein einer Sicherungskatalogdatenbank voraus.

Vorhalten einer Sicherung für einen unbegrenzten Zeitraum:
```
RMAN> change backup of database tag='TAG20091231T105823'
2>     keep forever;

Kanal ORA_DISK_1 wird benutzt
Keep-Attribute für den Backup werden geändert
Sicherungskopie ist nie veraltet
Backup Set-Schlüssel=1239 RECID=10 STAMP=707050796

RMAN> list backup of database;

Liste mit Backup Sets
=====================

BS-Schlüssel  Typ LV-Größe       Gerätetyp Abgelaufene Zeit Abschlusszeit
------------  --- -- ----------  --------- ---------------- -------------
```

Verwaltung des Sicherungskatalogs

```
1239    Full    203.01M   DISK           00:01:32    31.12.09
        BP-Schlüssel: 1242    Status: AVAILABLE  Kompr: YES    Tag:
TAG20091231T105823
        Piece-Name: C:\BACKUP\0IL29F6G_1_1.BAK
        Behalten: BACKUP_LOGS         Bis: FOREVER
  Liste mit Datendateien in Backup Set 1239
  Datei LV Typ Ckp SCN      Ckp Zeit  Name
  ---- -- ---- ----------   --------  ----
  1        Full 1002627     31.12.09  C:\APP\ORADATA\ORCL\SYSTEM01.DBF
  2        Full 1002627     31.12.09  C:\APP\ORADATA\ORCL\SYSAUX01.DBF
  3        Full 1002627     31.12.09  C:\APP\ORADATA\ORCL\UNDOTBS01.DBF
  4        Full 1002627     31.12.09  C:\APP\ORADATA\ORCL\USERS01.DBF
  5        Full 1002627     31.12.09  C:\APP\ORADATA\ORCL\EXAMPLE01.DBF
  6        Full 1002627     31.12.09  C:\APP\ORADATA\ORCL\RCAT01.DBF
```

Vorhalten einer Sicherung bis zu einem definierten Datum:
```
RMAN> change backup of database tag='TAG20091231T105823'
2>     keep until time='01.01.2011';

Kanal ORA_DISK_1 wird benutzt
Keep-Attribute für den Backup werden geändert
Sicherungskopie ist ab Datum 01.01.11 veraltet
Backup Set-Schlüssel=1239 RECID=10 STAMP=707050796
```

Langzeitsicherungen können auch direkt mit dem BACKUP-Befehl erstellt werden. Dafür wird die Syntax des BACKUP-Befehls verwendet und zusätzlich die Option KEEP mit den entsprechenden Parametern angegeben.

Befehlssyntax für die Erstellung einer Langzeitsicherung:
```
BACKUP …
[KEEP FOREVER [LOGS | NOLOGS]| KEEP UNTIL TIME [=] 'DATUM' [LOGS | NOLOGS] |
NOKEEP];
```

Sichern eines Tablespaces als Langzeitsicherung:
```
RMAN> backup format='c:\backup\%U.bak' tablespace users
2> keep until time '01.01.2011';

Starten backup um 31.12.09
Aktuelles Log archiviert

Kanal ORA_DISK_1 wird benutzt
Sicherungskopie ist ab Datum 01.01.11 veraltet
Archive Logs, die zum Recovery anhand dieses Backup erforderlich sind, werden
gesichert
Kanal ORA_DISK_1: Vollständiges Backup Set für Datendatei wird begonnen
Kanal ORA_DISK_1: Datendateien in Backup Set werden angegeben
Dateinummer der Eingabedatatei=00004 Name=C:\..\ORCL\USERS01.DBF
Kanal ORA_DISK_1: Piece 1 wird auf 31.12.09 begonnen
Kanal ORA_DISK_1: Piece 1 auf 31.12.09 beendet
Piece Handle=C:\BACKUP\OSL29L8L_1_1.BAK Tag=TAG20091231T124154 Kommentar=NONE
Kanal ORA_DISK_1: Backup Set vollständig, abgelaufene Zeit: 00:00:01

Aktuelles Log archiviert
Kanal ORA_DISK_1 wird benutzt
Sicherungskopie ist ab Datum 01.01.11 veraltet
Archive Logs, die zum Recovery anhand dieses Backup erforderlich sind, werden
gesichert
Kanal ORA_DISK_1: Backup Set für Archive Log wird begonnen
Kanal ORA_DISK_1: Archive Logs in Backup Set werden angegeben
Eingabe-Archive-Log-Thread=1 Sequence=24 RECID=42 STAMP=707056928
```

Verwaltung des Sicherungskatalogs

```
Kanal ORA_DISK_1: Piece 1 wird auf 31.12.09 begonnen
Kanal ORA_DISK_1: Piece 1 auf 31.12.09 beendet
Piece Handle=C:\BACKUP\0TL29L92_1_1.BAK Tag=TAG20091231T124154 Kommentar=NONE
Kanal ORA_DISK_1: Backup Set vollständig, abgelaufene Zeit: 00:00:01

Kanal ORA_DISK_1 wird benutzt
Sicherungskopie ist ab Datum 01.01.11 veraltet
Archive Logs, die zum Recovery anhand dieses Backup erforderlich sind, werden
gesichert
Kanal ORA_DISK_1: Vollständiges Backup Set für Datendatei wird begonnen
Kanal ORA_DISK_1: Datendateien in Backup Set werden angegeben
Aktuelle SPFILE wird in Backup Set aufgenommen
Kanal ORA_DISK_1: Piece 1 wird auf 31.12.09 begonnen
Kanal ORA_DISK_1: Piece 1 auf 31.12.09 beendet
Piece Handle=C:\BACKUP\0UL29L9C_1_1.BAK Tag=TAG20091231T124154 Kommentar=NONE
Kanal ORA_DISK_1: Backup Set vollständig, abgelaufene Zeit: 00:00:01

Kanal ORA_DISK_1 wird benutzt
Sicherungskopie ist ab Datum 01.01.11 veraltet
Archive Logs, die zum Recovery anhand dieses Backup erforderlich sind, werden
gesichert
Kanal ORA_DISK_1: Vollständiges Backup Set für Datendatei wird begonnen
Kanal ORA_DISK_1: Datendateien in Backup Set werden angegeben
Aktuelle Kontrolldatei wird in Backup Set aufgenommen
Kanal ORA_DISK_1: Piece 1 wird auf 31.12.09 begonnen
Kanal ORA_DISK_1: Piece 1 auf 31.12.09 beendet
Piece Handle=C:\BACKUP\0VL29L9L_1_1.BAK Tag=TAG20091231T124154 Kommentar=NONE
Kanal ORA_DISK_1: Backup Set vollständig, abgelaufene Zeit: 00:00:01
Beendet backup um 31.12.09
```

Bis Oracle 10g besteht bei Langzeitsicherungen das Problem, dass bei Online-Sicherungen alle Archive seit Erstellung der Sicherung beibehalten werden müssen. Soll eine Sicherung erzeugt werden, die nur konsistent bis zu ihrer Erstellung ist, so muss die Sicherung in der MOUNT-Phase der Datenbank mit der Option NOLOGS durchgeführt werden. Ist die Datenbank geöffnet und es wird die Option NOLOGS bei der Erstellung einer Langzeitsicherung angegeben, liefert der Recovery Manager einen Fehler.

Versuch der Erstellung einer Langzeitsicherung mit NOLOGS in der OPEN-Phase der Datenbank:
```
RMAN> backup as compressed backupset format='c:\backup\%U.bak' database
2>     keep forever nologs;

Starten backup um 31.12.09
Vollständige Neusynchronisation des Recovery-Katalogs wird begonnen
Vollständige Neusynchronisation abgeschlossen
Kanal ORA_DISK_1 wird benutzt
Sicherungskopie ist nie veraltet
Archive Logs werden nicht beibehalten oder gesichert
RMAN-00571: ===========================================================
RMAN-00569: =============== ERROR MESSAGE STACK FOLLOWS ===============
RMAN-00571: ===========================================================
RMAN-03002: Fehler bei backup Befehl auf 12/31/2009 12:13:48
RMAN-06533: Option KEEP ... NOLOGS kann bei Fuzzy-Datendateien nicht benu
werden
```

Erst ab Oracle 11g besteht die Möglichkeit, eine in sich abgeschlossene Online-Sicherung zu erzeugen, die zu dem Zeitpunkt wiederher-

127

gestellt werden kann, zu dem sie erstellt wurde. Es werden nur die Archive in die Sicherung aufgenommen, um sie konsistent wiederherstellen zu können. Die Erstellung einer solchen Sicherung erfolgt über die Eingabe eines Wiederherstellungspunktes.

Befehlssyntax für die Erstellung einer abgeschlossenen Langzeitsicherung unter Oracle 11g:
```
BACKUP ...... KEEP FOREVER RESTORE POINT Wiederherstellungspunktname;
```

Beispiel für die Erstellung einer abgeschlossenen Langzeitsicherung unter Oracle 11g:
```
RMAN> backup as compressed backupset
2> format='c:\backup\%U.bak' database
3> keep forever restore point keepbackup1;

Starten backup um 31.12.09
Aktuelles Log archiviert

Kanal ORA_DISK_1 wird benutzt
Sicherungskopie ist nie veraltet
Archive Logs, die zum Recovery anhand dieses Backup erforderlich sind, werden
gesichert
Kanal ORA_DISK_1: komprimiertes vollständiges Backup Set von Datendatei wird
begonnen
Kanal ORA_DISK_1: Datendateien in Backup Set werden angegeben
Dateinummer der Eingabedatendatei=00001 Name=C:\..\ORCL\SYSTEM01.DBF
Dateinummer der Eingabedatendatei=00002 Name=C:\..\ORCL\SYSAUX01.DBF
Dateinummer der Eingabedatendatei=00005 Name=C:\..\ORCL\EXAMPLE01.DBF
Dateinummer der Eingabedatendatei=00006 Name=C:\..\ORCL\RCAT01.DBF
Dateinummer der Eingabedatendatei=00003 Name=C:\..\ORCL\UNDOTBS01.DBF
Dateinummer der Eingabedatendatei=00004 Name=C:\..\ORCL\USERS01.DBF
Kanal ORA_DISK_1: Piece 1 wird auf 31.12.09 begonnen
Kanal ORA_DISK_1: Piece 1 auf 31.12.09 beendet
Piece Handle=C:\BACKUP\0LL29HGL_1_1.BAK Tag=TAG20091231T113754 Kommentar=NONE
Kanal ORA_DISK_1: Backup Set vollständig, abgelaufene Zeit: 00:01:25

Aktuelles Log archiviert
Kanal ORA_DISK_1 wird benutzt
Sicherungskopie ist nie veraltet
Archive Logs, die zum Recovery anhand dieses Backup erforderlich sind, werden
gesichert
Kanal ORA_DISK_1: komprimiertes Backup Set von Archive Log wird begonnen
Kanal ORA_DISK_1: Archive Logs in Backup Set werden angegeben
Eingabe-Archive-Log-Thread=1 Sequence=18 RECID=30 STAMP=707053173
Kanal ORA_DISK_1: Piece 1 wird auf 31.12.09 begonnen
Kanal ORA_DISK_1: Piece 1 auf 31.12.09 beendet
Piece Handle=C:\BACKUP\0ML29HJN_1_1.BAK Tag=TAG20091231T113754 Kommentar=NONE
Kanal ORA_DISK_1: Backup Set vollständig, abgelaufene Zeit: 00:00:01

Kanal ORA_DISK_1 wird benutzt
Sicherungskopie ist nie veraltet
Archive Logs, die zum Recovery anhand dieses Backup erforderlich sind, werden
gesichert
Kanal ORA_DISK_1: komprimiertes vollständiges Backup Set von Datendatei wird
begonnen
Kanal ORA_DISK_1: Datendateien in Backup Set werden angegeben
Aktuelle SPFILE wird in Backup Set aufgenommen
Kanal ORA_DISK_1: Piece 1 wird auf 31.12.09 begonnen
Kanal ORA_DISK_1: Piece 1 auf 31.12.09 beendet
Piece Handle=C:\BACKUP\0NL29HK0_1_1.BAK Tag=TAG20091231T113754 Kommentar=NONE
Kanal ORA_DISK_1: Backup Set vollständig, abgelaufene Zeit: 00:00:02
```

```
Kanal ORA_DISK_1 wird benutzt
Sicherungskopie ist nie veraltet
Archive Logs, die zum Recovery anhand dieses Backup erforderlich sind, werden
gesichert
Kanal ORA_DISK_1: komprimiertes vollständiges Backup Set von Datendatei wird
begonnen
Kanal ORA_DISK_1: Datendateien in Backup Set werden angegeben
Aktuelle Kontrolldatei wird in Backup Set aufgenommen
Kanal ORA_DISK_1: Piece 1 wird auf 31.12.09 begonnen
Kanal ORA_DISK_1: Piece 1 auf 31.12.09 beendet
Piece Handle=C:\BACKUP\0OL29HKA_1_1.BAK Tag=TAG20091231T113754 Kommentar=NONE
Kanal ORA_DISK_1: Backup Set vollständig, abgelaufene Zeit: 00:00:01
Beendet backup um 31.12.09
```

9.10. Sicherungen katalogisieren mit CATALOG

Der Recovery Manager kann Datendateien von Sicherungen nur dann wiederherstellen, wenn sie im Sicherungskatalog inventarisiert sind. Sind Einträge aus dem Sicherungskatalog entfernt worden, die Sicherungen aber auf einem Sicherungsmedium vorhanden, so können sie mit dem Befehl CATALOG dem Katalog wieder hinzugefügt werden.

Befehlssyntax für die Wiederaufnahme von Backupsets in den Sicherungskatalog:
```
CATALOG [DEVICE TYPE DISK | SBT]
[BACKUPPICE | ARCHIVELOG | CONTROLFILECOPY | DATAFILECOPY]
'Datei1', 'Datei2',..., 'DateiN';
```

Beispiel für das Hinzufügen einer Sicherung zum Sicherungskatalog:
```
RMAN> catalog backuppiece 'C:\backup\0LL29HGL_1_1.BAK';

Backup Piece katalogisiert
Backup Piece-Handle=C:\BACKUP\0LL29HGL_1_1.BAK RECID=22 STAMP=707058680
```

Sind Sicherungen vorhanden, die über einen benutzerdefinierten Sicherungsvorgang erstellt wurden, beispielsweise durch Kopieren mit Betriebssystemmitteln, so besteht die Möglichkeit, diese Kopien ebenfalls nachträglich dem Sicherungskatalog bekannt zu machen.

Befehlssyntax für das Aufnehmen von Image-Kopien in den Sicherungskatalog:
```
CATALOG DATAFILECOPY 'Datei1', 'Datei2',..., 'DateiN';
```

Verwaltung des Sicherungskatalogs

Erzeugen einer benutzerdefinierten Sicherung und nachträgliche Katalogisierung:

```
C:\> sqlplus / as sysdba
......
SQL> SELECT NAME FROM V$DATAFILE;
NAME
------------------------------------------------------
C:\APP\ORADATA\ORCL\SYSTEM01.DBF
C:\APP\ORADATA\ORCL\SYSAUX01.DBF
C:\APP\ORADATA\ORCL\UNDOTBS01.DBF
C:\APP\ORADATA\ORCL\USERS01.DBF
C:\APP\ORADATA\ORCL\EXAMPLE01.DBF
C:\APP\ORADATA\ORCL\DATABASE\RCAT01.DBF
6 Zeilen ausgewählt.

SQL> ALTER TABLESPACE USERS BEGIN BACKUP;
Tablespace wurde geändert.

SQL> host copy C:\APP\ORADATA\ORCL\USERS01.DBF C:\BACKUP\USERS01.BAK
     1 Datei(en) kopiert.

SQL> ALTER TABLESPACE USERS END BACKUP;
Tablespace wurde geändert.

SQL> exit
......

C:\>rman target / catalog rmanuser/rman4711_123
......
Mit Ziel-Datenbank verbunden: ORCL (DBID=1216010750)
Verbindung mit Datenbank des Recovery-Katalogs

RMAN> catalog datafilecopy 'c:\backup\USERS01.BAK';
Datendateikopie katalogisiert
Dateiname der Datendateikopie=C:\BACKUP\USERS01.BAK RECID=10 STAMP=707061185
```

Ab Oracle 10g können alle Sicherungen, die in einem bestimmten Ordner liegen, mit einem einzigen Befehl dem Katalog wieder hinzugefügt werden.

Befehlssyntax für das Hinzufügen aller Sicherungen in einem Ordner:
`CATALOG START WITH 'Ordner';`

Hinzufügen von Sicherungen zum Katalog, die sich in einem Ordner befinden:

```
RMAN> catalog start with 'c:\backup\';
Suche nach allen Dateien, die mit dem Muster c:\backup\ übereinstimmen
Datenbank kennt Dateiliste nicht
=======================================
Dateiname: C:\BACKUP\0ML29HJN_1_1.BAK
Dateiname: C:\BACKUP\0NL29HK0_1_1.BAK
Dateiname: C:\BACKUP\0OL29HKA_1_1.BAK
Dateiname: C:\BACKUP\0SL29L8L_1_1.BAK
Dateiname: C:\BACKUP\0TL29L92_1_1.BAK
Dateiname: C:\BACKUP\0UL29L9C_1_1.BAK
Dateiname: C:\BACKUP\0VL29L9L_1_1.BAK
Möchten Sie die obigen Dateien wirklich katalogisieren (geben Sie YES oder NO
ein)? y

Dateien werden katalogisiert...
Katalogisierung erfolgt
```

```
Liste mit katalogisierten Dateien
=============================
Dateiname: C:\BACKUP\0ML29HJN_1_1.BAK
Dateiname: C:\BACKUP\0NL29HK0_1_1.BAK
Dateiname: C:\BACKUP\0OL29HKA_1_1.BAK
Dateiname: C:\BACKUP\0SL29L8L_1_1.BAK
Dateiname: C:\BACKUP\0TL29L92_1_1.BAK
Dateiname: C:\BACKUP\0UL29L9C_1_1.BAK
Dateiname: C:\BACKUP\0VL29L9L_1_1.BAK
```

9.11. Gespeicherte Sicherungsskripte

Bei der Verwendung einer Sicherungskatalogdatenbank können Sicherungsskripte erstellt und in der Katalogdatenbank abgelegt werden. Diese Sicherungsskripte stehen dann einer oder allen Zieldatenbanken der Sicherungskatalogdatenbank zur Verfügung.

9.11.1. Erstellen von gespeicherten Sicherungsskripten

Gespeicherte Sicherungsskripte können alle Anweisungen beinhalten, die für die Durchführung von Sicherungen notwendig sind. Hierbei besteht die Möglichkeit der Erstellung von globalen und lokalen Sicherungsskripten, wobei lokale Skripte nur von der Zieldatenbank verwendet werden können, unter der sie erzeugt wurden. Globale Skripte können von allen im Sicherungskatalog registrierten Datenbanken verwendet werden. Wird ein globales Skript erstellt, so sollte darauf geachtet werden, dass nur Funktionen verwendet werden, die von allen Datenbankeditionen und Versionen unterstützt werden.

Befehlssyntax für die Erstellung eines gespeicherten Sicherungsskriptes:
```
CREATE [GLOBAL] SCRIPT Name
{
        ........
}
```

Beispiel der Erstellung eines globalen Sicherungsskriptes:
```
CREATE GLOBAL SCRIPT BACKUP_ALL
{
        allocate channel c1 device type sbt;
        backup as compressed backupset database
        plus archivelog delete input ;
}
```

9.11.2. Ändern und Löschen von gespeicherten Sicherungsskripten

Gespeicherte Sicherungsskripte werden nachträglich durch REPLACE geändert. Existiert das zu ändernde Skript nicht, wird es automatisch erzeugt.

Befehlssyntax für das Ändern eines gespeicherten Sicherungsskriptes:
```
REPLACE  [GLOBAL]  SCRIPT Name
{
         …….
}
```

Beispiel für das Ändern eines gespeicherten Sicherungsskriptes:
```
REPLACE GLOBAL SCRIPT BACKUP_ALL
{
         allocate channel c1 device type sbt;
         allocate channel c2 device type sbt;
         backup as compressed backupset copies 2 database
         plus archivelog delete input ;
}
```

Soll ein Skript auf Basis des Inhaltes einer Textdatei ersetzt werden, so erfolgt dieses über:

Befehlssyntax für das Ändern eines gespeicherten Sicherungsskriptes auf Basis eines Skriptes aus einer Textdatei:
```
REPLACE  [GLOBAL]  SCRIPT Name
FROM FILE 'Dateiname';
```

Beispiel für das Ändern eines gespeicherten Sicherungsskriptes auf Basis eines Skriptes aus einer Textdatei:
```
REPLACE GLOBAL SCRIPT BACKUP_ALL
FROM FILE 'c:\skripts\backup_all.txt';
```

Das Löschen von Sicherungsskripten erfolgt über den DELETE-Befehl:

Befehlssyntax für das Löschen eines gespeicherten Sicherungsskriptes:
```
DELETE SCRIPT Name;
```

Beispiel für das Löschen eines gespeicherten Sicherungsskriptes:
```
DELETE SCRIPT BACKUP_ALL;
```

9.11.3. Anzeigen von gespeicherten Skripten

Alle erstellten lokalen Skripte der Zieldatenbank und alle globalen Skripte werden mit dem Befehl LIST SCRIPT NAMES angezeigt.

Befehlssyntax für das Anzeigen aller lokal und global erstellten Sicherungsskripte:
```
LIST SCRIPT NAMES;
```

Beispiel für das Anzeigen aller lokal und global erstellten Sicherungsskripte:
```
RMAN> list script names;

Liste der gespeicherten Skripts in Recovery-Katalog

    Skripts von Zieldatenbank ORCL
       Skript-Name
       Beschreibung
    ---------------------------------------------------------------
       BACKUP_1
       BACKUP_2

    Globale Skripts
       Skript-Name
       Beschreibung
    ---------------------------------------------------------------
       BACKUP_ALL
```

Eine Auflistung von globalen Skripten veranlasst der Befehl LIST GLOBAL SCRIPT NAMES.

Befehlssyntax für das Anzeigen aller global erstellten Sicherungsskripte:
```
LIST GLOBAL SCRIPT NAMES;
```

Beispiel für das Anzeigen aller global erstellten Sicherungsskripte:
```
RMAN> list global script names;

Liste der gespeicherten Skripts in Recovery-Katalog

    Globale Skripts
       Skript-Name
       Beschreibung
    ---------------------------------------------------------------
       BACKUP_ALL
```

Soll der Quellcode eines Skriptes angezeigt werden, so wird dies mit dem PRINT-Befehl erreicht:

Befehlssyntax für das Anzeigen des Skriptinhaltes gespeicherter Sicherungsskripte:
```
PRINT [GLOBAL] SCRIPT Name;
```

Beispiel für das Anzeigen des Skriptinhaltes gespeicherter Sicherungsskripte:
```
RMAN> print global script BACKUP_ALL;

Gespeichertes globales Skript wird gedruckt: BACKUP_ALL
{
backup as compressed backupset copies 2 database
plus archivelog delete input ;
}
```

Der gesamte Inhalt eines Skriptes kann nachträglich von der Katalogdatenbank wieder in eine Textdatei gespeichert werden.

Befehlssyntax für das Abspeichern des Skriptinhaltes von gespeicherten Sicherungsskripten in eine Textdatei:
```
PRINT [GLOBAL] SCRIPT Name
TO FILE 'Dateiname';
```

Beispiel für das Abspeichern des Skriptinhaltes von gespeicherten Sicherungsskripten in eine Textdatei:
```
RMAN> print global script BACKUP_ALL
2> to file 'c:\skripts\backup_all.txt';

Globales Skript BACKUP_ALL in Datei c:\skripts\backup_all.txt geschrieben
```

9.11.4. Ausführen von gespeicherten Sicherungsskripten

Die Ausführung eines gespeicherten Sicherungsskriptes erfolgt in einem Ausführungsblock mit der Anweisung:

Befehlssyntax für das Ausführen von Sicherungsskripten:
```
RUN
{
        EXECUTE [GLOBAL] SCRIPT Name;
}
```

Beispiel für das Ausführen von Sicherungsskripten:
```
RMAN> run
2> {
3>    execute global script BACKUP_ALL;
4> }
Globales Skript wird ausgeführt: BACKUP_ALL
Starten backup um 01.01.10
Aktuelles Log archiviert
Zugewiesener Kanal: ORA_DISK_1
Kanal ORA_DISK_1: SID=123 Device-Typ=DISK
Kanal ORA_DISK_1: komprimiertes Backup Set von Archive Log wird begonnen
Kanal ORA_DISK_1: Archive Logs in Backup Set werden angegeben
Eingabe-Archive-Log-Thread=1 Sequence=28 RECID=50 STAMP=707144862
Eingabe-Archive-Log-Thread=1 Sequence=29 RECID=52 STAMP=707149762
Eingabe-Archive-Log-Thread=1 Sequence=30 RECID=54 STAMP=707151162
......
```

9.12. Sichern der Katalogdatenbank

Da die Sicherungskatalogdatenbank ein wichtiger Bestandteil für die Sicherungsinfrastruktur der Oracle-Datenbanken ist, sollte auch für sie eine Sicherungsstrategie erarbeitet werden. Bei Verlust der Sicherungskatalogdatenbank können die Sicherungen der Datenbanken nicht wiederhergestellt werden, bis sie einer neuen Katalogdatenbank bekannt sind. Bei Totalverlust der Katalogdatenbank besteht nur die Möglichkeit, die Datenbank neu aufzubauen, bzw. es bleibt der Versuch, die noch physisch vorhandenen Sicherungen über den Befehl CATALOG dem Katalog bekannt zu machen. Da dieser Vorgang sehr aufwendig ist, ist der Sicherungskatalog durch eine geeignete Sicherungsstrategie vor Verlust zu schützen.

Der Schutz kann einmal durch eine einfache Sicherungsstrategie mit dem Recovery Manager erfolgen, aber auch durch Exportieren der Katalogdaten.

Als Sicherungskatalog ist natürlich für die Katalogdatenbank nur die Kontrolldatei zu verwenden, und es ist darauf zu achten, dass die automatische Sicherung der Kontrolldatei aktiviert ist. Ebenfalls ist zu empfehlen, die Katalogdatenbank im ARCHIVELOG-Modus zu betreiben. Danach kann die Datenbank regelmäßig mit den geeigneten Recovery Manager-Befehlen gesichert werden.

9.12.1. Sicherungsstrategien für den Sicherungskatalog

1. Aktivierung des ARCHIVELOG-Modus der Sicherungskatalogdatenbank:

```
SQL> conn sys/oracle@rcat as sysdba
Connect durchgeführt.

SQL> shutdown immediate
Datenbank geschlossen.
Datenbank dismounted.
ORACLE-Instance heruntergefahren.
SQL> startup mount
ORACLE-Instance hochgefahren.
Total System Global Area  535662592 bytes
Fixed Size                  1334380 bytes
Variable Size             268436372 bytes
Database Buffers          260046848 bytes
Redo Buffers                5844992 bytes
Datenbank mounted.
SQL> alter database archivelog;
Datenbank wurde geändert.

SQL> alter database open;
Datenbank wurde geändert.
```

2. Aktivierung Erhaltungsrichtlinie der Katalogdatenbank:
```
C:\>rman target sys/oracle@rcat
........
........
Mit Ziel-Datenbank verbunden: RCAT (DBID=1216004711)

RMAN> CONFIGURE RETENTION POLICY TO REDUNDANCY 2;

Alte RMAN-Konfigurationsparameter:
CONFIGURE RETENTION POLICY TO REDUNDANCY 1;
Neue RMAN-Konfigurationsparameter:
CONFIGURE RETENTION POLICY TO REDUNDANCY 2;
Neue RMAN-Konfigurationsparameter wurden erfolgreich gespeichert
```

3. Aktivierung der automatischen Kontrolldateisicherung:
```
RMAN> CONFIGURE CONTROLFILE AUTOBACKUP ON;

Alte RMAN-Konfigurationsparameter:
CONFIGURE CONTROLFILE AUTOBACKUP OFF;
Neue RMAN-Konfigurationsparameter:
CONFIGURE CONTROLFILE AUTOBACKUP ON;
Neue RMAN-Konfigurationsparameter wurden erfolgreich gespeichert
```

4. Tägliche Vollsicherung der Katalogdatenbank:
```
RMAN> run
2> {
3> backup as compressed backupset copies 2
4> format 's:\kopie1\cat_%c_%s_%p_%T.bak','t:\kopie2\cat_%c_%s_%p_%T.bak'
5> database
6> plus archivelog delete input;
7> delete noprompt obsolete;
8> }

Starten backup um 01.01.10
Aktuelles Log archiviert
Zugewiesener Kanal: ORA_DISK_1
Kanal ORA_DISK_1: SID=115 Device-Typ=DISK
Kanal ORA_DISK_1: komprimiertes Backup Set von Archive Log wird begonnen
Kanal ORA_DISK_1: Archive Logs in Backup Set werden angegeben
........
```

9.12.2. Export/Import des Sicherungskatalogs

Eine zusätzliche Möglichkeit der Sicherung der Katalogdatenbank besteht in einem regelmäßigen Export des Schemas des Katalogbesitzers. Sollte eine Wiederherstellung des Sicherungskatalogs nötig sein, so kann dieser Export in eine neue Datenbank importiert werden. Nach dem Importvorgang muss eine Synchronisation zwischen den Kontrolldateien der Zieldatenbanken und der Katalogdatenbank erfolgen, da eventuell eine Divergenz zwischen diesen beiden Komponenten besteht, weil eine Sicherung einer Datenbank nach dem Export zur Sicherung des Katalogs stattgefunden hat.

Durch die Synchronisation wird der Katalog für diese Datenbanken aktualisiert, weil die Metadaten dieser Sicherungen in den Kontrolldateien der Datenbanken noch vorhanden sind. Wichtig bei dieser Sicherungsstrategie ist der Parameter CONTROL_FILE_RECORD_KEEP_TIME, der bestimmt, wie lange Informationen in der Kontrolldatei verbleiben. Standardmäßig ist dieser Parameter auf sieben Tage eingestellt und sollte bei Bedarf vergrößert werden, damit keine Informationen der Kontrolldatei verloren gehen und eine Synchronisation innerhalb dieses Zeitraums möglich ist.

Der Befehl zum Exportieren dieser Metadaten des Sicherungskatalogs könnte dann folgendermaßen aussehen:
```
C:\>exp userid=rmanuser/rman4711_123@rcat file=u:\katalog_export.dmp
log=u:\catalogexport.log
........

Exportieren in WE8PC850-Zeichensatz und AL16UTF16-NCHAR-Zeichensatz durchgeführt
........
```

Die Wiederherstellung des Sicherungskatalogs bei einer neu aufgesetzten Datenbank erfolgt nur durch den Import der exportierten Daten und die Synchronisation zwischen den einzelnen im Sicherungskatalog registrierten Datenbanken.

Erstellen des Tablespaces und des Besitzers des Katalogs:
```
SQL> CREATE TABLESPACE RCAT DATAFILE
  2  DATAFILE 'C:\APP\ORADATA\ORCL\RCAT01.DBF' SIZE 50M
  3  .
SQL> CREATE TABLESPACE RCAT
  2  DATAFILE 'C:\APP\ORADATA\ORCL\RCAT01.DBF' SIZE 50M
  3  AUTOEXTEND ON NEXT 5M;

Tablespace wurde angelegt.

SQL> CREATE USER RMANUSER IDENTIFIED BY rman4711_123
  2  DEFAULT TABLESPACE RCAT QUOTA UNLIMITED ON RCAT;

Benutzer wurde erstellt.

SQL> GRANT RECOVERY_CATALOG_OWNER TO RMANUSER;

Benutzerzugriff (Grant) wurde erteilt.
```

Importieren der Katalogdaten:
```
C:\>imp userid=rmanuser/rman4711_123@rcat file=u:\katalog_export.dmp
........
........
Export-Datei wurde von EXPORT:V11.01.00 über konventionellen Pfad erstellt
Importvorgang mit Zeichensatz WE8PC850 und Zeichensatz AL16UTF16 NCHAR durchgeführt
Import-Server verwendet Zeichensatz WE8MSWIN1252 (mögliche Zeichensatzkonvertierung)
. Import RMANUSER's Objekte in RMANUSER
. . Import der Tabelle            "AL"          34 Zeilen importiert
```

```
.. Import der Tabelle            "BCB"         0 Zeilen importiert
.. Import der Tabelle            "BCF"         7 Zeilen importiert
......
```

Synchronisation des Katalogs mit den registrierten Datenbanken:
```
C:\>rman target sys/oracle@orcl catalog rmanuser/rman4711_123@rcat
........

Mit Ziel-Datenbank verbunden: ORCL (DBID=1216010750)
Verbindung mit Datenbank des Recovery-Katalogs

RMAN> resync catalog;

Vollständige Neusynchronisation des Recovery-Katalogs wird begonnen
Vollständige Neusynchronisation abgeschlossen

RMAN> exit
Recovery Manager abgeschlossen.

C:\>rman target sys/oracle@orc2 catalog rmanuser/rman4711_123@rcat
........

Mit Ziel-Datenbank verbunden: ORC2 (DBID=1216010763)
Verbindung mit Datenbank des Recovery-Katalogs

RMAN> resync catalog;

Vollständige Neusynchronisation des Recovery-Katalogs wird begonnen
Vollständige Neusynchronisation abgeschlossen
```

9.13. Sicherungskatalog-Views

Metadaten von Sicherungen der registrierten Datenbanken können auch direkt mit entsprechenden Views aus dem Katalog ausgelesen werden. Diese Views befinden sich im Schema des Sicherungskataloginhabers und beginnen mit der Präfix RC_.

```
SQL> conn rmanuser/rman4711_123
Connect durchgeführt.
SQL> SELECT VIEW_NAME
  2  FROM USER_VIEWS
  3  WHERE VIEW_NAME LIKE 'RC*_%' ESCAPE '*'
  4  ORDER BY 1;
```

9.13.1. Wichtige Katalog-Views

Archivinformationen	
RC_ARCHIVED_LOG	Archive der Datenbank
RC_BACKUP_ARCHIVELOG_DETAILS	Gesicherte Archive der Datenbank
RC_BACKUP_ARCHIVELOG_SUMMARY	Zusammenfassung gesicherter Archive
Kontrolldateisicherungen	
RC_BACKUP_CONTROLFILE	Gesicherte Kontrolldateien
RC_BACKUP_CONTROLFILE_DETAILS	Gesicherte Kontrolldateien / Details
RC_BACKUP_CONTROLFILE_SUMMARY	Gesicherte Kontrolldateien

Backupset-Informationen	
RC_BACKUP_SET	Vorhandene Backupsets
RC_BACKUP_SET_DETAILS	Vorhandene Backupsets /Details
RC_BACKUP_SET_SUMMARY	Vorhandene Backupsets
Gesicherte Datendateien	
RC_BACKUP_DATAFILE	Gesicherte Datendateien
RC_BACKUP_DATAFILE_DETAILS	Gesicherte Datendateien / Details
RC_BACKUP_DATAFILE_SUMMARY	Gesicherte Datendateien
Backup-Piece-Informationen	
RC_BACKUP_PIECE	Erstellte Pieces
RC_BACKUP_PIECE_DETAILS	Erstellte Pieces / Details
SPFILE-Sicherungen	
RC_BACKUP_SPFILE	Gesicherte SPFILES
RC_BACKUP_SPFILE_DETAILS	Gesicherte SPFILES / Details
RC_BACKUP_SPFILE_SUMMARY	Gesicherte SPFILES
Allgemeine Informationen	
RC_DATABASE	Registrierte Datenbanken
RC_DATABASE_BLOCK_CORRUPTION	Defekte Blöcke von Datenbanken
RC_DATABASE_INCARNATION	Inkarnationen
RC_DATAFILE	Datendateien der Datenbank
RC_LOG_HISTORY	Historie von Log-Gruppen-Wechsel
RC_RMAN_CONFIGURATION	Konfiguration von RMAN für diese DB
RC_TABLESPACE	Tablespaces der Datenbanken
RC_TEMPFILE	Temp-Tablespaces der Datenbanken
RC_STORED_SCRIPT	Gespeicherte Skripte
RC_STORED_SCRIPT_LINE	Code der gespeicherten Skripte

9.13.2. Beispiele zur Verwendung der Katalog-Views

Anzeigen der registrierten Datenbanken:
```
SQL> SELECT * FROM RC_DATABASE WHERE NAME='ORCL';

    DB_KEY    DBINC_KEY         DBID NAME       RESETLOGS_CHANGE# RESETLOG
---------- ---------- ---------- -------- ----------------- --------
      2619       2620   1216010750 ORCL                886308 30.05.09
```

Anzeigen der Kontrolldateisicherungen:
```
SQL> SELECT DB_NAME, SET_COUNT, BLOCK_SIZE, AUTOBACKUP_DATE
  2  FROM RC_BACKUP_CONTROLFILE
  3  WHERE DB_NAME='ORCL';
```

Verwaltung des Sicherungskatalogs

```
DB_NAME    SET_COUNT  BLOCK_SIZE AUTOBACK
-------    ---------- ---------- --------
ORCL              46       16384 31.12.09
ORCL              47       16384 31.12.09
ORCL              48       16384 31.12.09
ORCL              49       16384 31.12.09
```

Anzeigen der Recovery Manager-Konfiguration für eine Datenbank:
```
SQL> SELECT NAME, VALUE FROM RC_RMAN_CONFIGURATION
  2  WHERE DB_UNIQUE_NAME='ORCL';

NAME                      VALUE
------------------------- -------------------------------------------------
CONTROLFILE AUTOBACKUP    ON
DEVICE TYPE               DISK PARALLELISM 1 BACKUP TYPE TO BACKUPSET
```

9.14. Zusammenfassung

➢ Der Sicherungskatalog kann entweder die Kontrolldatei der Datenbank oder eine eigens dafür erstellte Datenbank sein.

➢ Vorteile der Verwendung der Kontrolldatei:
  o Ist einfach zu warten
  o Kann schnell gesichert werden

➢ Vorteile der Verwendung einer Katalogdatenbank
  o Ist zentraler Speicher aller Metadaten der zu sichernden Datenbanken
  o Kann eine unbegrenzte Größe erreichen
  o Kann Sicherung beliebig lange inventarisieren

➢ Sicherungen können nicht wiederhergestellt werden, wenn deren Metadaten im Sicherungskatalog nicht mehr verfügbar sind.

➢ Erstellen einer Sicherungskatalogdatenbank
  o Erstellung eines Tablespaces für die Objekte des Sicherungskatalogs
  o Erstellung eines Benutzers, dem die Objekte des Sicherungskatalogs zugeordnet werden
  o Erteilung von Berechtigungen an den Besitzer des Sicherungskatalogs
  o Erstellung des Sicherungskatalogs unter dem Besitzer mit dem Recovery Manager
  o Einmalige Registrierung der Datenbanken, die den Sicherungskatalog verwenden sollen
  o Sichern der registrierten Datenbanken mit einer zusätzlichen Verbindung zum Sicherungskatalog

➢ Datenbanken, deren Metadaten-Sicherungen in der Sicherungskatalogdatenbank aufgenommen werden sollen, müssen mit REGISTER DATABASE registriert werden.

➢ Die Synchronisation der Metadaten zwischen Sicherungskatalog und Kontrolldatei der Zieldatenbank erfolgt automatisch oder kann manuell mit dem Befehl RESYNC CATALOG durchgeführt werden.

- Wurde eine Zieldatenbank auf eine neuere Version aktualisiert, dann muss auch der Sicherungskatalog für diese Datenbank aktualisiert werden.

- Die Aktualisierung wird durch Eingabe des Befehls UPGRADE CATALOG erreicht. Dafür muss der Befehl zweimal eingegeben werden, wobei die zweite Eingabe die Bestätigung für die Ausführung ist.

- Unabhängig von der Verwendung der Kontrolldatei oder einer Datenbank als Sicherungskatalog können mit dem Befehl LIST die durchgeführten Sicherungen angezeigt werden.

- Mithilfe des REPORT-Befehls werden die Sicherungsnotwendigkeit sowie die physikalische Struktur der Datenbank ausgegeben.

- Datenbanksicherungen sollten nicht direkt vom Sicherungsmedium gelöscht werden. Für das Löschen der Sicherungen wird der DELETE-Befehl des Recovery Managers verwendet.

- Der Abgleich zwischen Katalogmetadaten und Sicherungsmedium wird mit dem Befehl CROSSCHECK durchgeführt.

- Mit CROSSCHECK gefundene verwaiste Einträge werden mit dem Befehl DELETE EXPIRED aus dem Sicherungskatalog entfernt.

- Statusänderungen von Sicherungen erfolgen mit dem Befehl CHANGE, um sie als nicht verfügbar zu markieren, weil sie temporär von ihrem ursprünglich erzeugten Sicherungsort entfernt wurden.

- Langzeitsicherungen sind Sicherungen, die unabhängig von der Erhaltungsrichtlinie über einen bestimmten Zeitraum oder für immer aufgehoben werden.

- Sind Einträge aus dem Sicherungskatalog entfernt worden, die Sicherungen aber auf einem Plattenlaufwerk vorhanden, so können sie mit dem Befehl CATALOG dem Katalog wieder hinzugefügt werden.

- Gespeicherte Sicherungsskripte werden in Verbindung mit einer Sicherungskatalogdatenbank verwendet und können alle Anweisungen beinhalten, die für die Durchführung von Sicherungen notwendig sind.

- Für den Sicherungskatalog muss eine eigene Sicherungsstrategie verwendet werden. Ohne den Sicherungskatalog können keine Sicherungen zurückgespielt werden.

- Metadaten von Sicherungen und der registrierten Datenbanken können direkt mit den RC_ Views des Katalogbesitzers aus dem Katalog ausgelesen werden.

9.15. Auf einen Blick

Befehle:

REGISTER DATABASE;	Datenbank im Katalog registrieren.
UNREGISTER DATABASE;	Datenbank aus dem Katalog entfernen.
RESYNC CATALOG;	Katalog mit Kontrolldatei synchronisieren.
REPORT SCHEMA;	Physikalische Struktur der Datenbank ausgeben.
UPGRADE CATALOG;	Upgrade des Katalogs auf eine neuere Version
LIST BACKUP;	Auflisten aller Backupsets
LIST BACKUP OF DATABASE;	Sicherungen der gesamten Datenbank anzeigen.
LIST BACKUP OF TABLESPACE USERS;	Backupset-Sicherungen anzeigen, die den Tablespace USERS beinhalten.
LIST BACKUP OF DATAFILE 1,2,3;	Backupset-Sicherungen anzeigen, die die Datendatei 1,2 und 3 beinhalten.
LIST COPY;	Erzeugte Image-Kopien anzeigen.
LIST COPY OF DATABASE;	Image-Kopien der Datenbank anzeigen.
LIST COPY OF CONTROLFILE;	Image-Kopien der Kontrolldatei anzeigen.
LIST COPY OF DATAFILE 1,2,3;	Image-Kopien der Datendateien 1,2 und 3 anzeigen.
LIST COPY OF ARCHIVELOG ALL;	Alle Archiv-Kopien anzeigen.
REPORT NEED BACKUP;	Anzeigen von Datendateien, die die vorkonfigurierte Erhaltungsrichtlinie nicht erfüllen
REPORT NEED BACKUP REDUNDANCY 5;	Datendateien anzeigen, die nicht die geforderte Anzahl von Sicherungen besitzen.
REPORT NEED BACKUP RECOVERY WINDOW OF 3 DAYS;	Anzeigen der Datendateien, die gesichert werden müssen, um das angegebene Wiederherstellungsfenster erfüllen zu können
DELETE OBSOLETE;	Löschen veralteter Sicherungen auf Basis der Erhaltungsrichtlinie
DELETE BACKUPSET 61;	Löschen von Backupsets auf Basis der Backupset-Nummer
DELETE BACKUPSET TAG='FULLBU01012009';	Löschen von Backupsets auf Basis des Tags
DELETE DATAFILECOPY 66;	Löschen einer Image-Kopie auf Basis der Kopienummer
DELETE CONTROLFILECOPY 71;	Löschen einer Kontrolldateikopie auf Basis der Kopienummer
DELETE ARCHIVELOG UNTIL SEQUENCE 9;	Löschen von Archiven bis zu einer Sequenznummer

DELETE ARCHIVELOG ALL;	Löschen aller Archive
DELETE FORCE BACKUPSET 263;	Löschen mit FORCE: Löscht die Sicherung, auch wenn sie physisch nicht mehr vorhanden ist.
DELETE NOPRMPT OBSOLETE;	Löschen mit NOPRMPT: Gibt keine Abfrage zur Bestätigung des Löschvorgangs zurück.
CROSSCHECK BACKUP OF DATABASE;	Führt einen Abgleich zwischen Einträgen des Katalogs und Sicherungen auf dem Medium aus.
DELETE EXPIRED BACKUP;	Löschen von verwaisten Einträgen des Katalogs, die mit CROSSCHECK gefunden wurden
CHANGE BACKUP OF DATABASE TAG='FULLB' UNAVAILABLE;	Ein Backupset als nicht verfügbar markieren.
CHANGE BACKUP OF DATABASE TAG='FULLB' KEEP FOREVER;	Eine Sicherung für immer vorhalten.
CHANGE BACKUP OF DATABASE TAG='FULLB' KEEP UNTIL TIME='01.01.2011';	Eine Sicherung bis zu einem definierten Datum vorhalten.
BACKUP FORMAT='C:\BACKUP\%U.BAK' TABLESPACE USERS KEEP UNTIL TIME '01.01.2011';	Erzeugen einer Langzeitsicherung für den Tablespace USERS
BACKUP FORMAT='C:\BACKUP\%U.BAK' TABLESPACE USERS KEEP UNTIL TIME '01.01.2011';	Erzeugen einer Langzeitsicherung für die gesamte Datenbank
BACKUP AS COMPRESSED BACKUPSET FORMAT='C:\BACKUP\%U.BAK' DATABASE KEEP FOREVER RESTORE POINT KEEPBACKUP1;	Erzeugen einer Langzeitsicherung für die gesamte Datenbank ohne Vorhalten der Archive (ab 11g möglich)
CATALOG BACKUPPIECE 'C:\BACKUP\BU_ORCL.BAK';	Backupset im Katalog inventarisieren.
CATALOG DATAFILECOPY 'C:\BACKUP\USERS01.BAK';	Image-Kopie im Katalog inventarisieren.
CATALOG START WITH 'C:\BACKUP\';	Alle Backupsets eines Ordners inventarisieren (ab 10g möglich).
CREATE GLOBAL SCRIPT BACKUP_ALL { ALLOCATE CHANNEL C1 DEVICE TYPE SBT; BACKUP AS COMPRESSED BACKUPSET DATABASE PLUS ARCHIVELOG DELETE INPUT ; }	Erzeugen eines globalen Sicherungsskripts in der Sicherungskatalogdatenbank
REPLACE GLOBAL SCRIPT BACKUP_ALL { ALLOCATE CHANNEL C1 DEVICE TYPE SBT; ALLOCATE CHANNEL C2 DEVICE TYPE SBT; BACKUP AS COMPRESSED BACKUPSET COPIES 2 DATABASE PLUS ARCHIVELOG DELETE INPUT ; }	Ändern eines Sicherungsskripts in der Sicherungskatalogdatenbank
DELETE SCRIPT BACKUP_ALL;	Löschen eines Skriptes aus der Sicherungskatalogdatenbank
LIST SCRIPT NAMES;	Anzeigen der verfügbaren globalen und lokalen Skripte der Katalogda-

Verwaltung des Sicherungskatalogs

LIST GLOBAL SCRIPT NAMES;	tenbank Anzeigen der globalen Skripte der Datenbank
PRINT GLOBAL SCRIPT BACKUP_ALL;	Anzeigen des Skriptinhalts eines globalen Skripts
PRINT SCRIPT BACKUP_ALL;	Anzeigen des Skriptinhalts eines lokalen Skripts
PRINT GLOBAL SCRIPT BACKUP_ALL TO FILE 'C:\SKRIPTS\BACKUP_ALL.TXT';	Globales Skript in eine Datei speichern.

RUN
{
EXECUTE GLOBAL SCRIPT BACKUP_ALL;
}
	Ausführen eines gespeicherten Skripts

Sicherungskatalog-Views *Archivinformationen*	
RC_ARCHIVED_LOG	Archive der Datenbank
RC_BACKUP_ARCHIVELOG_DETAILS	Gesicherte Archive der Datenbank
RC_BACKUP_ARCHIVELOG_SUMMARY	Zusammenfassung gesicherter Archive
Kontrolldateisicherungen	
RC_BACKUP_CONTROLFILE	Gesicherte Kontrolldateien
RC_BACKUP_CONTROLFILE_DETAILS	Gesicherte Kontrolldateien / Details
RC_BACKUP_CONTROLFILE_SUMMARY	Gesicherte Kontrolldateien
Backupset-Informationen	
RC_BACKUP_SET	Vorhandene Backupsets
RC_BACKUP_SET_DETAILS	Vorhandene Backupsets /Details
RC_BACKUP_SET_SUMMARY	Vorhandene Backupsets
Gesicherte Datendateien	
RC_BACKUP_DATAFILE	Gesicherte Datendateien
RC_BACKUP_DATAFILE_DETAILS	Gesicherte Datendateien / Details
RC_BACKUP_DATAFILE_SUMMARY	Gesicherte Datendateien
Backup-Piece-Informationen	
RC_BACKUP_PIECE	Erstellte Pieces
RC_BACKUP_PIECE_DETAILS	Erstellte Pieces / Details
SPFILE-Sicherungen	
RC_BACKUP_SPFILE	Gesicherte SPFILES
RC_BACKUP_SPFILE_DETAILS	Gesicherte SPFILES / Details
RC_BACKUP_SPFILE_SUMMARY	Gesicherte SPFILES
Allgemeine Informationen	
RC_DATABASE	Registrierte Datenbanken
RC_DATABASE_BLOCK_CORRUPTION	Defekte Blöcke von Datenbanken
RC_DATABASE_INCARNATION	Inkarnationen
RC_DATAFILE	Datendateien der Datenbank

RC_LOG_HISTORY	Historie von Log-Gruppen-Wechsel
RC_RMAN_CONFIGURATION	Konfiguration von RMAN für diese DB
RC_TABLESPACE	Tablespaces der Datenbanken
RC_TEMPFILE	Temp-Tablespaces der Datenbanken
RC_STORED_SCRIPT	Gespeicherte Skripte
RC_STORED_SCRIPT_LINE	Code der gespeicherten Skripte

10. Wiederherstellung von Datenbanken

Die Vorgehensweise einer Datenbankwiederherstellung hängt davon ab, in welcher Art und Weise die Datenbank konfiguriert und gesichert wurde. Befindet sich die Datenbank in ARCHIVELOG-Modus, so kann sie bis zu dem Zeitpunkt wiederhergestellt werden, zu dem sie ausgefallen ist. Ein Datenverlust kann somit vermieden werden. Befindet sich die Datenbank im NOARCHIVELOG-Modus, so kann die Datenbank nur bis zu dem Zeitpunkt wiederhergestellt werden, zu dem die letzte Sicherung durchgeführt wurde. Dies liegt an fehlenden protokollierten Änderungen der Archive.

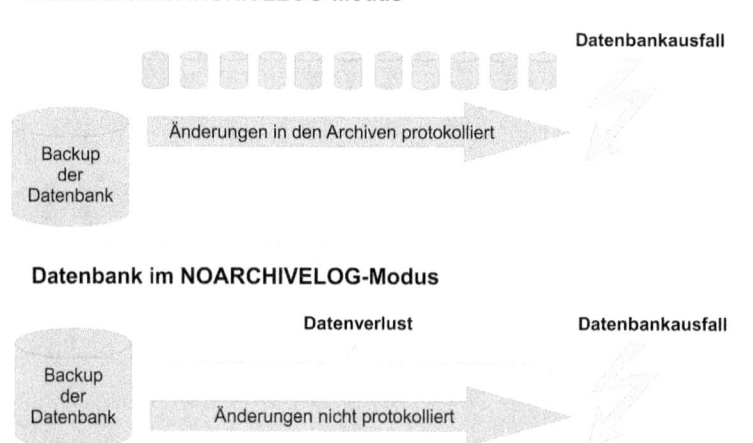

Abbildung 19. Vergleich ARCHIVELOG und NOARCHIVELOG-Modus

Zudem wird zwischen der vollständigen und der unvollständigen Wiederherstellung unterschieden. Beides ist nur möglich, wenn die Datenbank im ARCHIVELOG-Modus betrieben wird, weil für beide Arten der Wiederherstellung die protokollierten Änderungen in den Archiven vorhanden sein müssen.

Die vollständige Wiederherstellung bedeutet eine Wiederherstellung der Datenbank bis zum Ausfallzeitpunkt ohne Datenverlust. Eine unvollständige Wiederherstellung wird dann durchgeführt, wenn ein Fehler in der Datenbank vorliegt, beispielsweise durch Skript- oder Benutzerfehler, der zurückgesetzt werden muss. Dieses wird erreicht, indem eine Sicherung vor dem Fehler eingespielt wird und alle Archive bis kurz vor dem entstandenen Fehler angewendet werden.

10.1. Theorie der Wiederherstellung

Im Vorfeld wurde erwähnt, dass in Abhängigkeit der Datenbankkonfiguration unterschiedliche Arten der Wiederherstellung möglich sind. Befindet sich die Datenbank im NOARCHIVELOG-Modus, kann die Datenbank nur bis zu dem Zeitpunkt der letzten Datenbanksicherung wiederhergestellt werden. Der Datenverlust betrifft dann die Daten, die seit der letzten Sicherung bis zum Ausfall der Datenbank entstanden sind.

Es ist nicht möglich, bei Ausfall einer Datenbankdatei nur diese zu ersetzen, wenn die Datenbank im NOARCHIVELOG-Modus betrieben wird. Der Grund hierfür liegt in der Aufrechterhaltung der Konsistenz der Daten. Die Konsistenz der Daten wird mithilfe der Systemänderungsnummer der Datenbank erreicht.

Führt Oracle einen Checkpoint aus, so werden geänderte Blöcke aus dem Database-Buffer-Cache in die Datenbankdateien zurückgeschrieben. Zusätzlich aktualisiert der Checkpoint-Prozess die Datendateiheader und die Kontrolldatei mit der letzten aktuellen Systemänderungsnummer, wodurch alle Datendateien die gleiche Nummer im Header erhalten und Oracle signalisieren, dass sie zeitlich zueinander konsistent sind. Diese Nummer definiert den aktuellen Stand der Datenbank, wie im Architekturkapitel beschrieben. Wird nun bei einem Verlust einer Datenbankdatei diese durch eine ältere Datei ersetzt, so stimmt die Systemänderungsnummer dieser Datendatei nicht mit den anderen Datendateien überein, und Oracle erwartet eine Wiederherstellung dieser Datei zur Konsistenzerhaltung bis zum aktuellen Zeitpunkt der anderen Datendateien.

10.1.1. Warum ist die Konsistenz so wichtig?

Die Bedeutung der Konsistenz der Datenbank lässt sich am besten mit einer Transaktion beschreiben. Eine Transaktion besteht aus mehreren Änderungen, die als eine Einheit ausgeführt werden, was bedeutet, dass alle Änderungen erfolgreich ausgeführt werden müssen. Beim Auftreten eines Fehlers an einer oder mehreren Änderungen darf keine Änderung durchgeführt werden.

Wurden beispielsweise in einer Transaktion erfolgreich zwei Änderungen durchgeführt, deren Änderungen aber in unterschiedlichen Datendateien erfolgten, so wird beim Zurückspielen einer älteren Datendatei diese Transaktion zerstört und die Konsistenz der Daten geht verloren.

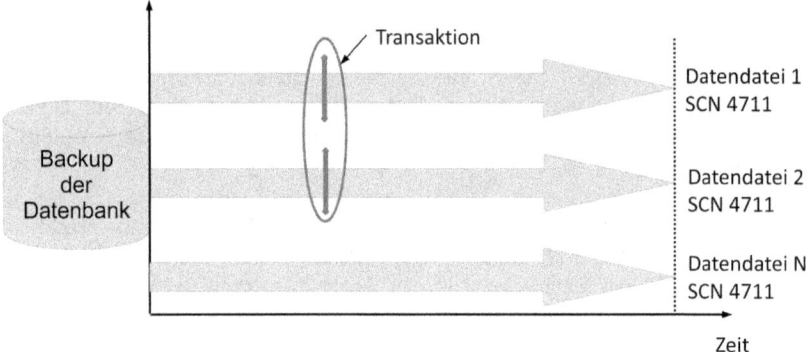

Abbildung 20: Durchführen einer Transaktion

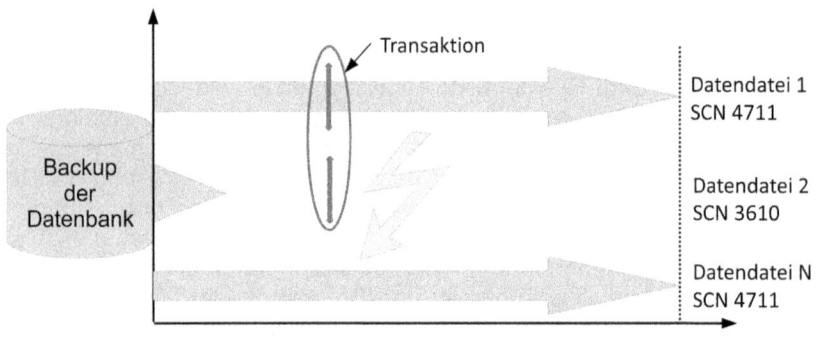

Abbildung 21: Zurückspielen einer Datenbankdatei aus einer Sicherung im NOARCHIVELOG-Modus

Nach dem Zurückspielen der Datenbankdatei aus der Sicherung ist die zweite Änderung der Transaktion nicht mehr vorhanden und somit ist die Datenbank inkonsistent. Diese Inkonsistenzen können nur dann beseitigt werden, wenn alle Änderungen, die in der Datendatei 2 stattgefunden haben, protokolliert wurden. Im ARCHIVELOG-Modus sind diese Änderungen in den Archiven vorhanden und können auf diese Datendatei angewendet werden. Befindet sich die Datenbank aber im NOARCHIVELOG-Modus, so ist die Wiederherstellung der Datendatei zum aktuellen Zustand nicht möglich. Unter diesen Umständen kann der Tablespace nicht mehr verwendet oder oder die Datenbank sogar nicht mehr geöffnet werden, bis alle Datenbankdateien zueinander konsistent sind. Da die zweite Änderung im NOARCHIVELOG-Modus nicht aus Archiven zurückgespielt werden kann, bleibt nur die Möglichkeit, alle Datenbankdateien zurückzusichern, damit alle Dateien die gleiche Systemänderungsnummer haben.

Im ARCHIVELOG-Modus sind die Archive mit den benötigten Änderungen vorhanden und werden verwendet, um die aus der Sicherung zurückgeschriebenen Datendateien auf den Stand der Datenbank zu aktualisieren.

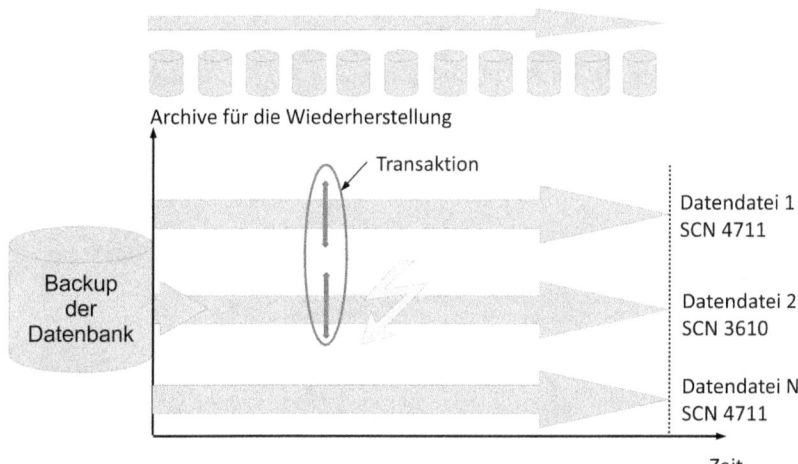

Abbildung 22: Zurückspielen einer Datenbankdatei aus einer Sicherung im ARCHIVELOG-Modus

10.2. RESTORE und RECOVER

Bei der Wiederherstellung von Datenbanken werden zwei Schritte angewendet. Der erste Schritt ist die Wiederherstellung der defekten Komponente, beispielsweise einer oder mehrerer Datendateien aus der Sicherung, indem sie durch den Recovery Manager auf ihren Ursprungsort zurückgeschrieben werden.

Befindet sich die Datenbank im NOARCHIVELOG-Modus, so muss die gesamte Datenbank zurückgeschrieben werden.

Wird die Datenbank im ARCHIVELOG-Modus betrieben, so muss die zurückgesicherte Komponente wieder auf den aktuellen Stand gebracht werden, indem die Archive auf sie angewendet werden.

Das Zurücksichern der defekten Komponenten aus der Sicherung wird über den Befehl RESTORE eingeleitet, wobei der Recovery Manager bei einer vollständigen Wiederherstellung automatisch eine geeignete Sicherung für die Wiederherstellung verwendet. Hierbei spielt es keine Rolle, welche Art von Sicherung vorliegt. Der Recovery Manager ist in der Lage, die geeignete Sicherung wiederherzustellen, egal, ob es sich um Backupsets, differenzielle Sicherungen oder Image-Kopien handelt. Bei differenziellen Sicherungen wendet der Recovery Manager die Sicherungen in der richtigen Reihenfolge an.

Im zweiten Schritt werden mithilfe des RECOVER-Befehls die notwendigen Archive auf die zurückgesicherte Komponente angewendet, um sie auf den aktuellen Stand zu bringen. Hierbei erkennt der Recovery Manager automatisch, ab welchem Archiv, in welcher Reihenfolge und von welchem Sicherungsmedium die Archive anzuwenden sind.

Durchführung einer Wiederherstellung des Tablespaces USERS mit RESTORE und RECOVER:

```
RMAN> sql'ALTER TABLESPACE USERS OFFLINE TEMPORARY';
sql statement: ALTER TABLESPACE USERS OFFLINE TEMPORARY

RMAN> restore datafile '/u01/app/oracle/oradata/orcl/users01.dbf';
Starting restore at 18-JAN-10
using channel ORA_DISK_1
channel ORA_DISK_1: restoring datafile 00004
input datafile copy RECID=10 STAMP=708618305 file
name=+DATA/orcl/datafile/users.259.707607613
destination for restore of datafile 00004:
/u01/app/oracle/oradata/orcl/users01.dbf
channel ORA_DISK_1: copied datafile copy of datafile 00004
output file name=/u01/app/oracle/oradata/orcl/users01.dbf RECID=0 STAMP=0
Finished restore at 18-JAN-10

RMAN> recover datafile '/u01/app/oracle/oradata/orcl/users01.dbf';
Starting recover at 18-JAN-10
using channel ORA_DISK_1

starting media recovery
media recovery complete, elapsed time: 00:00:00

Finished recover at 18-JAN-10

RMAN> sql'ALTER TABLESPACE USERS ONLINE';
sql statement: ALTER TABLESPACE USERS ONLINE
```

In Abhängigkeit davon, welche Komponente wiederhergestellt werden muss und ob sich die Datenbank im ARCHIVELOG-Modus befindet, kann der RESTORE- und RECOVER-Befehl entsprechend angepasst werden.

Befehlssyntax für den Befehl RESTORE zum Zurücksichern der defekten Komponente:
RESTORE DATABASE | TABLESPACE tbs1,tbs2,..,tbsn | DATAFILE 1,2,..,n;

Befehlssyntax für das Anwenden der Archive auf die defekten Komponenten:
RECOVER DATABASE [NOREDO]| TABLESPACE tbs1,tbs2,..,tbsn | DATAFILE 1,2,..,n;

10.3. Wiederherstellung im NOARCHIVELOG-Modus

Wird die Datenbank im NOARCHIVELOG-Modus betrieben, so kann die Wiederherstellung der Datenbank mit dem Recovery Manager nur in der MOUNT-Phase erfolgen, in der alle Datenbankdateien zurückgesichert werden.

Das Zurücksichern aller Datenbankdateien wird durch Ausführung des Befehls RESTORE DATABASE erreicht. Der zweite Schritt besteht im Wiederherstellen der Datenbank durch den Befehl RECOVER DATABASE. Sollten in den aktuellen Redo-Log-Dateien noch alle Änderungen seit dem letzten Backup vorhanden sein, so können diese mit dem Befehl RECOVER DATABASE nachgezogen werden. Ist dies nicht der Fall, so muss die Zusatzoption NOREDO angegeben werden, also RECOVER DATABASE NOREDO. Der letzte Schritt besteht im Öffnen der Datenbank. Dies erfolgt mit dem Befehl ALTER DATABASE OPEN RESETLOGS. Die Option RESETLOGS ist nach der Wiederherstellung notwendig, weil die aktuellen Redo-Log-Dateien zurückgesetzt werden müssen, was das Leeren des Inhaltes der Log-Dateien sowie das Zurücksetzen der Logsequenznummer beinhaltet.

Wiederherstellung einer Datenbank im NOARCHIVELOG-Modus:
```
RMAN> STARTUP MOUNT

database mounted
released channel: ORA_DISK_1

RMAN> RESTORE DATABASE;

Starting restore at 18-JAN-10
allocated channel: ORA_DISK_1
channel ORA_DISK_1: SID=23 device type=DISK

channel ORA_DISK_1: starting datafile backup set restore
channel ORA_DISK_1: specifying datafile(s) to restore from backup set
channel ORA_DISK_1: restoring datafile 00001 to
/u01/app/oracle/oradata/orcl/system01.dbf
channel ORA_DISK_1: restoring datafile 00002 to
/u01/app/oracle/oradata/orcl/sysaux01.dbf
channel ORA_DISK_1: restoring datafile 00003 to
/u01/app/oracle/oradata/orcl/undotbs01.dbf
channel ORA_DISK_1: restoring datafile 00004 to
/u01/app/oracle/oradata/orcl/users01.dbf
channel ORA_DISK_1: restoring datafile 00005 to
/u01/app/oracle/oradata/orcl/example01.dbf
```

```
channel ORA_DISK_1: reading from backup piece
+FRA/orcl/backupset/2010_01_18/nnndf0_tag20100118t144059_0.265.708619259
channel ORA_DISK_1: piece han-
dle=+FRA/orcl/backupset/2010_01_18/nnndf0_tag20100118t144059_0.265.708619259
tag=TAG20100118T144059
channel ORA_DISK_1: restored backup piece 1
channel ORA_DISK_1: restore complete, elapsed time: 00:02:10
Finished restore at 18-JAN-10

RMAN> RECOVER DATABASE NOREDO;

Starting recover at 18-JAN-10
using channel ORA_DISK_1

Finished recover at 18-JAN-10

RMAN> ALTER DATABASE OPEN RESETLOGS;

database opened

RMAN>
```

Bei zusätzlichem Verlust der Kontrolldatei oder der Parameterdatei sind weitere Schritte notwendig, die erst in späteren Kapiteln angesprochen werden.

10.4. Vollständige Wiederherstellung im ARCHIVELOG-Modus

Bei der vollständigen Wiederherstellung wird zwischen der Wiederherstellung von nicht kritischen und kritischen Datendateien unterschieden.

Die Wiederherstellung von nicht kritischen Datendateien ist die Wiederherstellung von Datendateien, die nicht zum SYSTEM- oder UNDO-Tablespace gehören. Bei der Wiederherstellung von nicht kritischen Datendateien muss in der Regel die Datenbankinstanz nicht heruntergefahren werden, und die Wiederherstellung kann in der geöffneten Instanz erfolgen.

Die Wiederherstellung von kritischen Datendateien, also von SYSTEM- oder UNDO-Tablespaces, erfordert das Abbrechen der Instanz und die Wiederherstellung der defekten Dateien in der MOUNT-Phase.

10.4.1. Grundregeln der Wiederherstellung

Bei der Wiederherstellung einer sich im ARCHIVELOG-Modus befindenden Datenbank sollten folgende Grundregeln beachtet werden.

➢ Es sollten Wiederherstellungskonzepte existieren, die im Vorfeld an Testdatenbanken erprobt wurden und bei der Wiederherstellung mit einfließen können.

➢ Während der Wiederherstellung sollten nur Personen anwesend sein, die für den Wiederherstellungsprozess verantwortlich sind, um störende Einflüsse zu vermeiden.

➢ Die Wiederherstellung der Datenbank sollte nur von Administratoren durchgeführt werden, die Erfahrung bei der Wiederherstellung von Oracle-Datenbanken gesammelt haben.

➢ Bevor die Wiederherstellung gestartet wird, sollte im Vorfeld genauestens überprüft werden, welche Komponenten wiederhergestellt werden müssen und welcher Wiederherstellungsweg zu verwenden ist.

➢ Es sollten nur die Komponenten wiederhergestellt werden, die defekt sind. Damit ist gemeint, wenn ein Tablespace mehrere Datendateien besitzt, von der nur eine ausgefallen ist, dann sollte auch nur diese Datendatei wiederhergestellt werden, um den Wiederherstellungsprozess zeitlich so kurz wie möglich zu halten.

➢ Die Datenbank sollte bei der Wiederherstellung von nicht kritischen Datendateien offen gehalten werden.

➢ Die Wiederherstellung sollte mit einer weiteren Person nach dem Vier-Augen-Prinzip erfolgen, um zusätzliche Fehler zu vermeiden.

10.4.2. Informationen über defekte Dateien

Um zu lokalisieren, welche Datendateien defekt sind, können mehrere Hilfsmittel herangezogen werden.

➤ Fehlermeldung bei einer fehlenden Datei

➤ Alert-Log-Datei der Datenbank

➤ View V$RECOVER_FILE

Fehlermeldung bei einer fehlenden Datendatei:
```
SQL> CREATE TABLE KUNDEN_BAK TABLESPACE USERS AS SELECT * FROM KUNDEN;
CREATE TABLE KUNDEN_BAK TABLESPACE USERS AS SELECT * FROM KUNDEN
                                                    *
FEHLER in Zeile 1:
ORA-01116: Fehler beim Öffnen der Datenbankdatei 4
ORA-01110: Datendatei 4: '/u01/app/oracle/oradata/orcl/users01.dbf'
ORA-27041: Datei kann nicht geoffnet werden
Linux-x86_64 Error: 2: No such file or directory
Additional information: 3
```

Eintrag in der Alert-Log-Datei unter Oracle 11g:
```
Mon Jan 18 15:41:23 2010
Errors in file
/u01/app/oracle/diag/rdbms/orcl/orcl/trace/orcl_ckpt_11789.trc:
ORA-01171: Datendatei 4 wird offline gesetzt wegen Checkpoint-Fehler im Header
ORA-01116: Fehler beim Öffnen der Datenbankdatei 4
ORA-01110: Datendatei 4: '/u01/app/oracle/oradata/orcl/users01.dbf'
ORA-27041: Datei kann nicht geöffnet werden
Linux-x86_64 Error: 2: No such file or directory
```

Inhalt der View v$recover_file:
```
SQL> SELECT FILE#,ONLINE, ONLINE_STATUS,ERROR  FROM V$RECOVER_FILE;

    FILE# ONLINE  ONLINE_ ERROR
---------- ------- ------- ---------------------------
        4 OFFLINE OFFLINE FILE NOT FOUND
```

10.4.3. Wiederherstellung nicht kritischer Datendateien im ARCHIVELOG-Modus

Die Wiederherstellung von nicht kritischen Datendateien kann in der Regel in einer geöffneten Datenbank durchgeführt werden. Dies hat den Vorteil, dass – wenn mehrere Anwendungen in der Datenbank implementiert sind – nur die Anwendung mit den defekten Datendateien während des Wiederherstellungsprozess nicht verfügbar ist. Nach der Lokalisierung der defekten Datendateien werden sie mit dem Recovery Manager wiederhergestellt.

Für die Wiederherstellung ist es erforderlich, dass die dazugehörige Datendatei oder der gesamte Tablespace offline gesetzt wird. Sollten mehrere Datendateien eines Tablespaces defekt sein, so kann der gesamte Tablespace offline gesetzt werden. Da beim normalen Offline-Setzen eines Tablespaces im Vorfeld ein Checkpoint für die Datendateien durchgeführt wird, muss eine Zusatzoption verwendet werden, um das Schreiben eines Checkpoints in die defekten Datendateien zu verhindern.

Folgende Optionen stehen für das Offline-Setzen eines Tablespaces zur Verfügung:

Befehlssyntax für das Offline-Setzen eines Tablespace:
```
ALTER TABLESPACE Name OFFLINE [NORMAL | TEMPORARY | IMMEDIATE];
```

Optionen für das Offline-Setzen eines Tablespace:

NORMAL	Schreibt einen Checkpoint in alle verfügbaren Datendateien des Tablespaces. Die Verwendung dieser Option schlägt fehl, wenn eine oder mehrere Datendateien nicht mehr verfügbar sind.
TEMPORARY	Schreibt einen Checkpoint in alle noch verfügbaren Datendateien des Tablespaces. Bei Verwendung dieser Option müssen nur die Datendateien wiederhergestellt werden, die defekt sind.
IMMEDIATE	Es wird kein Checkpoint für den Tablespace geschrieben, wodurch alle Datenbankdateien mithilfe der Archive wiederhergestellt werden müssen.

Fehlermeldung bei einer defekten Datendatei:
```
SQL> ALTER TABLE KUNDEN MOVE TABLESPACE DATA;
 alter table kunden move tablespace data
 *
FEHLER in Zeile 1:
ORA-01116: Fehler beim Offnen der Datenbankdatei 7
ORA-01110: Datendatei 7: '/u01/app/oracle/oradata/orcl/data01.dbf'
ORA-27041: Datei kann nicht geoffnet werden
Linux-x86_64 Error: 2: No such file or directory
Additional information: 3

SQL> ALTER TABLESPACE DATA OFFLINE TEMPORARY;
```

Ebenfalls kann bei Ausfall einer Datendatei nur diese und nicht der gesamte Tablespace offline gesetzt werden. Das Offline-Setzen einer Datendatei wird mit folgendem Befehl erreicht:

Offline-Setzen einer einzelnen Datendatei:
```
ALTER DATABASE DATAFILE Nummer OFFLINE;
```

Beispiel für das Offline-Setzen einer Datendatei:
```
SQL> ALTER DATABASE DATAFILE 7 OFFLINE;
Datenbank wurde geandert.
```

Nach einem Offline-Setzen einer einzelnen Datendatei ist immer ein Recovery notwendig, da bei diesem Befehl kein Checkpoint geschrieben wird.

Das Offline-Setzen von Datendateien oder Tablespaces kann mit SQL-Anweisungen aus dem Recovery Manager erfolgen:

Offline-Setzen einer Datendatei aus dem Recovery Manager:
```
[oracle@wsi ~]$ rman target /

........
........

connected to target database: ORCL (DBID=1235388781)

RMAN> sql 'ALTER DATABASE DATAFILE 7 OFFLINE';

using target database control file instead of recovery catalog
sql statement: alter database datafile 7 offline
```

Nachdem die Datendateien oder die Tablespaces offline gesetzt wurden, müssen die defekten Datendateien mit dem Befehl RESTORE vom Sicherungsmedium zurückgespielt werden. Sind nicht alle Datendateien des Tablespaces defekt, so sollten nur die defekten Datendateien mit dem Befehl RESTORE DATAFILE zurückgesichert werden. Sind alle Datendateien des Tablespaces defekt, so können in einem einzigen Vorgang mit dem Befehl RESTORE TABLESPACE alle Datendateien des Tablespace an ihren Ursprungsort zurückgeholt werden.

Zurücksichern einer einzelnen Datendatei:
```
RMAN> RESTORE DATAFILE 7;

Starting restore at 20-JAN-10
allocated channel: ORA_DISK_1
channel ORA_DISK_1: SID=56 device type=DISK

channel ORA_DISK_1: starting datafile backup set restore
channel ORA_DISK_1: specifying datafile(s) to restore from backup set
channel ORA_DISK_1: restoring datafile 00007 to
/u01/app/oracle/oradata/orcl/data01.dbf
channel ORA_DISK_1: reading from backup piece
+FRA/orcl/backupset/2010_01_18/nnndf0_tag20100118t161848_0.268.708625129
channel ORA_DISK_1: piece handle=+FRA/orcl/backupset/2010_01_18/nnndf0_tag20100118t161848_0.268.708625129 tag=TAG20100118T161848
channel ORA_DISK_1: restored backup piece 1
channel ORA_DISK_1: restore complete, elapsed time: 00:00:01
Finished restore at 20-JAN-10
```

Zurücksichern des gesamten Tablespace:
```
RMAN> RESTORE TABLESPACE DATA;

Starting restore at 20-JAN-10
using channel ORA_DISK_1
```

Wiederherstellung von Datenbanken

```
channel ORA_DISK_1: starting datafile backup set restore
channel ORA_DISK_1: specifying datafile(s) to restore from backup set
channel ORA_DISK_1: restoring datafile 00007 to
/u01/app/oracle/oradata/orcl/data01.dbf
channel ORA_DISK_1: restoring datafile 00008 to
/u01/app/oracle/oradata/orcl/data02.dbf
channel ORA_DISK_1: reading from backup piece
+FRA/orcl/backupset/2010_01_18/nnndf0_tag20100118t161848_0.268.708625129
channel ORA_DISK_1: piece han-
dle=+FRA/orcl/backupset/2010_01_18/nnndf0_tag20100118t161848_0.268.708625129
tag=TAG20100118T161848
channel ORA_DISK_1: restored backup piece 1
channel ORA_DISK_1: restore complete, elapsed time: 00:00:02
Finished restore at 20-JAN-10
```

Nach der Rücksicherung der Datendateien werden sie mit den Archiven auf den aktuellen Stand der Datenbank gebracht. Der Recovery Manager identifiziert automatisch die benötigten Archive auf Basis des Sicherungskatalogs, extrahiert sie bei Bedarf aus den Backupsets und wendet sie an.

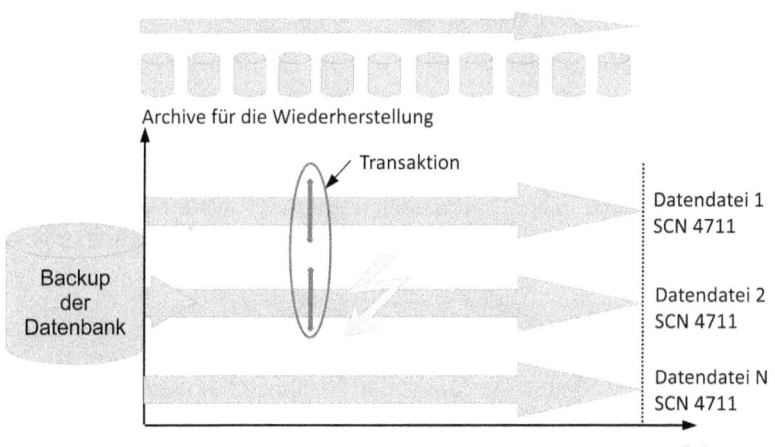

Abbildung 23: Anwenden der Archive auf die zurückgesicherten Datendateien

Wiederherstellung einer einzelnen Datendatei:
```
RMAN> RECOVER DATAFILE 7;

Starting recover at 20-JAN-10
using channel ORA_DISK_1

starting media recovery
media recovery complete, elapsed time: 00:00:01

Finished recover at 20-JAN-10
```

Wiederherstellen des gesamten Tablespace:
```
RMAN> RECOVER TABLESPACE DATA;

Starting recover at 20-JAN-10
using channel ORA_DISK_1

starting media recovery
media recovery complete, elapsed time: 00:00:03

Finished recover at 20-JAN-10
```

Nach der Wiederherstellung des Tablespaces oder der Datendateien müssen diese wieder in den Online-Zustand versetzt werden.

Online-Setzen einer Datendatei:
```
RMAN> sql'ALTER DATABASE DATAFILE 7 ONLINE';

sql statement: ALTER DATABASE DATAFILE 7 ONLINE
```

Online-Setzen des gesamten Tablespace:
```
RMAN> sql'ALTER TABLESPACE DATA ONLINE';

sql statement: ALTER TABLESPACE DATA ONLINE
```

10.4.4. Wiederherstellung von systemkritischen Datendateien im ARCHIVELOG-Modus

Sind systemkritische Datendateien defekt, so können sie nicht in einer geöffneten Instanz wiederhergestellt werden. Zu systemkritischen Datendateien gehören Datendateien, die zu den Tablespaces SYSTEM und UNDO gehören.

Für die Wiederherstellung muss sich die Datenbank in der Mount-Phase befinden, aus der die Wiederherstellung durchzuführen ist. Der Grund der Wiederherstellung aus der Mount-Phase liegt darin, dass es nicht möglich ist, den SYSTEM- oder UNDO-Tablespace in einer laufenden Instanz offline zu setzen, da diese Tablespaces essenziell für den laufenden Betrieb der Datenbank sind.

Ist eine systemkritische Datendatei defekt und die Instanz nicht selbstständig terminiert, so muss sie im Vorfeld für die Wiederherstellung mit SHUTDOWN ABORT abgebrochen und in der MOUNT-Phase gestartet werden.

Wiederherstellung von Datenbanken

Fehlermeldung bei Zugriff auf den defekten SYSTEM-Tablespace:
```
SQL> CREATE TABLE TAB_V$SYSSTAT AS SELECT * FROM V$SYSSTAT;
create table tab_v$sysstat as select * from v$sysstat
                                      *
FEHLER in Zeile 1:
ORA-01116: Fehler beim Offnen der Datenbankdatei 1
ORA-01110: Datendatei 1: '/u01/app/oracle/oradata/orcl/system01.dbf'
ORA-27041: Datei kann nicht geoffnet werden
Linux-x86_64 Error: 2: No such file or directory
Additional information: 3
```

Initiierung eines Instanzabbruchs und Starten der Instanz in der Mount-Phase:
```
RMAN> SHUTDOWN ABORT

using target database control file instead of recovery catalog
Oracle instance shut down

RMAN> STARTUP MOUNT

connected to target database (not started)
Oracle instance started
database mounted

Total System Global Area       367439872 bytes

Fixed Size                       2213456 bytes
Variable Size                  297798064 bytes
Database Buffers                62914560 bytes
Redo Buffers                     4513792 bytes
```

Nach dem Mounten der Instanz können der Tablespace bzw. die Datendateien auf herkömmlichen Weg wiederhergestellt werden:

Wiederherstellung des SYSTEM-Tablespaces aus der Sicherung:
```
RMAN> RESTORE TABLESPACE SYSTEM;

Starting restore at 20-JAN-10
allocated channel: ORA_DISK_1
channel ORA_DISK_1: SID=18 device type=DISK

channel ORA_DISK_1: starting datafile backup set restore
channel ORA_DISK_1: specifying datafile(s) to restore from backup set
channel ORA_DISK_1: restoring datafile 00001 to
/u01/app/oracle/oradata/orcl/system01.dbf
channel ORA_DISK_1: reading from backup piece
/u01/app/oracle/flash_recovery_area/ORCL/backupset/2010_01_20/o1_mf_nnndf_TAG
20100120T142817_5og17m73_.bkp
channel ORA_DISK_1: piece han-
dle=/u01/app/oracle/flash_recovery_area/ORCL/backupset/2010_01_20/o1_mf_nnndf
_TAG20100120T142817_5og17m73_.bkp tag=TAG20100120T142817
channel ORA_DISK_1: restored backup piece 1
channel ORA_DISK_1: restore complete, elapsed time: 00:01:06
Finished restore at 20-JAN-10
```

Nach der Zurücksicherung werden im zweiten Schritt die Archive für die Wiederherstellung angewendet.

Anwenden der Archive auf den Tablespace:
```
RMAN> RECOVER TABLESPACE SYSTEM;

Starting recover at 20-JAN-10
using channel ORA_DISK_1

starting media recovery

archived log for thread 1 with sequence 8 is already on disk as file
/u01/app/oracle/flash_recovery_area/ORCL/archivelog/2010_01_20/o1_mf_1_8_5og1
g4rp_.arc
archived log for thread 1 with sequence 9 is already on disk as file
/u01/app/oracle/flash_recovery_area/ORCL/archivelog/2010_01_20/o1_mf_1_9_5og1
gb05_.arc
archived log for thread 1 with sequence 10 is already on disk as file
/u01/app/oracle/flash_recovery_area/ORCL/archivelog/2010_01_20/o1_mf_1_10_5og
lgllz_.arc
archived log for thread 1 with sequence 11 is already on disk as file
/u01/app/oracle/flash_recovery_area/ORCL/archivelog/2010_01_20/o1_mf_1_11_5og
lgn6b_.arc
archived log file
name=/u01/app/oracle/flash_recovery_area/ORCL/archivelog/2010_01_20/o1_mf_1_8
_5og1g4rp_.arc thread=1 sequence=8
archived log file
name=/u01/app/oracle/flash_recovery_area/ORCL/archivelog/2010_01_20/o1_mf_1_9
_5og1gb05_.arc thread=1 sequence=9
media recovery complete, elapsed time: 00:00:02
Finished recover at 20-JAN-10
```

Der letzte Schritt besteht nur noch im Öffnen der Datenbank:

Öffnen der Datenbank nach der Wiederherstellung der systemkritischen Datendatei:
```
RMAN> ALTER DATABASE OPEN;
```

10.4.5. Verwendung von SET NEWNAME

Sollte bei der Wiederherstellung für die Datendateien ein neuer Zielort notwendig sein, weil der Ursprungsort aufgrund eines Medienfehlers nicht mehr verfügbar ist, so kann dem Recovery Manager mitgeteilt werden, dass die Wiederherstellung der Dateien an einem neuen Speicherort erfolgen soll. Durch Angabe von SET NEWNAME wird der Recovery Manager veranlasst, die entsprechenden Dateien an den angegebenen neuen Speicherort zurückzuschreiben.

Die Wiederherstellung muss innerhalb eines Ausführungsblockes erfolgen, in dem dann SET NEWNAME für die entsprechenden Datendateien verwendet wird. Nachdem SET NEWNAME angegeben wurde, werden mit dem Befehl SWITCH DATAFILE ALL die neuen Standorte der Datendateien in der Kontrolldatei abgespeichert.

Befehlssyntax für das Ändern des Speicherortes einer Datendatei:
```
SET NEWNAME FOR DATAFILE Nummer TO 'Pfad/Datei';
```

Wiederherstellung von Datenbanken

Auflistung der Datendateien und deren Dateinummern:
```
RMAN> REPORT SCHEMA;

Report of database schema for database with db_unique_name ORCL

List of Permanent Datafiles
===========================
File Size(MB) Tablespace           RB segs Datafile Name
---- -------- -------------------- ------- ------------------------
1    670      SYSTEM               ***     /u01/.../orcl/system01.dbf
2    500      SYSAUX               ***     /u01/.../orcl/sysaux01.dbf
3    55       UNDOTBS1             ***     /u01/.../orcl/undotbs01.dbf
4    0        USERS                ***     /u01/.../orcl/users01.dbf
5    0        EXAMPLE              ***     /u01/.../orcl/example01.dbf

List of Temporary Files
=======================
File Size(MB) Tablespace           Maxsize(MB) Tempfile Name
---- -------- -------------------- ----------- --------------------
1    20       TEMP                 32767       /u01/.../orcl/temp01.dbf
```

Ausführung der Wiederherstellung mit Angabe der neuen Speicherorte der Tablespaces Users und Example:
```
RMAN> run
2> {
3> set newname for datafile 4 to '/u01/....../disk5/users01.dbf';
4> set newname for datafile 5 to '/u01/....../disk6/example01.dbf';
5> switch datafile all;
6> restore tablespace users, example;
7> recover tablespace users, example;
8> sql'alter tablespace users online';
9> sql'alter tablespace example online';
10> }

executing command: SET NEWNAME

executing command: SET NEWNAME

datafile 4 switched to datafile copy
input datafile copy RECID=2 STAMP=708948458 file
name=/u01/app/oracle/oradata/orcl/disk5/users01.dbf
datafile 5 switched to datafile copy
input datafile copy RECID=3 STAMP=708948467 file
name=/u01/app/oracle/oradata/orcl/disk6/example01.dbf

Starting restore at 22-JAN-10
using channel ORA_DISK_1

channel ORA_DISK_1: restoring datafile 00004
input datafile copy RECID=4 STAMP=708948863 file
name=/u01/app/oracle/oradata/orcl/users01.dbf
destination for restore of datafile 00004:
/u01/app/oracle/oradata/orcl/disk5/users01.dbf
channel ORA_DISK_1: copied datafile copy of datafile 00004
output file name=/u01/app/oracle/oradata/orcl/disk5/users01.dbf RECID=0
STAMP=0
channel ORA_DISK_1: restoring datafile 00005
input datafile copy RECID=5 STAMP=708948863 file
name=/u01/app/oracle/oradata/orcl/example01.dbf
destination for restore of datafile 00005:
/u01/app/oracle/oradata/orcl/disk6/example01.dbf
channel ORA_DISK_1: copied datafile copy of datafile 00005
output file name=/u01/app/oracle/oradata/orcl/disk6/example01.dbf RECID=0
STAMP=0
Finished restore at 22-JAN-10
```

```
Starting recover at 22-JAN-10
using channel ORA_DISK_1

starting media recovery
media recovery complete, elapsed time: 00:00:00

Finished recover at 22-JAN-10

sql statement: alter tablespace users online

sql statement: alter tablespace example online
```

Nachträgliche Überprüfung der neuen Speicherorte:
```
RMAN> REPORT SCHEMA;

Report of database schema for database with db_unique_name ORCL

List of Permanent Datafiles
===========================
File Size(MB)  Tablespace          RB segs  Datafile Name
---- --------  ------------------- -------  ----------------------
1    670       SYSTEM              ***      /u01/app/....../orcl/system01.dbf
2    500       SYSAUX              ***      /u01/app/....../orcl/sysaux01.dbf
3    55        UNDOTBS1            ***      /u01/app/....../orcl/undotbs01.dbf
4    6         USERS               ***      /u01/app/....../disk5/users01.dbf
5    100       EXAMPLE             ***      /u01/app/....../disk6/example01.dbf

List of Temporary Files
=======================
File Size(MB)  Tablespace          Maxsize(MB)  Tempfile Name
---- --------  ------------------- -----------  --------------------
1    20        TEMP                32767        /u01/app/....../orcl/temp01.dbf
```

10.4.6. Wiederherstellung einer Datenbank über inkrementell aktualisierte Sicherungen und Image-Kopien

Wurde die Sicherungsstrategie inkrementell aktualisierter Sicherungen verwendet, so können die Image-Kopien direkt von ihrem Speicherort für einer Wiederherstellung verwendet werden, ohne dass sie an den Ursprungsort der Datendatei zurückgesichert werden müssen. Da bei inkrementell aktualisierten Sicherungen regelmäßig die differenziellen Sicherungen angewendet wurden, müssen bei der Wiederherstellung nur noch die verbleibenden Archive nachgezogen werden, um die Kopien auf den aktuellen Stand der Datenbank zu bringen. Bei der Wiederherstellung wird dem Recovery Manager lediglich mitgeteilt, dass die Image-Kopien zu verwenden sind. Sollte die gesamte Datenbank verloren gegangen oder defekt sein, kann dies sogar alle Datenbankdateien der Datenbank betreffen.

Der Vorteil bei Verwendung dieser Sicherungsstrategie liegt darin, dass bei einer Wiederherstellung das Zurücksichern der Datendateien entfällt und somit die Datenbank schneller für den Betrieb wieder verfügbar ist.

In dem folgendem Beispiel wird bei der Wiederherstellung die Image-Kopie des Tablespaces verwendet, ohne dass eine Zurücksicherung der Datendatei an ihren Ursprungsort erfolgt. Damit der Recovery Manager weiß, dass nun für die Wiederherstellung die Image-Kopie zu verwenden ist, wird der Befehl SWITCH DATAFILE TO DATAFILECOPY verwendet. Nach dem Umschalten auf die Image-Kopien werden danach die noch fehlenden Änderungen durch die Archive auf die Kopie angewendet und damit auf den aktuellen Stand der Datenbank gebracht.

Befehlssyntax für das Abspeichern der neuen Speicherorte in der Kontrolldatei:
```
SWITCH DATAFILE Nummer TO DATAFILECOPY 'Pfad/Datei';
```

Wiederherstellung eines Tablespaces aus der dazugehörigen Image-Kopie:
```
RMAN> list copy of database;

List of Datafile Copies
========================

Key     File S Completion Time  Ckp SCN    Ckp Time
------- ---- - --------------- ---------- ---------------
8       1    A 22-JAN-10       1092568    22-JAN-10
        Name: /....../datafile/o1_mf_system_5olyg1bj_.dbf
        Tag: FULL_COPY

9       2    A 22-JAN-10       1092590    22-JAN-10
        Name: /....../datafile/o1_mf_sysaux_5olyhr12_.dbf
        Tag: FULL_COPY

11      3    A 22-JAN-10       1092621    22-JAN-10
        Name: /....../datafile/o1_mf_undotbs1_5olykr18_.dbf
        Tag: FULL_COPY

12      4    A 22-JAN-10       1092625    22-JAN-10
        Name: /....../datafile/o1_mf_users_5olykyv1_.dbf
        Tag: FULL_COPY

10      5    A 22-JAN-10       1092618    22-JAN-10
        Name: /....../datafile/o1_mf_example_5olykj61_.dbf
        Tag: FULL_COPY

RMAN> run
2> {
3> switch datafile 4 to datafilecopy '/.../datafile/o1_mf_users_5olykyv1_.dbf';
4> recover datafile 4;
5> sql'alter tablespace users online';
6> }

datafile 4 switched to datafile copy
input datafile copy RECID=12 STAMP=708952399 file
name=/.../datafile/o1_mf_users_5olykyv1_.dbf

Starting recover at 22-JAN-10
using channel ORA_DISK_1
starting media recovery
media recovery complete, elapsed time: 00:00:01

Finished recover at 22-JAN-10
sql statement: alter tablespace users online
```

Bei Totalausfall aller Datendateien der Datenbank kann ein Umschalten auf alle Kopien durchgeführt werden. Dafür muss dem Recovery Manager mitgeteilt werden, dass alle Image-Kopien für die Wiederherstellung zu verwenden sind. Die Mitteilung an den Recovery Manager erfolgt mit dem Befehl SWITCH DATABASE TO COPY. Nachdem das Umschalten ausgeführt wurde, müssen nur noch die restlichen Archive auf die Image-Kopien angewendet werden.

Befehlssyntax für das Umschalten aller Datenbankdateien zu den Image-Kopien:
```
SWITCH DATABASE TO COPY;
```

Wiederherstellung der Datenbank mit allen Image-Kopien:
```
RMAN> switch database to copy;

using target database control file instead of recovery catalog
datafile 1 switched to datafile copy "/.../datafile/o1_mf_system_5olyg1bj_.dbf"
datafile 2 switched to datafile copy "/.../datafile/o1_mf_sysaux_5olyhrl2_.dbf"
datafile 3 switched to datafile copy "/.../datafile/o1_mf_undot1_5olykr18_.dbf"
datafile 4 switched to datafile copy "/.../datafile/o1_mf_users_5olykyv1_.dbf"
datafile 5 switched to datafile copy "/.../datafile/o1_mf_example_5oykj61_.dbf"

RMAN> recover database;
Starting recover at 22-JAN-10
allocated channel: ORA_DISK_1
channel ORA_DISK_1: SID=18 device type=DISK
starting media recovery
media recovery complete, elapsed time: 00:00:01
Finished recover at 22-JAN-10

RMAN> alter database open;

database opened
```

Nach der Wiederherstellung werden dann die Image-Kopien für die Datenbank verwendet.

Verwendung der Image-Kopien nach der Wiederherstellung:
```
RMAN> report schema;

Report of database schema for database with db_unique_name ORCL

List of Permanent Datafiles
===============================
File Size(MB)  Tablespace       RB    segs Datafile Name
---- --------  ---------------  -------   -----------------------
1    670       SYSTEM           ***        /.../datafile/o1_mf_system_5olyg1bj_.dbf
2    500       SYSAUX           ***        /.../datafile/o1_mf_sysaux_5olyhrl2_.dbf
3    55        UNDOTBS1         ***        /.../datafile/o1_mf_undotbs1_5olykr18_.dbf
4    6         USERS            ***        /.../datafile/o1_mf_users_5olykyv1_.dbf
5    100       EXAMPLE          ***        /.../datafile/o1_mf_example_5olykj61_.dbf

List of Temporary Files
=======================
File Size(MB)  Tablespace       Maxsize(MB)  Tempfile Name
---- --------  ---------------  -----------  --------------------
1    20        TEMP             32767        /.../temp01.dbf
```

10.5. Unvollständige Wiederherstellung

Bei der unvollständigen Wiederherstellung wird die Datenbank zu einem vorherigen Zeitpunkt wiederhergestellt, weil in der Vergangenheit ein Fehler auftrat, der bereinigt werden muss.

10.5.1. Theorie der unvollständigen Wiederherstellung

Für eine unvollständige Wiederherstellung wird eine Sicherung vor dem Fehler eingespielt und die Archive bis kurz vor dem Fehler angewendet. Alle Änderungen, die nach dem Fehler durchgeführt wurden, sind allerdings verloren. Deshalb ist im Vorfeld immer abzuwägen, ob der Fehler besser manuell oder durch eine unvollständige Wiederherstellung bereinigt werden soll. Des Weiteren ist die unvollständige Wiederherstellung sehr anspruchsvoll und zeitintensiv, da die gesamte Datenbank zurückgesichert und wiederhergestellt werden muss.

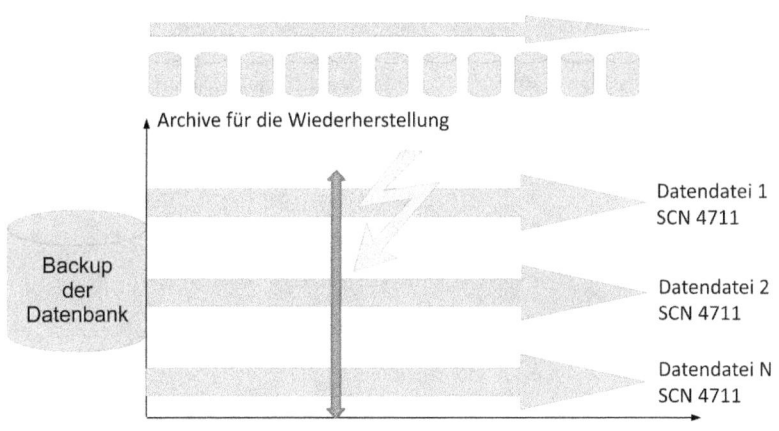

Abbildung 24: Zeitlicher Aufsatzpunkt für die unvollständige Wiederherstellung

Der Grund der Zurücksicherung der gesamten Datenbank liegt darin, dass alle Datendateien zueinander konsistent gehalten bzw. alle Datenbankdateien die gleiche Systemänderungsnummer erhalten müssen. Wurde eine Datenbank unvollständig wiederhergestellt, so muss sie nach dem Wiederherstellungsvorgang mit der Option RESETLOGS geöffnet werden, die die aktuellen Redo-Log-Dateien und deren Sequenznummern zurücksetzt. Ab diesem Zeitpunkt werden neue Archive geschrieben.

Das Öffnen mit der Option RESETLOGS erzeugt eine neue Inkarnationsnummer der Datenbank. Ab diesem Zeitpunkt hat die Datenbank einen neuen Lebenspfad.

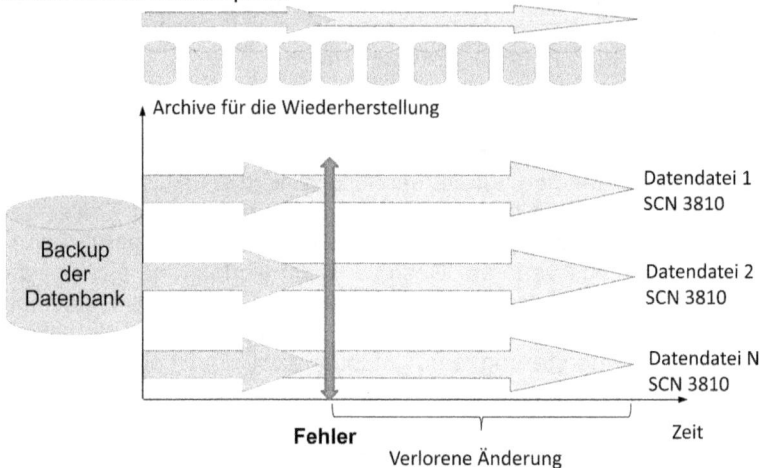

Abbildung 25: Zustand nach der unvollständigen Wiederherstellung

Durch diesen neuen Lebenspfad können Archive, die nach dem Fehler erstellt wurden, für eine nachträgliche Wiederherstellung der Datenbank nicht mehr verwendet werden, da sie die Transaktionen des entstandenen Fehlers beinhalten.

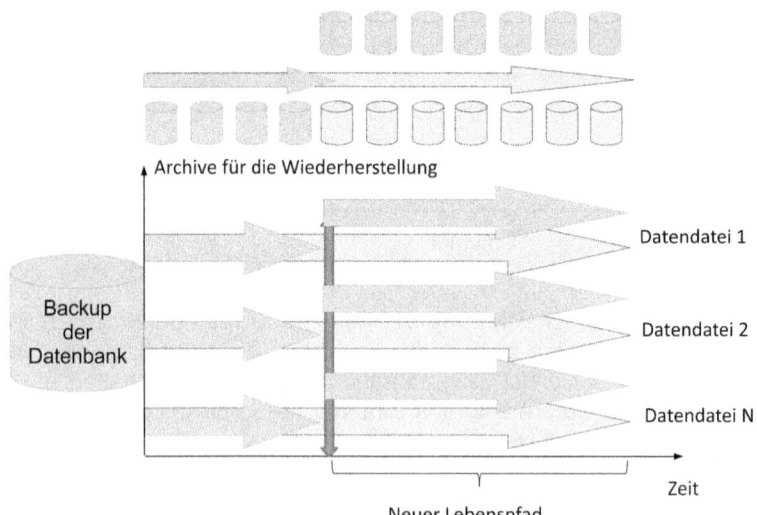

Abbildung 26: Zustand nach der unvollständigen Wiederherstellung

Bis Oracle 9i war es daher nach einer unvollständigen Wiederherstellung zwingend notwendig, eine vollständige Datenbanksicherung durchzuführen, weil Oracle nicht erkannt hat, ab welchem Zeitpunkt die Datenbank zurückgesetzt wurde und der neue Lebenspfad entstand.

Erst ab Oracle 10g wurde ein neuer Parameter für das Format des Archivnamens eingeführt, %r, der Oracle erkennen lässt, ab welchem Zeitpunkt und welcher Inkarnationsnummer andere Archive für eine Widerherstellung verwendet werden müssen.

Somit ist es ab Oracle 10g nicht mehr zwingend notwendig, eine vollständige Datenbanksicherung nach einer unvollständigen Wiederherstellung durchzuführen, da bei einem Datenbankausfall nach der unvollständigen Wiederherstellung alle alten Archive bis zum Wiederherstellungszeitpunkt verwendet werden. Ab dem Wiederherstellungszeitpunkt wird dann der neue Archivpfad für die Wiederherstellung der Datenbank angewendet.

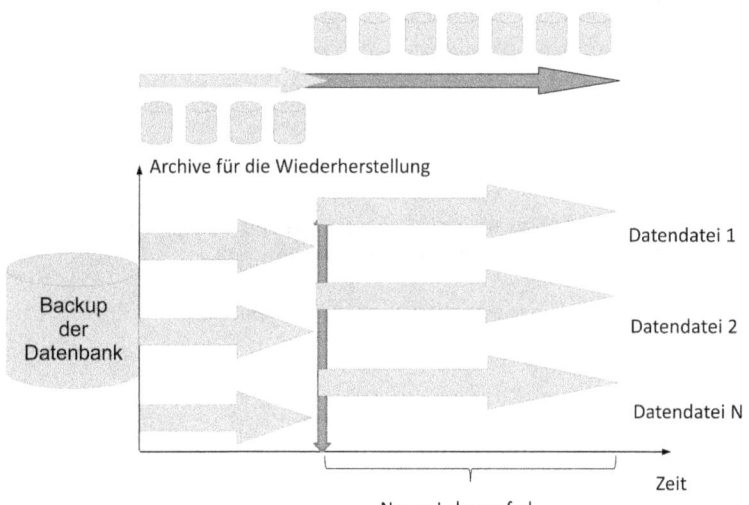

Abbildung 27: Durchlaufen des neuen Lebenspfads (Inkarnation) nach der unvollständigen Wiederherstellung

10.5.2. Arten der unvollständigen Wiederherstellung

Bei der unvollständigen Wiederherstellung muss der Aufsatzpunkt ermittelt werden, zu dem die Datenbank zurückgesetzt werden soll. Die Angabe des Aufsatzpunktes kann auf unterschiedliche Art und Weise bei der Wiederherstellung erfolgen. Der Recovery Manager unterstützt folgende Arten der Wiederherstellung, um den entsprechenden Zeitpunkt zu erreichen:

> SCN-basiert

> Zeitbasiert

> Sequenz-basiert

Bei der SCN-basierten Wiederherstellung muss die Systemänderungsnummer bekannt sein, bis zu der die Datenbank wiederhergestellt werden soll. Diese Wiederherstellungsart wird in der Regel dann verwendet, wenn die Ziel-SCN bekannt ist.

Befehlssyntax für die SCN-basierte unvollständige Wiederherstellung:
```
run
{
        set until scn Systemänderungsnummer;
        restore database;
        recover database;
}
```

Für die zeitbasierte Wiederherstellung ist die genaue Zeit erforderlich, zu der die Datenbank wiederhergestellt werden soll.

Befehlssyntax zur zeitbasierten unvollständigen Wiederherstellung:
```
run
{
        set until time Zeit;
        restore database;
        recover database;
}
```

Bei der Sequenz-basierten Wiederherstellung werden nur die Archive bis zu einer angegebenen Sequenznummer eines Archivs auf die zurückgespielte Sicherung angewendet. Dies kann der Fall sein, wenn eine vollständige Wiederherstellung fehlschlägt, weil ein Archiv zu einer vollständigen Wiederherstellung fehlt. Unter diesen Umständen kann die Datenbank nur bis zum fehlenden Archiv bereitgestellt werden.

Befehlssyntax für die Sequenz-basierte unvollständige Wiederherstellung:
```
run
{
    set until sequence Log-Sequenznummer;
    restore database;
    recover database;
}
```

Der Recovery Manager erkennt bei Angabe der Systemänderungsnummer, der Zeit oder der Sequenz automatisch, welche Sicherungen zurückgespielt und welche Archive angewendet werden müssen, um den angegebenen Zeitpunkt zu erreichen. Ist eine vollständige Sicherung vor diesem Zeitpunkt nicht vorhanden, so ist eine unvollständige Wiederherstellung nicht möglich. Aus diesem Grund kann es notwendig sein, eine entsprechende Erhaltungsrichtlinie auf Basis eines Wiederherstellungsfensters konfiguriert zu haben, welches gewährleistet, dass auf Basis des angegebenen Erhaltungsintervalls die entsprechenden Sicherungen vorgehalten werden.

10.5.3. Zeitbasierte Wiederherstellung

Die zeitbasierte Wiederherstellung wird dann verwendet, wenn der genaue Zeitpunkt bekannt ist, an dem der Fehler in der Datenbank entstanden ist. Folgende Fehler könnten eine zeitbasierte Wiederherstellung erforderlich machen.

- Starten eines fehlerhaften Upgrade-Skripts
- Versehentliches Löschen eines Benutzers oder einer Tabelle
- Versehentliches Löschen eines Tablespace
- ...

In dem folgenden Beispiel hat ein Administrator versehentlich einen Benutzer mit all seinen Objekten aus der Datenbank gelöscht. Der Administrator kann sich erinnern, zu welchem Zeitpunkt er den Löschvorgang durchgeführt hat. Da nach dem Löschen so gut wie keine Änderungen in der Datenbank durchgeführt wurden, entschließt er sich, eine zeitbasierte Wiederherstellung durchzuführen, um die Datenbank in den Zustand vor dem Löschvorgang des Benutzers zu versetzen.

Wiederherstellung von Datenbanken

Verifizierung der Uhrzeit nach dem Löschvorgang:
```
SQL> DROP USER HR CASCADE;

User dropped.

SQL> SELECT TO_CHAR(SYSDATE,'HH24:MI:SS') FROM DUAL;

TO_CHAR(
--------
08:43:21
```

Damit eine unvollständige Wiederherstellung durchgeführt werden kann, muss die Instanz in die MOUNT-Phase gebracht werden, weil alle Datendateien durch den Recovery Manager aus einer Sicherung vor dem Fehler ausgetauscht werden.

Mounten der Datenbank:
```
RMAN> SHUTDOWN IMMEDIATE

database closed
database dismounted
Oracle instance shut down

RMAN> STARTUP MOUNT

connected to target database (not started)
Oracle instance started
database mounted

Total System Global Area      613797888 bytes

Fixed Size                      2215824 bytes
Variable Size                 419430512 bytes
Database Buffers              188743680 bytes
Redo Buffers                    3407872 bytes
```

Nachdem sich die Instanz in der MOUNT-Phase befindet, kann der Wiederherstellungsprozess gestartet werden. Dafür muss dem Recovery Manager im Vorfeld mitgeteilt werden, bis zu welchem Zeitpunkt die Datenbank wiederhergestellt werden muss. Hierbei wird innerhalb eines Ausführungsblockes mit der SET-Klausel die entsprechende Uhrzeit für den Wiederherstellungszeitpunkt angegeben.

Bei der Angabe der Uhrzeit im Ausführungsblock muss auf das entsprechende Format der Uhrzeit und des Datums der Ländereinstellung geachtet werden. Hierbei treten oft Probleme auf, weil der Recovery Manager die Uhrzeit und das Datum, zu dem die Datenbank wiederhergestellt werden soll, oft nicht interpretieren kann. Eine Möglichkeit, dieses Problem zu lösen, besteht in dem Setzen der Umgebungsvariablen NLS_DATE_FORMAT und NLS_LANGUAGE.

Eine bessere Möglichkeit besteht in der Verwendung der SQL-Funktion TO_DATE, die eine Konvertierung der angegebenen Zeit durchführt, sodass eine Unabhängigkeit vom eingestellten Datumsformat der Datenbank oder Umgebungsvariablen entsteht. Zu beachten ist, dass die Funktion TO_DATE in doppelte Anführungszeichen gesetzt werden muss, damit der Recovery Manager den Zeitpunkt interpretieren kann.

Durchführung der unvollständigen Wiederherstellung:
```
RMAN> run
2> {
3> set until time "to_date('21.01.2010 08:42:00','dd.mm.yyyy hh24:mi:ss')"
4> restore database;
5> recover database;
6> }

executing command: SET until clause

Starting restore at 21-JAN-10
allocated channel: ORA_DISK_1
channel ORA_DISK_1: SID=19 device type=DISK

channel ORA_DISK_1: starting datafile backup set restore
channel ORA_DISK_1: specifying datafile(s) to restore from backup set
channel ORA_DISK_1: restoring datafile 00001 to
/u01/app/oracle/oradata/orcl/system01.dbf
channel ORA_DISK_1: restoring datafile 00002 to
/u01/app/oracle/oradata/orcl/sysaux01.dbf
channel ORA_DISK_1: restoring datafile 00003 to
/u01/app/oracle/oradata/orcl/undotbs01.dbf
channel ORA_DISK_1: restoring datafile 00004 to
/u01/app/oracle/oradata/orcl/users01.dbf
channel ORA_DISK_1: restoring datafile 00005 to
/u01/app/oracle/oradata/orcl/example01.dbf
channel ORA_DISK_1: reading from backup piece
/u01/app/oracle/flash_recovery_area/ORCL/backupset/2010_01_21/o1_mf_nnndf_TAG
20100121T083415_5oj0vrjo_.bkp
channel ORA_DISK_1: piece han-
dle=/u01/app/oracle/flash_recovery_area/ORCL/backupset/2010_01_21/o1_mf_nnndf
_TAG20100121T083415_5oj0vrjo_.bkp tag=TAG20100121T083415
channel ORA_DISK_1: restored backup piece 1
channel ORA_DISK_1: restore complete, elapsed time: 00:02:34
Finished restore at 21-JAN-10

Starting recover at 21-JAN-10
using channel ORA_DISK_1

starting media recovery
media recovery complete, elapsed time: 00:00:04

Finished recover at 21-JAN-10
```

Durch die Angabe des Zeitpunktes in der SET UNTIL-Klausel wird dem Recovery Manager mitgeteilt, welche Sicherung durch den Befehl RESTORE zurückgesichert und bis zu welchen Archiven mit dem Befehl RECOVER die Datenbank zu aktualisieren ist.

Nach der Wiederherstellung muss die Datenbank mit der Option RESETLOGS geöffnet werden. Wie im Vorfeld beschrieben, setzt die Option RESETLOGS die Redo-Log-Dateien zurück, indem sie geleert werden und die Sequenznummer zurückgesetzt wird. Alle noch nachfolgend vorhandenen Archive werden dadurch unbrauchbar und können nicht mehr verwendet werden.

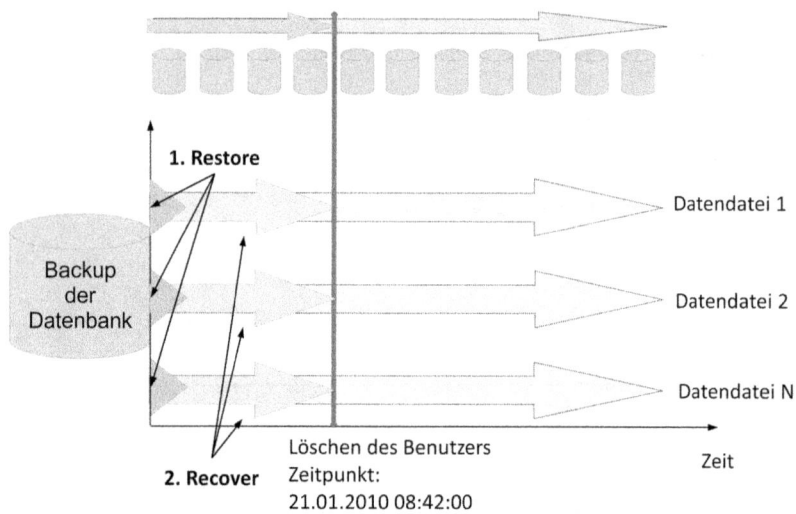

Abbildung 28: Schematische Darstellung der Wiederherstellung

Besitzt die wiederhergestellte Datenbank die Version 9i, so ist jetzt eine vollständige Datenbanksicherung zwingend notwendig, da alte Sicherungen für diese Datenbank unbrauchbar sind. Erst ab Oracle 10g besteht die Möglichkeit, auch ältere Sicherungen für die unvollständig wiederhergestellte Datenbank zu verwenden, weil die Inkarnationsnummer der Datenbank innerhalb der Archive aufgezeichnet wird.

Öffnen der Datenbank mit RESETLOGS:
```
RMAN>   sql'ALTER DATABASE OPEN RESETLOGS';
sql statement: ALTER DATABASE OPEN RESETLOGS
```

Der Befehl ARCHIVE LOG LIST zeigt nach dem Öffnen der Datenbank die zurückgesetzte Sequenznummer der Redo-Log-Dateien.

Ausführung des Befehls ARCHIVE LOG LIST nach dem Öffnen der Datenbank mit RESETLOGS:
```
SQL> ARCHIVE LOG LIST;
Database log mode              Archive Mode
Automatic archival             Enabled
Archive destination            USE_DB_RECOVERY_FILE_DEST
Oldest online log sequence     1
Next log sequence to archive   1
Current log sequence           1
```

Nach der unvollständigen Wiederherstellung sollte die Datenbank überprüft werden, ob sie sich im gewünschten Zustand befindet. In diesem Fall wird verifiziert, ob der gelöschte Benutzer und seine Objekte wieder in der Datenbank vorhanden sind.

Nach der Wiederherstellung ist der Benutzer wieder in der Datenbank vorhanden:
```
SQL> SELECT OWNER, OBJECT_TYPE, OBJECT_NAME FROM DBA_OBJECTS
  2  WHERE OWNER='HR';

OWNER                         OBJECT_TYPE          OBJECT_NAME
----------------------------  -------------------  ------------------------
HR                            TABLE                REGIONS
HR                            INDEX                REG_ID_PK
HR                            TABLE                COUNTRIES
HR                            INDEX                COUNTRY_C_ID_PK
HR                            TABLE                LOCATIONS
…….
34 rows selected.
```

10.5.4. SCN-basierte unvollständige Wiederherstellung

Bei der unvollständigen SCN-basierten Wiederherstellung wird die Systemänderungsnummer angegeben, bis zu der eine Wiederherstellung erfolgen soll.

In dem folgendem Beispiel wurde versehentlich ein Tablespace gelöscht. Auch wenn die Datendateien des Tablespaces noch im Dateisystem vorhanden sind, kann er nicht wieder der Datenbank bekannt gemacht werden, weil alle Metadaten dieses Tablespaces aus dem Datadictionary und der Kontrolldatei entfernt wurden. Aus diesem Grund wird bei der Wiederherstellung automatisch zusätzlich eine ältere Kontrolldatei aus dem Backupset wiederhergestellt, um die Metadaten des Tablespaces der Datenbank wieder bekannt zu machen.

Versehentliches Löschen eines Tablespaces:
```
SQL> DROP TABLESPACE USERS INCLUDING CONTENTS AND DATAFILES;

Tablespace dropped.
```

Auslesen der Systemänderungsnummer SCN:
```
SQL> SELECT CURRENT_SCN FROM V$DATABASE;

CURRENT_SCN
-----------
    1048512
```

Durchführung der Wiederherstellung:
```
RMAN> run
2> {
3> set until scn 1048000;
4> restore database;
5> recover database;
6> }

executing command: SET until clause

Starting restore at 21-JAN-10
allocated channel: ORA_DISK_1
channel ORA_DISK_1: SID=19 device type=DISK

channel ORA_DISK_1: starting datafile backup set restore
channel ORA_DISK_1: specifying datafile(s) to restore from backup set
channel ORA_DISK_1: restoring datafile 00001 to
/u01/app/oracle/oradata/orcl/system01.dbf
channel ORA_DISK_1: restoring datafile 00002 to
/u01/app/oracle/oradata/orcl/sysaux01.dbf
channel ORA_DISK_1: restoring datafile 00003 to
/u01/app/oracle/oradata/orcl/undotbs01.dbf
channel ORA_DISK_1: restoring datafile 00004 to
/u01/app/oracle/oradata/orcl/users01.dbf
channel ORA_DISK_1: restoring datafile 00005 to
/u01/app/oracle/oradata/orcl/example01.dbf
channel ORA_DISK_1: reading from backup piece
/u01/app/oracle/flash_recovery_area/ORCL/backupset/2010_01_21/o1_mf_nnndf_TAG
20100121T103655_5oj81qpn_.bkp
channel ORA_DISK_1: piece han-
dle=/u01/app/oracle/flash_recovery_area/ORCL/backupset/2010_01_21/o1_mf_nnndf
_TAG20100121T103655_5oj81qpn_.bkp tag=TAG20100121T103655
channel ORA_DISK_1: restored backup piece 1
channel ORA_DISK_1: restore complete, elapsed time: 00:01:56
Finished restore at 21-JAN-10

Starting recover at 21-JAN-10
using channel ORA_DISK_1

starting media recovery

archived log for thread 1 with sequence 2 is already on disk as file
/u01/app/oracle/flash_recovery_area/ORCL/archivelog/2010_01_21/o1_mf_1_2_5oj8
cn54_.arc
archived log for thread 1 with sequence 3 is already on disk as file
/u01/app/oracle/flash_recovery_area/ORCL/archivelog/2010_01_21/o1_mf_1_3_5oj8
comg_.arc
archived log for thread 1 with sequence 4 is already on disk as file
/u01/app/oracle/flash_recovery_area/ORCL/archivelog/2010_01_21/o1_mf_1_4_5oj8
dl43_.arc
```

Wiederherstellung von Datenbanken

```
archived log for thread 1 with sequence 5 is already on disk as file
/u01/app/oracle/flash_recovery_area/ORCL/archivelog/2010_01_21/o1_mf_1_5_5oj8
dvc8_.arc
archived log file
name=/u01/app/oracle/flash_recovery_area/ORCL/archivelog/2010_01_21/o1_mf_1_2
_5oj8cn54_.arc thread=1 sequence=2
archived log file
name=/u01/app/oracle/flash_recovery_area/ORCL/archivelog/2010_01_21/o1_mf_1_3
_5oj8comg_.arc thread=1 sequence=3
archived log file
name=/u01/app/oracle/flash_recovery_area/ORCL/archivelog/2010_01_21/o1_mf_1_4
_5oj8d143_.arc thread=1 sequence=4
media recovery complete, elapsed time: 00:00:03
Finished recover at 21-JAN-10
```

Überprüfung des Vorhandenseins des Tablespaces:
```
RMAN> REPORT SCHEMA;

Report of database schema for database with db_unique_name ORCL

List of Permanent Datafiles
===========================
File Size(MB) Tablespace           RB segs Datafile Name
---- -------- -------------------- ------- --------------------
1    670      SYSTEM               ***     /u01/../system01.dbf
2    500      SYSAUX               ***     /u01/../sysaux01.dbf
3    55       UNDOTBS1             ***     /u01/../undotbs01.dbf
4    5        USERS                ***     /u01/../users01.dbf
5    100      EXAMPLE              ***     /u01/../example01.dbf

List of Temporary Files
=======================
File Size(MB) Tablespace           Maxsize(MB) Tempfile Name
---- -------- -------------------- ----------- --------------------
1    20       TEMP                 32767       /u01/../temp01.dbf
```

Öffnen der Datenbank:
```
RMAN> sql'ALTER DATABASE OPEN RESETLOGS';
sql statement: ALTER DATABASE OPEN RESETLOGS
```

10.5.5. Sequenz-basierte unvollständige Wiederherstellung

Die Sequenz-basierte unvollständige Wiederherstellung wird verwendet, wenn ein Fehler bei einer vollständigen Wiederherstellung auftritt, weil ein Archiv fehlt. In diesem Fall kann die Datenbank nur unvollständig wiederhergestellt werden, was bedeutet, dass eine Wiederherstellung nur bis zu dem fehlenden Archiv durchgeführt werden kann. Alle Datenänderungen ab dem fehlenden Archiv gehen verloren. Aus diesem Grund sollten die Archive immer gespiegelt werden, um ein Auftreten eines derartigen Falls zu vermeiden.

Die Sequenz-basierte unvollständige Wiederherstellung wird mit der Klausel SET UNTIL SEQUENCE eingeleitet, bei der die Sequenznummer des Archivs angegeben wird, bis zu dem eine Wiederherstellung erfolgen soll.

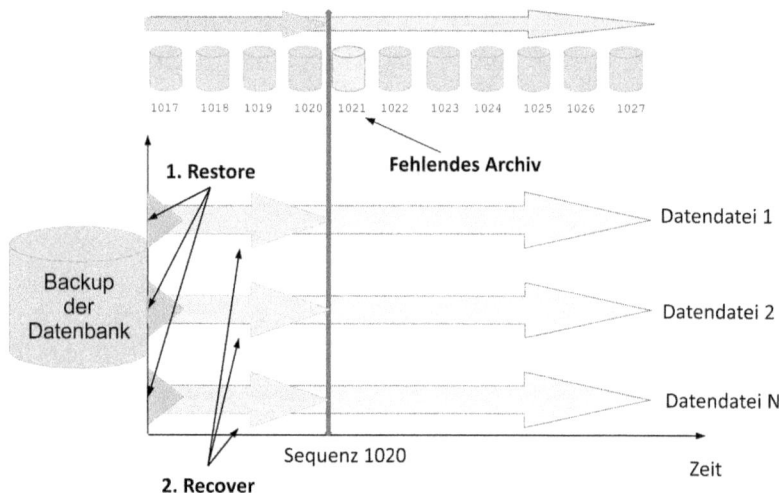

Abbildung 29: Schematische Darstellung der Sequenz-basierten unvollständigen Wiederherstellung

Fehler bei der vollständigen Wiederherstellung eines Tablespaces aufgrund eines fehlenden Archivs:
RMAN> RESTORE TABLESPACE USERS;

Starting restore at 21-JAN-10
using channel ORA_DISK_1

channel ORA_DISK_1: starting datafile backup set restore
channel ORA_DISK_1: specifying datafile(s) to restore from backup set
channel ORA_DISK_1: restoring datafile 00004 to
/u01/app/oracle/oradata/orcl/users01.dbf
channel ORA_DISK_1: reading from backup piece
/u01/app/oracle/flash_recovery_area/ORCL/backupset/2010_01_21/o1_mf_nnndf_TAG
20100121T114046_5ojcsghs_.bkp
channel ORA_DISK_1: piece handle=/u01/app/oracle/flash_recovery_area/ORCL/backupset/2010_01_21/o1_mf_nnndf
_TAG20100121T114046_5ojcsghs_.bkp tag=TAG20100121T114046
channel ORA_DISK_1: restored backup piece 1
channel ORA_DISK_1: restore complete, elapsed time: 00:00:01
Finished restore at 21-JAN-10

RMAN> RECOVER TABLESPACE USERS;

Starting recover at 21-JAN-10
using channel ORA_DISK_1

starting media recovery

Wiederherstellung von Datenbanken

```
archived log for thread 1 with sequence 1 is already on disk as file
/u01/app/oracle/flash_recovery_area/ORCL/archivelog/2010_01_21/o1_mf_1_1_5ojd
50g3_.arc
archived log for thread 1 with sequence 2 is already on disk as file
/u01/app/oracle/flash_recovery_area/ORCL/archivelog/2010_01_21/o1_mf_1_2_5ojd
5cdx_.arc
archived log for thread 1 with sequence 3 is already on disk as file
/u01/app/oracle/flash_recovery_area/ORCL/archivelog/2010_01_21/o1_mf_1_3_5ojd
5rll_.arc
archived log for thread 1 with sequence 4 is already on disk as file
/u01/app/oracle/flash_recovery_area/ORCL/archivelog/2010_01_21/o1_mf_1_4_5ojd
80kk_.arc
archived log for thread 1 with sequence 5 is already on disk as file
/u01/app/oracle/flash_recovery_area/ORCL/archivelog/2010_01_21/o1_mf_1_5_5ojd
8ljj_.arc
RMAN-00571: ===========================================================
RMAN-00569: =============== ERROR MESSAGE STACK FOLLOWS ===============
RMAN-00571: ===========================================================
RMAN-03002: failure of recover command at 01/21/2010 11:53:09
RMAN-06053: unable to perform media recovery because of missing log
RMAN-06025: no backup of archived log for thread 1 with sequence 6 and
ing SCN of 1051331 found to restore
```

Bei der Verwendung der SET UNTIL-Klausel wird die Sequenznummer des fehlenden Archivs angegeben. In diesem Beispiel fehlt bei der vollständigen Wiederherstellung des Tablespaces USERS das Archiv 6. Um den Tablespace in der gesamten Datenbank wieder verfügbar zu machen, muss die unvollständige Wiederherstellung bis zu diesem Archiv erfolgen.

Einleiten der unvollständigen Wiederherstellung:
```
RMAN> SHUTDOWN IMMEDIATE;

database closed
database dismounted
Oracle instance shut down

RMAN> STARTUP MOUNT

connected to target database (not started)
Oracle instance started
database mounted

Total System Global Area      613797888 bytes

Fixed Size                      2215824 bytes
Variable Size                 419430512 bytes
Database Buffers              188743680 bytes
Redo Buffers                    3407872 bytes

RMAN> run
2> {
3> set until sequence 6;
4> restore database;
5> recover database;
6> }

executing command: SET until clause

Starting restore at 21-JAN-10
allocated channel: ORA_DISK_1
```

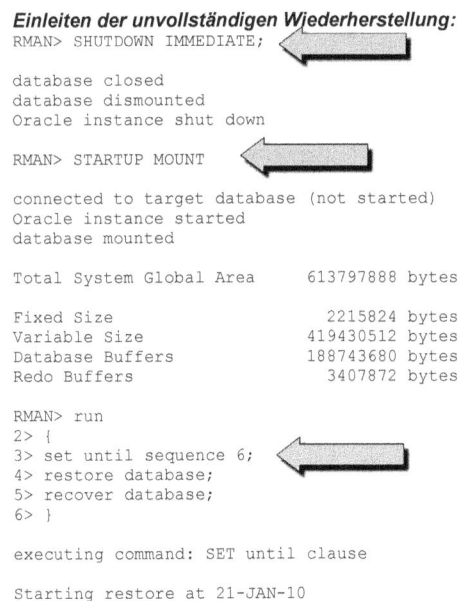

Wiederherstellung von Datenbanken

```
channel ORA_DISK_1: SID=18 device type=DISK
........
........
channel ORA_DISK_1: restore complete, elapsed time: 00:01:55
Finished restore at 21-JAN-10

Starting recover at 21-JAN-10
using channel ORA_DISK_1

starting media recovery

archived log for thread 1 with sequence 1 is already on disk as file
/u01/app/oracle/flash_recovery_area/ORCL/archivelog/2010_01_21/o1_mf_1_1_5ojd
50g3_.arc

........
........
archived log for thread 1 with sequence 5 is already on disk as file
/u01/app/oracle/flash_recovery_area/ORCL/archivelog/2010_01_21/o1_mf_1_5_5ojd
81jj_.arc
archived log file
name=/u01/app/oracle/flash_recovery_area/ORCL/archivelog/2010_01_21/o1_mf_1_1
_5ojd50g3_.arc thread=1 sequence=1
archived log file

........
........
name=/u01/app/oracle/flash_recovery_area/ORCL/archivelog/2010_01_21/o1_mf_1_5
_5ojd81jj_.arc thread=1 sequence=5
media recovery complete, elapsed time: 00:00:04
Finished recover at 21-JAN-10

RMAN>   sql'ALTER DATABASE OPEN RESETLOGS';
sql statement: ALTER DATABASE OPEN RESETLOGS
```

10.5.6. Unvollständige Wiederherstellung vor RESETLOGS

Bei der Wiederherstellung einer Datenbank zu einem Zeitpunkt vor dem Öffnen mit RESETLOGS muss dem Recovery Manager die entsprechende Inkarnation mitgeteilt werden, damit er weiß, von welcher Inkarnation welche Sicherung benötigt wird. Die Inkarnationen der Datenbank können mit dem Befehl LIST INCARNATION OF DATABASE aufgelistet werden.

Nachdem die entsprechende Inkarnationsnummer verifiziert wurde, muss sie aus dem Recovery Manager gesetzt werden.

In dem folgendem Beispiel wurde die Datenbank in einer vorherigen Aktion unvollständig wiederhergestellt. Nach dem Öffnen mit RESETLOGS stellt der Administrator fest, dass der Wiederherstellungszeitpunkt noch zu früh ist und dadurch der Fehler nicht behoben wurde.

Da die Datenbank aber mit RESETLOGS geöffnet wurde, erhielt sie eine neue Inkarnationsnummer. Der Administrator muss die Datenbank zur Eliminierung des Fehlers erneut zu einem Zeitpunkt unvollständig wiederherstellen, der vor dem Öffnen mit dem ersten RESETLOGS bestand. Dafür listet er die Inkarnationen der Datenbank auf und setzt sie entsprechend.

Mounten der Datenbank:
```
[oracle@wsi ~]$ rman target / nocatalog
......
connected to target database (not started)
RMAN> STARTUP MOUNT
Oracle instance started
database mounted
Total System Global Area     613797888 bytes
......
```

Auflisten der Inkarnationsnummern:
```
RMAN> LIST INCARNATION OF DATABASE;

List of Database Incarnations
DB Key  Inc Key DB Name  DB ID            STATUS  Reset SCN  Reset Time
-------  ------- -------- ----------------  ---  ----------  ----------
......
4       4       ORCL     1236570874       PARENT   1048085    21-JAN-10
5       5       ORCL     1236570874       CURRENT  1051332    21-JAN-10
```

Setzen der Inkarnationsnummer:
```
RMAN> RESET DATABASE TO INCARNATION 4;

database reset to incarnation 4
```

Wiederherstellung der Datenbank bis zu einer früheren SCN, die zwischen den Inkarnationsnummern 4 und 5 liegt:
```
RMAN> run
2> {
3> set until scn 1051330;
4> restore database;
5> recover database;
6> }

executing command: SET until clause

Starting restore at 21-JAN-10
using channel ORA_DISK_1

channel ORA_DISK_1: starting datafile backup set restore
channel ORA_DISK_1: specifying datafile(s) to restore from backup set
channel ORA_DISK_1: restoring datafile 00001 to
/u01/app/oracle/oradata/orcl/system01.dbf
......
channel ORA_DISK_1: reading from backup piece
/u01/app/oracle/flash_recovery_area/ORCL/backupset/2010_01_21/o1_mf_nnndf_TAG
20100121T114046_5ojcsghs_.bkp
channel ORA_DISK_1: piece han-
dle=/u01/app/oracle/flash_recovery_area/ORCL/backupset/2010_01_21/o1_mf_nnndf
_TAG20100121T114046_5ojcsghs_.bkp tag=TAG20100121T114046
channel ORA_DISK_1: restored backup piece 1
channel ORA_DISK_1: restore complete, elapsed time: 00:01:56
```

Wiederherstellung von Datenbanken

```
Finished restore at 21-JAN-10

Starting recover at 21-JAN-10
using channel ORA_DISK_1

starting media recovery

archived log for thread 1 with sequence 1 is already on disk as file
/u01/app/oracle/flash_recovery_area/ORCL/archivelog/2010_01_21/o1_mf_1_1_5ojd
50g3_.arc
........
archived log file
name=/u01/app/oracle/flash_recovery_area/ORCL/archivelog/2010_01_21/o1_mf_1_1
_5ojd50g3_.arc thread=1 sequence=1
........
```

Da in diesem Beispiel die Datenbank nach dem ersten Öffnen mit RESETLOGS die Inkarnationsnummer 5 erhielt, müssen Sicherungen von dieser Inkarnation verwendet werden, da der Wiederherstellungszeitpunkt zwischen den Inkarnationen 4 und 5 liegt. Nachdem der Administrator die Inkarnationsnummer auf 4 zurückgesetzt hat, wird eine erneute unvollständige Wiederherstellung mit einer Systemänderungsnummer durchgeführt, die älter ist als die Nummer der ersten unvollständigen Wiederherstellung.

Öffnen der Datenbank mit RESETLOGS:
```
RMAN> ALTER DATABASE OPEN RESETLOGS;
database opened
```

Anzeigen der Inkarnationen der Datenbank nach der Wiederherstellung:
```
RMAN> list incarnation of database;

List of Database Incarnations
DB Key  Inc Key  DB Name  DB ID       STATUS    Reset SCN  Reset Time
------- -------- -------- ----------- --------- ---------- ----------
1       1        ORCL     1236570874  PARENT    1          15-AUG-09
2       2        ORCL     1236570874  PARENT    945184     20-JAN-10
3       3        ORCL     1236570874  PARENT    1046199    21-JAN-10
4       4        ORCL     1236570874  PARENT    1048085    21-JAN-10
6       6        ORCL     1236570874  CURRENT   1051331    21-JAN-10
5       5        ORCL     1236570874  ORPHAN    1051332    21-JAN-10
```

Des Weiteren ist ersichtlich, dass eine neue Inkarnation 6 erstellt wurde. Die vorherige Inkarnation 5 erhielt den Status ORPHAN, was signalisiert, das diese Inkarnation verweist ist und keinen Aufsatzpunkt auf vorhereige Inkarnationen mehr besitzt.

10.6. Wiederherstellung der Kontrolldateien

Sollte die Kontrolldatei und ihre Spiegel verloren gegangen sein, so muss eine Wiederherstellung durchgeführt werden. In Abhängigkeit davon, ob die automatische Sicherung für Kontrolldateien aktiviert wurde und ob eine Sicherungskatalogdatenbank vorhanden ist, sind unterschiedliche Ansätze für die Wiederherstellung zu verwenden.

10.6.1. Wiederherstellung der Kontrolldateien aus dem AUTOBACKUP

Wurde die automatische Sicherung der Kontrolldatei aktiviert, so ist die Wiederherstellung der Kontrolldateien relativ einfach durchzuführen. Der erste Schritt bei der Wiederherstellung der Kontrolldatei besteht im Starten der Instanz in der NOMOUNT-Phase. Im nächsten Schritt können die Kontrolldateien mit dem Befehl RESTORE CONTROLFILE FROM AUTOBACKUP an ihren Ursprungsort zurückgesichert werden. Ist eine erfolgreiche Rücksicherung ausgeführt, muss die Instanz in die MOUNT-Phase gebracht werden, aus der dann die Archive mit RECOVER DATABASE angewendet werden. Ist auch die Wiederherstellung erfolgreich, so wird die Datenbank mit der Option RESETLOGS geöffnet.

Starten der Instanz bei fehlenden Kontrolldateien:
```
SQL> STARTUP
ORACLE instance started.

Total System Global Area  613797888 bytes
Fixed Size                  2215824 bytes
Variable Size             419430512 bytes
Database Buffers          188743680 bytes
Redo Buffers                3407872 bytes
ORA-00205: error in identifying control file, check alert log for more info
```

Wiederherstellung der Kontrolldateien vom Autobackup:
```
[oracle@wsi orcl]$ rman target / nocatalog
......
......

connected to target database: ORCL (not mounted)
using target database control file instead of recovery catalog

RMAN> RESTORE CONTROLFILE FROM AUTOBACKUP;

Starting restore at 21-JAN-10
allocated channel: ORA_DISK_1
channel ORA_DISK_1: SID=20 device type=DISK

recovery area destination: /u01/app/oracle/flash_recovery_area
database name (or database unique name) used for search: ORCL
```

Wiederherstellung von Datenbanken

```
channel ORA_DISK_1: AUTOBACKUP
/u01/app/oracle/flash_recovery_area/ORCL/autobackup/2010_01_21/o1_mf_s_708874
261_5oj186nb_.bkp found in the recovery area
AUTOBACKUP search with format "%F" not attempted because DBID was not set
channel ORA_DISK_1: restoring control file from AUTOBACKUP
/u01/app/oracle/flash_recovery_area/ORCL/autobackup/2010_01_21/o1_mf_s_708874
261_5oj186nb_.bkp
channel ORA_DISK_1: control file restore from AUTOBACKUP complete
output file name=/u01/app/oracle/oradata/orcl/control01.ctl
output file name=/u01/app/oracle/oradata/orcl/control02.ctl
Finished restore at 21-JAN-10
```

Anwenden der Archive auf die Datenbank:
```
RMAN> ALTER DATABASE MOUNT;

database mounted
released channel: ORA_DISK_1

RMAN> RECOVER DATABASE;
```

```
Starting recover at 21-JAN-10
Starting implicit crosscheck backup at 21-JAN-10
allocated channel: ORA_DISK_1
channel ORA_DISK_1: SID=20 device type=DISK
Crosschecked 1 objects
Finished implicit crosscheck backup at 21-JAN-10

Starting implicit crosscheck copy at 21-JAN-10
using channel ORA_DISK_1
Finished implicit crosscheck copy at 21-JAN-10

searching for all files in the recovery area
cataloging files...
cataloging done

List of Cataloged Files
=======================
File Name:
/u01/app/oracle/flash_recovery_area/ORCL/archivelog/2010_01_21/o1_mf_1_6_5ojd
8yl2_.arc
File Name:
/u01/app/oracle/flash_recovery_area/ORCL/autobackup/2010_01_21/o1_mf_s_708874
261_5oj186nb_.bkp

using channel ORA_DISK_1

starting media recovery
```

```
archived log for thread 1 with sequence 2 is already on disk as file
/u01/app/oracle/oradata/orcl/redo02.log
archived log file name=/u01/app/oracle/oradata/orcl/redo02.log thread=1 se-
quence=2
media recovery complete, elapsed time: 00:00:01
Finished recover at 21-JAN-10
```

Öffnen der Datenbank mit RESETLOGS:
```
RMAN> ALTER DATABASE OPEN RESETLOGS;

database opened
```

10.6.2. Wiederherstellung der Kontrolldateien aus einem Backupset ohne Sicherungskatalogdatenbank und AUTOBACKUP

Ist weder eine Sicherungskatalogdatenbank vorhanden noch die automatische Sicherung der Kontrolldatei aktiviert, so muss die Kontrolldatei manuell aus einem vorhandenen Backupset wiederhergestellt werden.

Befehlssyntax für die manuelle Wiederherstellung einer Kontrolldatei aus einem Backupset:
```
RESTORE CONTROLFILE FROM 'Pfad/Backupset';
```

Im ersten Schritt wird die Datenbank ID der Datenbank gesetzt. Die Datenbank ID kann aus verschiedenen Quellen ausgelesen werden.

Bei jedem Anmelden an der Zieldatenbank mit dem Recovery Manager erscheint die Datenbank ID im Ausgabefenster.

Setzen der Datenbank ID aus dem Recovery Manager:
```
[oracle@wsi orcl]$ rman target / nocatalog
......
connected to target database: ORCL (DBID=1236570874)
using target database control file instead of recovery catalog
```

Die Datenbank ID kann natürlich nur dann auf diesem Wege ermittelt werden, wenn die Datenbank intakt ist. Sollte diese ID nicht irgendwann im Vorfeld notiert worden sein, so besteht die Möglichkeit, die Datenbank ID mit Betriebssystemmitteln aus dem SYSAUX-Tablespace zu ermitteln.

Auslesen der Datenbank ID aus dem SYSAUX-Tablespace:
```
[oracle@wsi orcl]$ strings sysaux01.dbf |grep "database id"
ADDM:1236570874_1_2EADDM auto run: snapshots [1, 2], instance 1, database id 1236570874
ADDM:1236570874_1_2EADDM auto run: snapshots [1, 2], instance 1, database id 1236570874
ADDM:1236570874_1_2EADDM auto run: snapshots [1, 2], instance 1, database id 1236570874
```

Setzen der Datenbank ID mit SET DBID:
```
[oracle@wsi orcl]$ rman target / nocatalog
....
connected to target database (not started)

RMAN> set dbid=1236570874
executing command: SET DBID
```

Bei der Wiederherstellung der Kontrolldatei ist das Starten der Instanz in der NOMOUNT-Phase der zweite Schritt.

Starten der Instanz in der NOMOUNT-Phase:
```
RMAN> STARTUP NOMOUNT

Oracle instance started

Total System Global Area     613797888 bytes

Fixed Size                     2215824 bytes
Variable Size                419430512 bytes
Database Buffers             188743680 bytes
Redo Buffers                   3407872 bytes
```

Nachdem die Datenbank in die NOMOUNT-Phase gebracht wurde, kann die Kontrolldatei aus dem Backupset wiederhergestellt werden.

Wiederherstellung der Kontrolldatei aus einem Backupset:
```
RMAN> RESTORE CONTROLFILE FROM
2> '/u01/../2010_01_21/o1_mf_ncsnf_TAG20100121T141518_5ojnywsf_.bkp';

Starting restore at 21-JAN-10
using channel ORA_DISK_1

channel ORA_DISK_1: restoring control file
channel ORA_DISK_1: restore complete, elapsed time: 00:00:04
output file name=/u01/app/oracle/oradata/orcl/control01.ctl
output file name=/u01/app/oracle/oradata/orcl/control02.ctl
Finished restore at 21-JAN-10
```

Ist die Wiederherstellung abgeschlossen, wird die Datenbank mit MOUNT angebunden.

Mounten der Datenbank:
```
RMAN> ALTER DATABASE MOUNT;

database mounted
```

Zum Schluss werden die Archive mit RECOVER angewendet und die Datenbank mit RESETLOGS geöffnet.

Anwenden der Archive auf die Datenbank:
```
RMAN> RECOVER DATABASE;

Starting recover at 21-JAN-10
Starting implicit crosscheck backup at 21-JAN-10
allocated channel: ORA_DISK_1
channel ORA_DISK_1: SID=19 device type=DISK
Crosschecked 1 objects
Finished implicit crosscheck backup at 21-JAN-10

Starting implicit crosscheck copy at 21-JAN-10
using channel ORA_DISK_1
Finished implicit crosscheck copy at 21-JAN-10

searching for all files in the recovery area
```

```
cataloging files...
cataloging done

List of Cataloged Files
=======================
File Name:
/u01/app/oracle/flash_recovery_area/ORCL/backupset/2010_01_21/o1_mf_ncsnf_TAG
20100121T141518_5ojnywsf_.bkp

using channel ORA_DISK_1

starting media recovery

archived log for thread 1 with sequence 1 is already on disk as file
/u01/app/oracle/oradata/orcl/redo01.log
archived log file name=/u01/app/oracle/oradata/orcl/redo01.log thread=1 se-
quence=1
media recovery complete, elapsed time: 00:00:01
Finished recover at 21-JAN-10
```

Öffnen der Datenbank mit RESETLOGS:
```
RMAN> ALTER DATABASE OPEN RESETLOGS;
database opened
```

10.6.3. Wiederherstellung der Kontrolldateien mit einer Sicherungskatalogdatenbank

Wird eine Sicherungskatalogdatenbank verwendet, so beinhaltet sie alle Metadaten der Sicherungen, inklusive der Backupsets der Kontrolldateien. Müssen also die Kontrolldateien zurückgesichert werden, so können die Metadaten über die Sicherung der Kontrolldateien aus der Sicherungskatalogdatenbank ausgelesen werden. Damit der Recovery Manager weiß, um welche Datenbank es sich handelt, für die die Metadaten aus der Sicherungskatalogdatenbank extrahiert werden sollen, muss im Vorfeld die Datenbank ID gesetzt werden.

Die Wiederherstellung der Kontrolldateien erfolgt wie bei den vorherigen Methoden in der NOMOUNT-Phase der Instanz. Nachdem die Instanz in die NOMOUNT-Phase gebracht wurde, wird die Datenbank ID gesetzt.

Starten der Instanz in der NOMOUNT-Phase:
```
[oracle@wsi orcl]$ rman catalog rcat/rcat@rcat target sys/oracle

......

connected to target database (not started)
connected to recovery catalog database

RMAN> STARTUP NOMOUNT

Oracle instance started
Total System Global Area      613797888 bytes
Fixed Size                      2215824 bytes
Variable Size                 419430512 bytes
```

Wiederherstellung von Datenbanken

```
Database Buffers              188743680 bytes
Redo Buffers                    3407872 bytes
```

Setzen der Datenbank ID:
```
RMAN> set dbid=1236570874

executing command: SET DBID
database name is "ORCL" and DBID is 1236570874
```

Da der Recovery Manager nach dem Setzen der Datenbank ID weiß, um welche Datenbank es sich handelt, kann er die Sicherungsinformation über die Kontrolldateien der Datenbank aus der Sicherungskatalogdatenbank auslesen. Aus diesem Grund entfällt die Angabe eines Backupsets bei der Wiederherstellung der Kontrolldateien. Die Wiederherstellung wird dann über den Befehl RESTORE CONTROLFILE eingeleitet.

Zurücksichern der Kontrolldatei in Verbindung mit einer Katalogdatenbank:
```
RMAN> RESTORE CONTROLFILE;

Starting restore at 21-JAN-10
allocated channel: ORA_DISK_1
channel ORA_DISK_1: SID=19 device type=DISK

channel ORA_DISK_1: starting datafile backup set restore
channel ORA_DISK_1: restoring control file
channel ORA_DISK_1: reading from backup piece
/u01/app/oracle/flash_recovery_area/ORCL/backupset/2010_01_21/o1_mf_ncsnf_TAG
20100121T153527_5ojso8n9_.bkp
channel ORA_DISK_1: piece han-
dle=/u01/app/oracle/flash_recovery_area/ORCL/backupset/2010_01_21/o1_mf_ncsnf
_TAG20100121T153527_5ojso8n9_.bkp tag=TAG20100121T153527
channel ORA_DISK_1: restored backup piece 1
channel ORA_DISK_1: restore complete, elapsed time: 00:00:03
output file name=/u01/app/oracle/oradata/orcl/control01.ctl
output file name=/u01/app/oracle/oradata/orcl/control02.ctl
Finished restore at 21-JAN-10
```

Nachdem die Kontrolldateien wieder an ihren Ursprungsort zurückgesichert wurden, muss die Datenbank in die MOUNT-Phase gebracht werden, in der dann die Archive mit RECOVER DATABASE angewendet werden.

Mounten der Datenbank:
```
RMAN> ALTER DATABASE MOUNT;

database mounted
```

Wiederherstellung von Datenbanken

Anwenden der Archive in der MOUNT-Phase:
```
RMAN> RECOVER DATABASE;

Starting recover at 21-JAN-10
Starting implicit crosscheck backup at 21-JAN-10
allocated channel: ORA_DISK_1
channel ORA_DISK_1: SID=19 device type=DISK
Crosschecked 1 objects
Finished implicit crosscheck backup at 21-JAN-10

Starting implicit crosscheck copy at 21-JAN-10
using channel ORA_DISK_1
Finished implicit crosscheck copy at 21-JAN-10

searching for all files in the recovery area
cataloging files...
cataloging done

List of Cataloged Files
=======================
File Name: /u01/app/oracle/flash_recovery_area/ORCL/backupset/2010_01_21/o1_mf_ncsnf_TAG
20100121T153527_5ojso8n9_.bkp

using channel ORA_DISK_1

starting media recovery

archived log for thread 1 with sequence 1 is already on disk as file
/u01/app/oracle/oradata/orcl/redo01.log
archived log file name=/u01/app/oracle/oradata/orcl/redo01.log thread=1 sequence=1
media recovery complete, elapsed time: 00:00:01
Finished recover at 21-JAN-10
```

Der letzte Schritt des Wiederherstellungsprozesses ist das Öffnen der Datenbank mit der Option RESETLOGS.

Öffnen der Datenbank mit RESETLOGS:
```
RMAN> ALTER DATABASE OPEN RESETLOGS;

database opened
new incarnation of database registered in recovery catalog
starting full resync of recovery catalog
full resync complete
```

10.7. Disaster Recovery

Bei Totalverlust oder einem Serverumzug einer Datenbank kann diese mit dem Recovery Manager aus den erzeugten Sicherungen wiederhergestellt werden. Für die Wiederherstellung der Datenbank muss im Vorfeld die gesamte Infrastruktur des Servers vorhanden sein. Zu dieser Infrastruktur gehören alle Komponenten, die für den Betrieb der Datenbank notwendig sind.

Dazu gehören:

> ➤ Komplettes Betriebssystem mit allen Parametern und Kernel-Parametern

> ➤ Alle Umgebungsvariablen für die Oracle-Umgebung

> ➤ Installierte Oracle-Datenbanksoftware, die sich auf dem aktuellen Patch-Level der Datenbank befindet

> ➤ Konfigurierte Oracle Net Umgebung mit einem funktionierenden Listener

> ➤ Wird eine Sicherungskatalogdatenbank verwendet, so muss diese über Oracle Net erreichbar sein.

> ➤ Alle Sicherungen, die auf einem Plattenlaufwerk durchgeführt wurden, müssen an ihren Originalpfaden zu finden sein.

> ➤ Sicherungen, die auf einem Bandlaufwerk durchgeführt wurden, müssen über die zugehörige MML auf dem Bandlaufwerk erreichbar sein.

10.7.1. Schritte des Disaster Recovery

Nachdem ein voll funktionierender Server mit den entsprechend installierten und konfigurierten Komponenten vorliegt, kann die Wiederherstellung eingeleitet werden. Für die Wiederherstellung sind folgende Schritte notwendig, damit der Recovery Manager die Sicherungen erkennt und damit die Datenbank wieder in einen verwendbaren Zustand versetzen kann.

Durchzuführende Schritte beim Disaster Recovery:

1. Erstellen der ursprünglichen Ordnerstruktur für die Datenbank

2. Erzeugen einer neuen Kennwortdatei in dem Ordner $ORACLE_HOME/dbs unter Unix/Linux oder %ORACLE_HOME/database

3. Erzeugen einer Hilfsparameterdatei in dem Ordner $ORACLE_HOME/dbs unter Unix/Linux oder %ORACLE_HOME%/database für das Zurücksichern der eigentlichen Serverparameterdatei

4. Unter Windows muss mit dem Programm ORADIM ein neuer Dienst für die Oracle-Instanz erzeugt werden.

5. Anmelden an der nicht gestarteten Hilfsinstanz mit dem Recovery Manager und Starten der Hilfsinstanz in die NOMOUNT-Phase

6. Setzen der Datenbank ID

7. Zurücksichern der Serverparameterdatei aus dem AUTOBACKUP oder einem Backupset

8. Herunterfahren der Instanz und Starten der Datenbankinstanz mit der neuen Serverparameterdatei in der NOMOUNT-Phase

9. Zurücksichern der Kontrolldatei aus dem AUTOBACKUP oder einem Backupset

10. Starten der Instanz in die MOUNT-Phase

11. Sollen die Datenbankdateien an anderen Speicherorten abgelegt werden, so müssen diese neuen Orte mit dem Befehl SET NEWNAME für die Datenbankdateien definiert werden.

12. Zurücksichern der Datenbankdateien

13. Anwenden der Archive auf die Datenbank

14. Öffnen der Datenbank mit der Option RESETLOGS

10.7.2. Disaster Recovery einer Datenbank mit einer Sicherungskatalogdatenbank

Bei Komplettverlust einer Datenbank oder der Wiederherstellung einer Datenbank auf einem anderen Server muss im Vorfeld die Infrastruktur für die Datenbank wiederhergestellt werden. Erst wenn diese Infrastruktur wieder vorhanden ist, kann die Datenbank von den Sicherungen rekonstruiert werden. Dieses Beispiel orientiert sich an einem Disaster Recovery unter Linux.

Der erste Schritt besteht in der Erzeugung einer neuen Kennwortdatei mit dem Programm orapwd.

Erzeugen der Kennwortdatei:
```
[oracle@wsi orcl]$ orapwd file=$ORACLE_HOME/orapworcl password=oracle entries=10
```

Nach Erstellung der Kennwortdatei wird eine vorübergehende Parameterdatei verwendet, die zum Starten einer Instanz benötigt und unter der dann das eigentliche SPFILE aus der Sicherung zurückgeholt wird. Diese vorübergehende Parameterdatei benötigt nur die Parameter DB_BLOCK_SIZE für die Blockgröße der Datenbank und DB_NAME für den Namen der Datenbank.

Erzeugen einer Parameterdatei mit den Parametern:
```
vi $ORACLE_HOME/dbs/initorcl.ora
db_block_size=8192
db_name='orcl'
```

Darauf folgt das Anmelden an der Zieldatenbank und dem Sicherungskatalog.

Anmelden mit dem Recovery Manager:
```
[oracle@wsi orcl]$ export ORACLE_SID=orcl
[oracle@wsi orcl]$ rman catalog rcat/rcat@rcat target sys/oracle
......
connected to target database (not started)
connected to recovery catalog database
```

Damit der Recovery Manager die Sicherungen im Sicherungskatalog identifizieren kann, muss die Datenbank ID der zurückzusichernden Datenbank gesetzt werden.

Setzen der Datenbank ID:
```
RMAN> set DBID=1236570874
executing command: SET DBID
database name is "ORCL" and DBID is 1236570874
```

Als Nächstes wird die Instanz in die NOMOUNT-Phase gestartet, um das eigentliche SPFILE für die Instanz zurückzusichern.

Starten der Instanz in der NOMOUNT-Phase:
```
RMAN> STARTUP NOMOUNT

Oracle instance started

Total System Global Area    217157632 bytes

Fixed Size                    2211928 bytes
Variable Size               159387560 bytes
Database Buffers             50331648 bytes
Redo Buffers                  5226496 bytes
```

Das Zurücksichern des SPFILES erfolgt mit dem Befehl RESTORE SPFILE, welcher die Serverparameterdatei aus dem entsprechenden Backupset extrahiert und in den Ordner $ORACLE_HOME/dbs speichert.

Wiederherstellen der Parameterdatei aus der Sicherung:
```
RMAN> RESTORE SPFILE;

Starting restore at 21-JAN-10
allocated channel: ORA_DISK_1
channel ORA_DISK_1: SID=20 device type=DISK
channel ORA_DISK_1: starting datafile backup set restore
channel ORA_DISK_1: restoring SPFILE
output file name=/u01/app/oracle/product/11.2.0/dbhome_1/dbs/spfileorcl.ora
channel ORA_DISK_1: reading from backup piece
/u01/app/oracle/flash_recovery_area/ORCL/backupset/2010_01_21/o1_mf_ncsnf_TAG
20100121T163637_5ojx886t_.bkp
channel ORA_DISK_1: piece han-
dle=/u01/app/oracle/flash_recovery_area/ORCL/backupset/2010_01_21/o1_mf_ncsnf
_TAG20100121T163637_5ojx886t_.bkp tag=TAG20100121T163637
channel ORA_DISK_1: restored backup piece 1
channel ORA_DISK_1: restore complete, elapsed time: 00:00:01
Finished restore at 21-JAN-10
```

Da beim Starten die Serverparameterdatei Vorrang vor der Parameterdatei hat, wird die Instanz nun heruntergefahren und erneut gestartet, damit nun die Instanz auf Basis der Parameter der Serverparameterdatei aufgebaut wird. Dies ist notwendig, damit die Zielspeicherorte der Kontrolldateien für ihre Wiederherstellung bekannt sind.

Herunterfahren der Instanz und Starten mit dem zurückgesicherten SPFILE in der NOMOUNT-Phase:
```
RMAN> SHUTDOWN IMMEDIATE
Oracle instance shut down
RMAN> STARTUP NOMOUNT
connected to target database (not started)
Oracle instance started
......
```

Nach dem Neustart der Instanz mit der wiederhergestellten Serverparameterdatei können nun die Kontrolldateien zurückgesichert werden.

Zurücksichern der Kontrolldateien:
```
RMAN> RESTORE CONTROLFILE;

Starting restore at 21-JAN-10
allocated channel: ORA_DISK_1
channel ORA_DISK_1: SID=19 device type=DISK

channel ORA_DISK_1: starting datafile backup set restore
channel ORA_DISK_1: restoring control file
channel ORA_DISK_1: reading from backup piece
/u01/app/oracle/flash_recovery_area/ORCL/backupset/2010_01_21/o1_mf_ncsnf_TAG
20100121T163637_5ojx886t_.bkp
channel ORA_DISK_1: piece han-
dle=/u01/app/oracle/flash_recovery_area/ORCL/backupset/2010_01_21/o1_mf_ncsnf
_TAG20100121T163637_5ojx886t_.bkp tag=TAG20100121T163637
channel ORA_DISK_1: restored backup piece 1
channel ORA_DISK_1: restore complete, elapsed time: 00:00:01
output file name=/u01/app/oracle/oradata/orcl/control01.ctl
output file name=/u01/app/oracle/oradata/orcl/control02.ctl
Finished restore at 21-JAN-10
```

Der nächste Schritt besteht im Mounten der Instanz, damit die Ursprungsorte der Datendateien aus den zurückgesicherten Kontrolldateien ausgelesen werden können.

Mounten der Instanz für die Zurücksicherung der Datendateien:
```
RMAN> ALTER DATABASE MOUNT;

database mounted
```

Nach dem Mounten der Instanz wird die Zurücksicherung der Datenbankdateien gestartet.

Zurücksichern der Datenbankdateien:
```
RMAN> RESTORE DATABASE;

Starting restore at 21-JAN-10
Starting implicit crosscheck backup at 21-JAN-10
allocated channel: ORA_DISK_1
channel ORA_DISK_1: SID=19 device type=DISK
Crosschecked 1 objects
Finished implicit crosscheck backup at 21-JAN-10

Starting implicit crosscheck copy at 21-JAN-10
using channel ORA_DISK_1
Finished implicit crosscheck copy at 21-JAN-10

searching for all files in the recovery area
cataloging files...
cataloging done

List of Cataloged Files
=======================
File Name:
/u01/app/oracle/flash_recovery_area/ORCL/backupset/2010_01_21/o1_mf_ncsnf_TAG
20100121T163637_5ojx886t_.bkp
```

```
File Name:
/u01/app/oracle/flash_recovery_area/ORCL/archivelog/2010_01_21/o1_mf_1_4_5ojx
9dg5_.arc
......
using channel ORA_DISK_1

channel ORA_DISK_1: starting datafile backup set restore
channel ORA_DISK_1: specifying datafile(s) to restore from backup set
channel ORA_DISK_1: restoring datafile 00001 to
/u01/app/oracle/oradata/orcl/system01.dbf
channel ORA_DISK_1: restoring datafile 00002 to
/u01/app/oracle/oradata/orcl/sysaux01.dbf
channel ORA_DISK_1: restoring datafile 00003 to
/u01/app/oracle/oradata/orcl/undotbs01.dbf
channel ORA_DISK_1: restoring datafile 00004 to
/u01/app/oracle/oradata/orcl/users01.dbf
channel ORA_DISK_1: restoring datafile 00005 to
/u01/app/oracle/oradata/orcl/example01.dbf
channel ORA_DISK_1: reading from backup piece
/u01/app/oracle/flash_recovery_area/ORCL/backupset/2010_01_21/o1_mf_nnndf_TAG
20100121T163637_5ojx46lc_.bkp
channel ORA_DISK_1: piece han-
dle=/u01/app/oracle/flash_recovery_area/ORCL/backupset/2010_01_21/o1_mf_nnndf
_TAG20100121T163637_5ojx46lc_.bkp tag=TAG20100121T163637
channel ORA_DISK_1: restored backup piece 1
channel ORA_DISK_1: restore complete, elapsed time: 00:02:17
Finished restore at 21-JAN-10
```

Ist die Wiederherstellung der Datenbankdateien abgeschlossen, werden die Archive angewendet, um die Datenbank auf den aktuellen Stand zu bringen. Der Recovery Manager versucht so lange Archive auf die Datenbank anzuwenden, bis keines mehr gefunden wird, und bricht dann mit einer Fehlermeldung ab. Diese Fehlermeldung erscheint deshalb, weil die letzte beschriebene Redo-Log-Gruppe nicht archiviert wurde, der Recovery Manager diese aber als Archiv erwartet. Sollten diese Redo-Log-Gruppe noch vorhanden sein, könnte man sie dem Recovery Manager als Archiv anbieten.

Anwenden der Archive bis zur Fehlermeldung:
```
RMAN> RECOVER DATABASE;

Starting recover at 21-JAN-10
using channel ORA_DISK_1

starting media recovery

archived log for thread 1 with sequence 1 is already on disk as file
/u01/app/oracle/flash_recovery_area/ORCL/archivelog/2010_01_21/o1_mf_1_1_5ojx
93f2_.arc
......
archived log for thread 1 with sequence 5 is already on disk as file
/u01/app/oracle/flash_recovery_area/ORCL/archivelog/2010_01_21/o1_mf_1_5_5ojx
9fv1_.arc
archived log file
name=/u01/app/oracle/flash_recovery_area/ORCL/archivelog/2010_01_21/o1_mf_1_1
_5ojx93f2_.arc thread=1 sequence=1
......
```

```
archived log file
name=/u01/app/oracle/flash_recovery_area/ORCL/archivelog/2010_01_21/o1_mf_1_5
_5ojx9fvl_.arc thread=1 sequence=5
unable to find archived log
archived log thread=1 sequence=6
RMAN-00571: ===========================================================
RMAN-00569: =============== ERROR MESSAGE STACK FOLLOWS ===============
RMAN-00571: ===========================================================
RMAN-03002: failure of recover command at 01/21/2010 17:10:11
RMAN-06054: media recovery requesting unknown archived log for thread 1 with
sequence 6 and starting SCN of 1062172
```

Da die letzte beschriebene Redo-Log-Gruppe nicht archiviert wurde Der letzte Schritt ist das Öffnen der Datenbank mit RESETLOGS.

Öffnen der Datenbank mit RESETLOGS:
```
RMAN> ALTER DATABASE OPEN RESETLOGS;

database opened
new incarnation of database registered in recovery catalog
starting full resync of recovery catalog
full resync complete
```

10.7.3. Disaster Recovery einer Datenbank ohne Sicherungskatalogdatenbank

Die Wiederherstellung der gesamten Datenbank ohne Sicherungskatalogdatenbank wird fast genauso wie die Wiederherstellung mit Sicherungskatalogdatenbank ausgeführt. Der einzige Unterschied bei der Wiederherstellung besteht in der Zurücksicherung der Kontrolldatei und der Serverparameterdatei. Hierfür gibt es zwei Möglichkeiten der Wiederherstellung dieser Komponenten.

Eine Möglichkeit der Wiederherstellung ist die direkte Angabe eines Backupsets bei der Wiederherstellung der Kontrolldatei und der Serverparameterdatei oder es wird, wenn die automatische Sicherung der Kontrolldatei aktiviert ist, eine Sicherung aus dem AUTOBACKUP verwendet.

Erzeugen der Kennwortdatei:
```
[oracle@wsi orcl]$ orapwd file=$ORACLE_HOME/orapworcl password=oracle
entries=10
```

Erzeugen einer Parameterdatei mit den Parametern:
```
vi $ORACLE_HOME/initorcl.ora
db_block_size=8192
db_name='orcl'
```

Wiederherstellung von Datenbanken

Anmelden mit dem Recovery Manager ohne Sicherungskatalogdatenbank:
```
[oracle@wsi ~]$ rman target /
......
......
connected to target database (not started)
```

Setzen der Datenbank ID:
```
RMAN> set dbid=1236570874

executing command: SET DBID
```

Starten der Instanz mit der erzeugten Parameterdatei:
```
RMAN> STARTUP NOMOUNT

Oracle instance started

Total System Global Area     217157632 bytes

Fixed Size                     2211928 bytes
Variable Size                159387560 bytes
Database Buffers              50331648 bytes
Redo Buffers                   5226496 bytes
```

Bei der Wiederherstellung der Serverparameterdatei wird ein Backupset angegeben, welches die entsprechende Datei beinhaltet.

Wiederherstellung der Serverparameterdatei aus einem Backupset:
```
RMAN> RESTORE SPFILE FROM
'/u01/app/oracle/flash_recovery_area/ORCL/backupset/2010_01_22/o1_mf_ncsnf_TA
G20100122T085740_5olpr8gb_.bkp';

Starting restore at 22-JAN-10
using target database control file instead of recovery catalog
allocated channel: ORA_DISK_1
channel ORA_DISK_1: SID=19 device type=DISK

channel ORA_DISK_1: restoring spfile from AUTOBACKUP
/u01/app/oracle/flash_recovery_area/ORCL/backupset/2010_01_22/o1_mf_ncsnf_TAG
20100122T085740_5olpr8gb_.bkp
channel ORA_DISK_1: SPFILE restore from AUTOBACKUP complete
Finished restore at 22-JAN-10
```

Wurde die automatische Sicherung der Kontrolldatei aktiviert, so erfolgt die Wiederherstellung aus dem AUTOBACKUP.

Wiederherstellung der Serverparameterdatei aus dem Autobackup:
```
RMAN> RESTORE SPFILE AUTOBACKUP;
Starting restore at 22-JAN-10
using target database control file instead of recovery catalog
allocated channel: ORA_DISK_1
channel ORA_DISK_1: SID=19 device type=DISK
channel ORA_DISK_1: restoring spfile from AUTOBACKUP
/u01/app/oracle/flash_recovery_area/ORCL/backupset/2010_01_22/o1_mf_ncsnf_TAG
20100122T085740_5olpr8gb_.bkp
channel ORA_DISK_1: SPFILE restore from AUTOBACKUP complete
Finished restore at 22-JAN-10
```

Wiederherstellung von Datenbanken

Herunterfahren der Instanz und Starten mit der zurückgesicherten Parameterdatei:
```
RMAN> SHUTDOWN IMMEDIATE

Oracle instance shut down

RMAN> STARTUP NOMOUNT

connected to target database (not started)
Oracle instance started

Total System Global Area    613797888 bytes

Fixed Size                    2215824 bytes
Variable Size               419430512 bytes
Database Buffers            188743680 bytes
Redo Buffers                  3407872 bytes
```

Nach der Wiederherstellung der Serverparameterdatei muss die Kontrolldatei der Datenbank wiederhergestellt werden, was in diesem Beispiel über die direkte Angabe des letzten Backupsets der Kontrolldatei durchgeführt wird.

Wiederherstellung der Kontrolldatei aus einem Backupset:
```
RMAN> RESTORE CONTROLFILE FROM
'/u01/…/o1_mf_ncsnf_TAG20100122T085740_5olpr8gb_.bkp';

Starting restore at 22-JAN-10
allocated channel: ORA_DISK_1
channel ORA_DISK_1: SID=19 device type=DISK

channel ORA_DISK_1: restoring control file
channel ORA_DISK_1: restore complete, elapsed time: 00:00:03
output file name=/u01/app/oracle/oradata/orcl/control01.ctl
output file name=/u01/app/oracle/oradata/orcl/control02.ctl
Finished restore at 22-JAN-10
```

Wurde die automatische Sicherung der Kontrolldatei aktiviert, so kann die Kontrolldatei aus dem letzten AUTOBACKUP wiederhergestellt werden.

Wiederherstellung der Kontrolldatei vom Autobackup:
```
RMAN> RESTORE CONTROLFILE FROM AUTOBACKUP;

Starting restore at 22-JAN-10
allocated channel: ORA_DISK_1
channel ORA_DISK_1: SID=19 device type=DISK
channel ORA_DISK_1: restoring control file
channel ORA_DISK_1: restore complete, elapsed time: 00:00:03
output file name=/u01/app/oracle/oradata/orcl/control01.ctl
output file name=/u01/app/oracle/oradata/orcl/control02.ctl
Finished restore at 22-JAN-10
```

Mounten der Datenbank:
```
RMAN> ALTER DATABASE MOUNT;
database mounted
```

Wiederherstellung von Datenbanken

Wiederherstellung der Datenbankdateien aus dem Backupset:
```
RMAN> RESTORE DATABASE;

Starting restore at 22-JAN-10
Starting implicit crosscheck backup at 22-JAN-10
allocated channel: ORA_DISK_1
channel ORA_DISK_1: SID=19 device type=DISK
Crosschecked 1 objects
Finished implicit crosscheck backup at 22-JAN-10

Starting implicit crosscheck copy at 22-JAN-10
using channel ORA_DISK_1
Finished implicit crosscheck copy at 22-JAN-10

searching for all files in the recovery area
cataloging files...
cataloging done

List of Cataloged Files
=========================
File Name:
/u01/app/oracle/flash_recovery_area/ORCL/backupset/2010_01_22/o1_mf_ncsnf_TAG
20100122T085740_5olpr8gb_.bkp
File Name:
/u01/app/oracle/flash_recovery_area/ORCL/archivelog/2010_01_22/o1_mf_1_5_5olp
s4m0_.arc
File Name:
/u01/app/oracle/flash_recovery_area/ORCL/archivelog/2010_01_22/o1_mf_1_3_5olp
rzcl_.arc
File Name:
/u01/app/oracle/flash_recovery_area/ORCL/archivelog/2010_01_22/o1_mf_1_4_5olp
s0yn_.arc

using channel ORA_DISK_1

channel ORA_DISK_1: starting datafile backup set restore
channel ORA_DISK_1: specifying datafile(s) to restore from backup set
channel ORA_DISK_1: restoring datafile 00001 to
/u01/app/oracle/oradata/orcl/system01.dbf
......
......
channel ORA_DISK_1: reading from backup piece
/u01/app/oracle/flash_recovery_area/ORCL/backupset/2010_01_22/o1_mf_nnndf_TAG
20100122T085740_5olpmo33_.bkp
channel ORA_DISK_1: piece han-
dle=/u01/app/oracle/flash_recovery_area/ORCL/backupset/2010_01_22/o1_mf_nnndf
_TAG20100122T085740_5olpmo33_.bkp tag=TAG20100122T085740
channel ORA_DISK_1: restored backup piece 1
channel ORA_DISK_1: restore complete, elapsed time: 00:02:15
Finished restore at 22-JAN-10
```

Anwenden der Archive:
```
RMAN> RECOVER DATABASE;

Starting recover at 22-JAN-10
using channel ORA_DISK_1

starting media recovery

archived log for thread 1 with sequence 3 is already on disk as file
/u01/app/oracle/flash_recovery_area/ORCL/archivelog/2010_01_22/o1_mf_1_3_5olp
rzcl_.arc
......
......
```

Wiederherstellung von Datenbanken

```
archived log file
name=/u01/app/oracle/flash_recovery_area/ORCL/archivelog/2010_01_22/o1_mf_1_3
_5olprzcl_.arc thread=1 sequence=3
......
......
unable to find archived log
archived log thread=1 sequence=6
RMAN-00571: ===========================================================
RMAN-00569: =============== ERROR MESSAGE STACK FOLLOWS ===============
RMAN-00571: ===========================================================
RMAN-03002: failure of recover command at 01/22/2010 09:11:23
RMAN-06054: media recovery requesting unknown archived log for thread 1 with
sequence 6 and starting SCN of 1086478
```

Öffnen der Datenbank mit RESETLOGS:
```
RMAN> ALTER DATABASE OPEN RESETLOGS;

database opened
```

10.8. Klonen einer Datenbank

Mithilfe des Recovery Managers können aus einer Sicherung Datenbanken geklont werden. Ab Oracle 11g unterstützt der Recovery Manager sogar die Duplizierung von Datenbanken aus einer laufenden Produktivdatenbank, ohne die Verwendung einer Sicherung. In diesem Kapitel wird das Klonen von Datenbanken auf herkömmlichem Weg angesprochen, welches von allen gängigen Oracle-Versionen unterstützt wird.

Damit eine Datenbank auf einem neuen Server geklont werden kann, muss die gesamte Infrastruktur für die neue Datenbank auf diesem Server eingerichtet sein.

Dazu gehören:

- Komplettes Betriebssystem mit allen Parametern und Kernel-Parametern

- Alle Umgebungsvariablen für die Oracle-Umgebung

- Installierte Oracle-Datenbanksoftware, die sich auf dem aktuellen Patch-Level der Datenbank befindet

- Konfigurierte Oracle Net Umgebung mit einem funktionierenden Listener

- Wird eine Sicherungskatalogdatenbank verwendet, so muss diese über Oracle Net erreichbar sein.

- Alle Sicherungen, die auf einem Plattenlaufwerk durchgeführt wurden, müssen an ihren Originalpfaden zu finden sein.

- Sicherungen, die auf einem Bandlaufwerk durchgeführt wurden, müssen über die zugehörige MML auf dem Bandlaufwerk erreichbar sein.

10.8.1. Theorie des Klonens

Beim Klonen einer Datenbank müssen mehrere Verbindungen vom Recovery Manager aufgebaut werden.

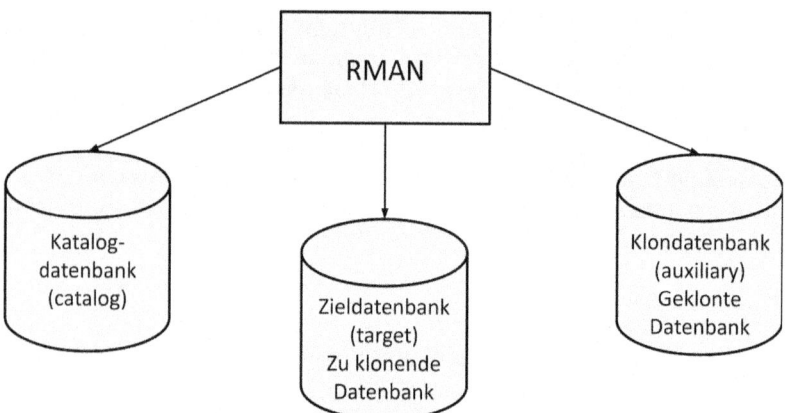

Abbildung 30: Verbindungen des Recovery Managers beim Klonvorgang

Eine Verbindung zeigt zur Zieldatenbank, die als Ausgangsbasis für den Klonprozess dient und deren Sicherungen zur Erstellung der Klondatenbank verwendet werden. Bei Betrieb einer Sicherungskatalogdatenbank wird zu ihr eine weitere Verbindung aufgebaut. Die letzte Verbindung zeigt auf eine Hilfsinstanz, welche als Ausgangsinstanz der geklonten Datenbank verwendet wird.

Nachdem diese Verbindungen eingerichtet sind, kann der Start des Klonprozesses erfolgen, der die Datenbanksicherung der Zielinstanz verwendet und diese über die Verbindung der Hilfsinstanz zurückspielt.

Wichtig:
Im Klonprozess erhält die geklonte Datenbank eine neue Datenbank ID, um sie von der Quelldatenbank zu unterscheiden, sodass sie in der Sicherungskatalogdatenbank aufgenommen werden kann, falls eine solche verwendet wird. Diese Datenbank ID wird automatisch durch den Recovery Manager erzeugt und vergeben.

10.8.2. Der Befehl DUPLICATE

Nachdem alle Vorbereitungen für den Klonprozess getroffen wurden, kann er mit dem Befehl DUPLICATE eingeleitet werden. Der DUPLICATE-Befehl führt folgende Schritte automatisch beim Duplizieren der Datenbank aus:

- Erzeugen neuer Kontrolldateien für die Klondatenbank
- Zurückspielen der entsprechenden Sicherung für die Wiederherstellung
- Durchführung einer unvollständigen Wiederherstellung der Klondatenbank durch Anwenden der dazugehörigen Archive
- Neustarten der Kloninstanz
- Öffnen der Klondatenbank mit der Option RESETLOGS
- Vergabe einer neuen Datenbank ID

Zusätzlich unterstützt der DUPLICATE-Befehl eine unvollständige Wiederherstellung der Klondatenbank, was bedeutet, dass eine Klondatenbank auch zeitlich zu einem vorherigen Zeitpunkt der Quelldatenbank wiederhergestellt werden kann.

Befehlssyntax für das Klonen einer Datenbank:
```
DUPLICATE TARGET DATABASE TO Name;
```

Des Weiteren können beim Duplizieren Zusatzoptionen angegeben werden, die den Klonprozess beeinflussen. Folgende Optionen werden beim Duplizieren unterstützt:

Zusatzoptionen für den DUPLICATE-Befehl:

NOFILENAMECHECK	Diese Option ist wichtig, wenn die Ordnerstruktur der Klondatenbank identisch mit der Quelldatenbank ist. Sollte dies der Fall sein, so schlägt ohne Angabe dieser Option der Klonprozess fehl, weil der Recovery Manager ein Überschreiben von Datendateien der Produktivdatenbank verhindern möchte.
SKIP TABLESPACE	Mithilfe dieser Option können angegebene Tablespaces beim Klonenprozess ausgeschlossen werden, wenn sie nicht in der Klondatenbank vorhanden sein sollen.
SKIP READONLY	Sollen schreibgeschützte Tablespaces beim Klonen ausgeschlossen werden, so kann dies mithilfe dieser Option erreicht werden.
OPEN RESTRICTED	Durch Verwendung dieser Option wird die Datenbank nach dem erfolgreichen Klonen im RESTRICTED-Modus geöffnet, damit für weitere administrative Aktivitäten eine Anmeldung nur durch Administratoren möglich ist.

10.8.3. Schritte des Klonens

Nach Aufsetzen eines neuen Datenbankservers und der Konfiguration der Infrastruktur sind für den Klonvorgang folgende Schritte durchzuführen:

1. Erstellen einer Parameterdatei für die Hilfsinstanz im Ordner $ORACLE_HOME/dbs unter Unix/Linux oder %ORACLE_HOME/database unter Windows

2. Erstellen einer Kennwortdatei für die Hilfsinstanz in dem Ordner $ORACLE_HOME/dbs unter Unix/Linux oder %ORACLE_HOME/database unter Windows

3. Unter Windows muss für die neue Instanz ein Dienst mit dem Programm oradim erzeugt werden.

4. Registrieren der Hilfsinstanz beim Listener

5. Starten der Hilfsinstanz in die NOMOUNT-Phase

6. Starten des Recovery Managers unter Verbindung zu den einzelnen Zielen

7. Starten des Klonprozesses mit DUPLICATE aus dem Recovery Manager mit eventueller Kanalerstellung zu den Sicherungsmedien

10.8.4. Klonen einer Datenbank unter Verwendung einer Sicherungskatalogdatenbank

Der erste Schritt des Klonvorgangs ist die Erzeugung einer Parameterdatei aus der zu klonenden Datenbank. Die Erstellung der Parameterdatei kann vorzugsweise mit dem Befehl CREATE PFILE FROM SPFILE durchgeführt werden, deren Inhalt nach Erstellung auf die notwendigen Parameter reduziert und konfiguriert werden muss. Der nachfolgende Inhalt der Parameterdatei zeigt, dass die Zielorte für die Kontrolldateien und der Instanzname für die zu klonende Datenbank angepasst wurden. Im ersten Schritt sollte die Parameterdatei auf die grundlegenden Parameter reduziert werden. Alle weiteren Parameter, die in der Produktivdatenbank eingestellt sind, können nachträglich nach der Durchführung des Klonvorgangs gesetzt werden.

Da die Redo-Log-Dateien und die Datenbankdateien auf dem Zielserver eventuell unter einem anderen Verzeichnispfad abgelegt werden sollen, werden für die Konvertierung der Zielorte die Parameter DB_FILE_NAME_CONVERT und LOG_FILE_NAME_CONVERT verwendet.

Inhalt der Parameterdatei für die Klondatenbank:
```
*.control_files='/u01/app/oracle/oradata/orc2/control01.ctl','/u01/app/oracle/oradata/orc2/control02.ctl'
*.db_block_size=8192
*.db_name='orc2'
*.db_recovery_file_dest='/u01/app/oracle/flash_recovery_area'
*.db_recovery_file_dest_size=4070572032
*.remote_login_passwordfile='EXCLUSIVE'
*.undo_tablespace='UNDOTBS1'
*.DB_FILE_NAME_CONVERT='/u01/app/oracle/oradata/orcl/','/u01/app/oracle/orada
ta/orc2/'
*.LOG_FILE_NAME_CONVERT='/u01/app/oracle/oradata/orcl/','/u01/app/oracle/orad
ata/orc2/'
```

Nach Editierung der Parameterdatei wird sie unter dem Pfad $ORACLE_HOME/dbs für Linux/Unix oder unter %ORACLE_HOME%/database für Windows mit dem Namen init<sid>.ora, in diesem Fall initorc2.ora, gespeichert.

Der nächste Schritt besteht in der Erzeugung einer neuen Kennwortdatei mit dem Programm orapwd.

Erzeugen der Kennwortdatei:
```
[oracle@wsi]$ orapwd file=$ORACLE_HOME/dbs/orapworc2 password=oracle ent-
ries=10
```

Um über das Netzwerk auf die Hilfsinstanz zugreifen zu können, muss auf dem Klonserver der Listener einen statischen Eintrag für die Hilfsinstanz in der Konfigurationsdatei listener.ora erhalten.

Bearbeitung der Listener-Konfigurationsdatei:
```
vi $ORACLE_HOME/network/admin/listener.ora
```

Inhalt der Listener-Konfigurationsdatei:
```
SID_LIST_LISTENER =
    (SID_DESC =
      (GLOBAL_DBNAME = orc2)
      (ORACLE_HOME = /u01/app/oracle/product/11.2.0/dbhome_1)
      (SID_NAME = orc2)
    )
  )
LISTENER =
  (DESCRIPTION =
    (ADDRESS = (PROTOCOL = TCP)(HOST = wsi)(PORT = 1521))
  )
```

Um den Listener zu veranlassen, die Konfigurationsdatei listener.ora erneut auszulesen, wird das Listener-Control-Programm gestartet.

Erneutes Auslesen der Listener-Konfigurationsdatei:
```
[oracle@wsi dbs]$ lsnrctl reload
......
......
Connecting to
(DESCRIPTION=(ADDRESS=(PROTOCOL=TCP)(HOST=wsi.oracle.cam)(PORT=1521)))
The command completed successfully
```

Nach der Konfiguration der Hilfsinstanz und des Listeners auf dem Klonserver kann die Instanz in die NOMOUNT-Phase gebracht werden.

Starten der Hilfsinstanz (Auxiliary-Instanz) in der NOMOUNT-Phase:
```
[oracle@wsi dbs]$ sqlplus sys/oracle@orc2 as sysdba
......
......
Connected to an idle instance.

SQL> startup nomount
ORACLE instance started.

Total System Global Area   217157632 bytes
Fixed Size                   2211928 bytes
Variable Size              159387560 bytes
Database Buffers            50331648 bytes
Redo Buffers                 5226496 bytes
```

Ist die Hilfsinstanz gestartet, müssen die entsprechenden Verbindungen zur Zieldatenbank, zur Sicherungskatalogdatenbank und zur Hilfsinstanz aufgebaut werden. Die Verbindung zur Hilfsinstanz wird durch die Verbindungsoption AUXILIARY des Recovery Managers definiert.

Anmelden an der Ziel-, Katalog- und Hilfsinstanz:
```
[oracle@wsi dbs]$ rman target sys/oracle@orcl catalog rcat/rcat@rcat
auxiliary sys/oracle@orc2
......
connected to target database: ORCL (DBID=1236570874)
connected to recovery catalog database
connected to auxiliary database: ORC2 (not mounted)
```

Nach dieser Vorbereitung kann das Starten des Klonprozesses aus dem Recovery Manager mit dem Befehle DUPLICATE eingeleitet werden.

Befehlssyntax für den Klonprozess:
```
DUPLICATE TARGET DATABASE TO Name;
```

Starten des Klonprozesses der Datenbank orcl auf orc2:
```
RMAN> DUPLICATE TARGET DATABASE TO orc2;

Starting Duplicate Db at 22-JAN-10
starting full resync of recovery catalog
full resync complete
allocated channel: ORA_AUX_DISK_1
channel ORA_AUX_DISK_1: SID=19 device type=DISK

contents of Memory Script:
{
   sql clone "create spfile from memory";
}
executing Memory Script

sql statement: create spfile from memory

contents of Memory Script:
{
   shutdown clone immediate;
   startup clone nomount;
}
executing Memory Script

Oracle instance shut down

connected to auxiliary database (not started)
Oracle instance started

Total System Global Area      217157632 bytes

Fixed Size                      2211928 bytes
Variable Size                 159387560 bytes
Database Buffers               50331648 bytes
Redo Buffers                    5226496 bytes

contents of Memory Script:
{
   sql clone "alter system set  db_name =
 ''ORCL'' comment=
 ''Modified by RMAN duplicate'' scope=spfile";
   sql clone "alter system set  db_unique_name =
 ''ORC2'' comment=
 ''Modified by RMAN duplicate'' scope=spfile";
   shutdown clone immediate;
   startup clone force nomount
   restore clone primary controlfile;
   alter clone database mount;
}
executing Memory Script

sql statement: alter system set  db_name =  ''ORCL'' comment= ''Modified by
RMAN duplicate'' scope=spfile

sql statement: alter system set  db_unique_name =  ''ORC2'' comment= ''Modi-
fied by RMAN duplicate'' scope=spfile

Oracle instance shut down

Oracle instance started

Total System Global Area      217157632 bytes
```

Wiederherstellung von Datenbanken

```
Fixed Size                    2211928 bytes
Variable Size               159387560 bytes
Database Buffers             50331648 bytes
Redo Buffers                  5226496 bytes

Starting restore at 22-JAN-10
allocated channel: ORA_AUX_DISK_1
channel ORA_AUX_DISK_1: SID=18 device type=DISK

channel ORA_AUX_DISK_1: starting datafile backup set restore
channel ORA_AUX_DISK_1: restoring control file
channel ORA_AUX_DISK_1: reading from backup piece
/u01/app/oracle/flash_recovery_area/ORCL/backupset/2010_01_22/o1_mf_ncsnf_TAG
20100122T143937_5ombs4px_.bkp
channel ORA_AUX_DISK_1: piece han-
dle=/u01/app/oracle/flash_recovery_area/ORCL/backupset/2010_01_22/o1_mf_ncsnf
_TAG20100122T143937_5ombs4px_.bkp tag=TAG20100122T143937
channel ORA_AUX_DISK_1: restored backup piece 1
channel ORA_AUX_DISK_1: restore complete, elapsed time: 00:00:04
output file name=/u01/app/oracle/oradata/orc2/control01.ctl
output file name=/u01/app/oracle/oradata/orc2/control02.ctl
Finished restore at 22-JAN-10

database mounted

contents of Memory Script:
{
   set until scn  1101504;
   set newname for datafile  1 to
 "/u01/app/oracle/oradata/orc2/system01.dbf";
   set newname for datafile  2 to
 "/u01/app/oracle/oradata/orc2/sysaux01.dbf";
   set newname for datafile  3 to
 "/u01/app/oracle/oradata/orc2/undotbs01.dbf";
   set newname for datafile  4 to
 "/u01/app/oracle/oradata/orc2/users01.dbf";
   set newname for datafile  5 to
 "/u01/app/oracle/oradata/orc2/example01.dbf";
   restore
   clone database
   ;
}
executing Memory Script

executing command: SET until clause

executing command: SET NEWNAME

Starting restore at 22-JAN-10
using channel ORA_AUX_DISK_1
channel ORA_AUX_DISK_1: starting datafile backup set restore
channel ORA_AUX_DISK_1: specifying datafile(s) to restore from backup set
channel ORA_AUX_DISK_1: restoring datafile 00001 to
/u01/app/oracle/oradata/orc2/system01.dbf
channel ORA_AUX_DISK_1: restoring datafile 00002 to
/u01/app/oracle/oradata/orc2/sysaux01.dbf
channel ORA_AUX_DISK_1: restoring datafile 00003 to
/u01/app/oracle/oradata/orc2/undotbs01.dbf
channel ORA_AUX_DISK_1: restoring datafile 00004 to
/u01/app/oracle/oradata/orc2/users01.dbf
channel ORA_AUX_DISK_1: restoring datafile 00005 to
/u01/app/oracle/oradata/orc2/example01.dbf
channel ORA_AUX_DISK_1: reading from backup piece
/u01/app/oracle/flash_recovery_area/ORCL/backupset/2010_01_22/o1_mf_nnndf_TAG
20100122T143937_5ombntc1_.bkp
```

```
channel ORA_AUX_DISK_1: piece han-
dle=/u01/app/oracle/flash_recovery_area/ORCL/backupset/2010_01_22/o1_mf_nnndf
_TAG20100122T143937_5ombntc1_.bkp tag=TAG20100122T143937
channel ORA_AUX_DISK_1: restored backup piece 1
channel ORA_AUX_DISK_1: restore complete, elapsed time: 00:02:06
Finished restore at 22-JAN-10

contents of Memory Script:
{
   switch clone datafile all;
}
executing Memory Script

datafile 1 switched to datafile copy
input datafile copy RECID=30 STAMP=708971647 file
name=/u01/app/oracle/oradata/orc2/system01.dbf
datafile 2 switched to datafile copy
input datafile copy RECID=31 STAMP=708971647 file
name=/u01/app/oracle/oradata/orc2/sysaux01.dbf
datafile 3 switched to datafile copy
input datafile copy RECID=32 STAMP=708971647 file
name=/u01/app/oracle/oradata/orc2/undotbs01.dbf
datafile 4 switched to datafile copy
input datafile copy RECID=33 STAMP=708971647 file
name=/u01/app/oracle/oradata/orc2/users01.dbf
datafile 5 switched to datafile copy
input datafile copy RECID=34 STAMP=708971647 file
name=/u01/app/oracle/oradata/orc2/example01.dbf

contents of Memory Script:
{
   set until scn  1101504;
   recover
   clone database
    delete archivelog
   ;
}
executing Memory Script

executing command: SET until clause

Starting recover at 22-JAN-10
using channel ORA_AUX_DISK_1

starting media recovery

archived log for thread 1 with sequence 6 is already on disk as file
/u01/app/oracle/flash_recovery_area/ORCL/archivelog/2010_01_22/o1_mf_1_6_5omc
b15z_.arc
archived log file
name=/u01/app/oracle/flash_recovery_area/ORCL/archivelog/2010_01_22/o1_mf_1_6
_5omcb15z_.arc thread=1 sequence=6
media recovery complete, elapsed time: 00:00:02
Finished recover at 22-JAN-10

contents of Memory Script:
{
   shutdown clone immediate;
   startup clone nomount;
   sql clone "alter system set  db_name =
 ''ORC2'' comment=
 ''Reset to original value by RMAN'' scope=spfile";
   sql clone "alter system reset  db_unique_name scope=spfile";
   shutdown clone immediate;
   startup clone nomount;
}
```

Wiederherstellung von Datenbanken

```
executing Memory Script

database dismounted
Oracle instance shut down

connected to auxiliary database (not started)
Oracle instance started

Total System Global Area     217157632 bytes
Fixed Size                     2211928 bytes
Variable Size                159387560 bytes
Database Buffers              50331648 bytes
Redo Buffers                   5226496 bytes

sql statement: alter system set  db_name =  ''ORC2'' comment= ''Reset to
original value by RMAN'' scope=spfile

sql statement: alter system reset  db_unique_name scope=spfile

Oracle instance shut down

connected to auxiliary database (not started)
Oracle instance started

Total System Global Area     217157632 bytes
Fixed Size                     2211928 bytes
Variable Size                159387560 bytes
Database Buffers              50331648 bytes
Redo Buffers                   5226496 bytes
sql statement: CREATE CONTROLFILE REUSE SET DATABASE "ORC2" RESETLOGS
ARCHIVELOG
    MAXLOGFILES     16
    MAXLOGMEMBERS    3
    MAXDATAFILES   100
    MAXINSTANCES     8
    MAXLOGHISTORY   292
 LOGFILE
   GROUP  1 ( '/u01/app/oracle/oradata/orc2/redo01.log' ) SIZE 20 M  REUSE,
   GROUP  2 ( '/u01/app/oracle/oradata/orc2/redo02.log' ) SIZE 20 M  REUSE,
   GROUP  3 ( '/u01/app/oracle/oradata/orc2/redo03.log' ) SIZE 20 M  REUSE
 DATAFILE
   '/u01/app/oracle/oradata/orc2/system01.dbf'
 CHARACTER SET WE8MSWIN1252


contents of Memory Script:
{
   set newname for tempfile  1 to
 "/u01/app/oracle/oradata/orc2/temp01.dbf";
   switch clone tempfile all;
   catalog clone datafilecopy  "/u01/app/oracle/oradata/orc2/sysaux01.dbf",
 "/u01/app/oracle/oradata/orc2/undotbs01.dbf",
 "/u01/app/oracle/oradata/orc2/users01.dbf",
 "/u01/app/oracle/oradata/orc2/example01.dbf";
   switch clone datafile all;
}
executing Memory Script

executing command: SET NEWNAME

renamed tempfile 1 to /u01/app/oracle/oradata/orc2/temp01.dbf in control file

cataloged datafile copy
datafile copy file name=/u01/app/oracle/oradata/orc2/sysaux01.dbf RECID=1
STAMP=708971675
cataloged datafile copy
```

```
datafile copy file name=/u01/app/oracle/oradata/orc2/undotbs01.dbf RECID=2
STAMP=708971675
cataloged datafile copy
datafile copy file name=/u01/app/oracle/oradata/orc2/users01.dbf RECID=3
STAMP=708971675
cataloged datafile copy
datafile copy file name=/u01/app/oracle/oradata/orc2/example01.dbf RECID=4
STAMP=708971675

datafile 2 switched to datafile copy
input datafile copy RECID=1 STAMP=708971675 file
name=/u01/app/oracle/oradata/orc2/sysaux01.dbf
datafile 3 switched to datafile copy
input datafile copy RECID=2 STAMP=708971675 file
name=/u01/app/oracle/oradata/orc2/undotbs01.dbf
datafile 4 switched to datafile copy
input datafile copy RECID=3 STAMP=708971675 file
name=/u01/app/oracle/oradata/orc2/users01.dbf
datafile 5 switched to datafile copy
input datafile copy RECID=4 STAMP=708971675 file
name=/u01/app/oracle/oradata/orc2/example01.dbf

contents of Memory Script:
{
   Alter clone database open resetlogs;
}
executing Memory Script

database opened
Finished Duplicate Db at 22-JAN-10
```

Im letzten Schritt werden alle zusätzlich nötigen Parameter in der Serverparameterdatei angepasst.

10.8.5. Klonen einer Datenbank ohne Sicherungskatalogdatenbank

Wird keine Sicherungskatalogdatenbank, also nur die Kontrolldatei der Zieldatenbank als Sicherungskatalog verwendet, so kann ebenfalls ein Klonprozess gestartet werden. Der einzige Unterschied besteht darin, dass keine Verbindung zu einer Sicherungskatalogdatenbank besteht. Alle weiteren Schritte zum Klonen sind denen mit einer Sicherungskatalogdatenbank identisch.

10.8.6. Klonen einer Datenbank ohne Backup

Ab Oracle 11g kann aus einer aktiven Datenbank ohne Backup geklont werden. Die entsprechenden Vorbereitungen sind zum normalen Clone-Vorgang identisch, allerdings benötigt die Auxiliary-Instanz keinen Zugriff auf ein Backup. Der Clone-Vorgang wird über RMAN mit dem folgendem Befehl eingeleitet:

```
DUPLICATE TARGET DATABASE TO [Clone-Datenbank] FROM ACTIVE DATABASE;
```

10.9. BLOCKRECOVER

Unter Umständen kann es vorkommen, dass aufgrund von Software- oder Hardwareproblemen defekte Blöcke in der Datenbank entstehen. Ist beispielsweise ein Baustein des Hauptspeichers defekt, so besteht die Möglichkeit, dass die Blöcke, die sich in diesem defekten Bereich befinden, ebenfalls defekt in die Datenbank geschrieben werden könnten.

Bei defekten Blöcken wird zwischen physisch und logisch korrupt unterschieden. Physisch korrupte Blöcke sind Blöcke, die in ihrer Struktur von Oracle nicht wiedererkannt werden können. Logisch korrupte Blöcke sind Blöcke, deren Blockstruktur zwar intakt ist, aber deren Inhalte Fehler aufweisen. In beiden Fällen sollte die Ursache dieser defekten Blöcke lokalisiert werden, da selbst nach einer Reparatur ein erneutes Auftauchen von defekten Blöcken möglich ist, wenn die äußere Umgebung sie verursacht hat.

Ab Oracle 9i wurde die Möglichkeit der Wiederherstellung von einzelnen Datenbankblöcken eingeführt. Dies ist die einzige Möglichkeit, einzelne defekte Blöcke zu reparieren beziehungsweise wiederherzustellen. Aufgrund dieser Möglichkeit ist es nicht mehr notwendig, die gesamte Datenbankdatei wiederherzustellen, sondern es reicht aus, aus einer Sicherung den Block oder die defekten Blöcke zurückzuspielen. Hierdurch wird Zeit beim Wiederherstellungsprozess gespart und die Datenbank ist schneller wieder verfügbar.

Voraussetzung für die Wiederherstellung einzelner Blöcke ist der Betrieb der Datenbank im ARCHIVELOG-Modus sowie die Oracle-Enterpriseversion.

10.9.1. Erkennen von defekten Blöcken

Dass sich defekte Blöcke in der Datenbank befinden, kann auf unterschiedlichen Wegen herausgefunden werden. Zum einen führt der Recovery Manager bei jeder Sicherung eine Blocküberprüfung auf physischer Ebene durch, die einen Abbruch des Sicherungsvorgangs zur Folge hat, wenn defekte physische Blöcke gefunden werden. Somit ist es sinnvoll, nach jeder Sicherung eine Überprüfung der Protokolldateien durchzuführen, um zu bestimmen, ob die Sicherung erfolgreich war und nicht aufgrund von defekten Blöcken abgebrochen wurde.

Sichern eines Tablespaces mit defekten Blöcken:
```
RMAN> BACKUP TABLESPACE EXAMPLE;

Starting backup at 25-JAN-10
using channel ORA_DISK_1
channel ORA_DISK_1: starting full datafile backup set
channel ORA_DISK_1: specifying datafile(s) in backup set
input datafile file number=00005
name=/u01/app/oracle/oradata/orcl/example01.dbf
channel ORA_DISK_1: starting piece 1 at 25-JAN-10
RMAN-00571: ===========================================================
RMAN-00569: =============== ERROR MESSAGE STACK FOLLOWS ===============
RMAN-00571: ===========================================================
RMAN-03009: failure of backup command on ORA_DISK_1 channel at 01/25/2010
12:12:43
ORA-19566: exceeded limit of 0 corrupt blocks for file
/u01/app/oracle/oradata/orcl/example01.dbf
```

Wird auf eine Tabelle mit defekten Blöcken zugegriffen, so erscheint die unten angegebene Fehlermeldung:

Zugriff auf eine Tabelle mit defekten Blöcken:
```
SQL> SELECT * FROM EMPLOYEES;
SELECT * FROM EMPLOYEES
            *
ERROR at line 1:
ORA-01578: ORACLE data block corrupted (file # 5, block # 203)
ORA-01110: data file 5: '/u01/app/oracle/oradata/orcl/example01.dbf'
```

Der Inhalt der Fehlermeldung bestimmt, in welcher Datendatei welcher Block als Erstes als defekt lokalisiert wurde. Sind mehrere Blöcke defekt, so werden die weiteren defekten Blöcke in der Fehlermeldung nicht angezeigt. Sollen alle defekten Blöcke innerhalb der Datenbank gefunden werden, kann dies mithilfe des in Oracle 11g verfügbaren Befehls VALIDATE erreicht werden:

Befehlssyntax des VALIDATE-Befehls zur Lokalisierung defekter Blöcke:
```
VALIDATE [DATABASE | TABLESPACE Tbs1,Tbs2,..TBSn | DATAFILE 1,2,..,n]
```

Überprüfung auf defekte Blöcke eines Tablespaces:
```
RMAN> VALIDATE TABLESPACE EXAMPLE;

Starting validate at 25-JAN-10
using target database control file instead of recovery catalog
allocated channel: ORA_DISK_1
channel ORA_DISK_1: SID=1 device type=DISK
channel ORA_DISK_1: starting validation of datafile
channel ORA_DISK_1: specifying datafile(s) for validation
input datafile file number=00005
name=/u01/app/oracle/oradata/orcl/example01.dbf
channel ORA_DISK_1: validation complete, elapsed time: 00:00:08
List of Datafiles
=================
File Status Marked Corrupt Empty Blocks Blocks Examined High SCN
---- ------ -------------- ------------ --------------- --------
5    FAILED 0              1738         12803           965279
  File Name: /u01/app/oracle/oradata/orcl/example01.dbf
  Block Type Blocks Failing Blocks Processed
```

Wiederherstellung von Datenbanken

```
----------   ---------------   ----------------
Data         2                 4409
Index        0                 1262
Other        1                 5391

validate found one or more corrupt blocks
See trace file /u01/app/oracle/diag/rdbms/orcl/orcl/trace/orcl_ora_12726.trc
for details
Finished validate at 25-JAN-10
```

Diese Überprüfung wird allerdings nur auf physischer Ebene durchgeführt, was bedeutet, dass nur physisch korrupte Blöcke gefunden werden. Soll eine Überprüfung zusätzlich auch auf logischer Ebene erfolgen, so muss die Zusatzoption CHECK LOGICAL angegeben werden.

Überprüfung von Tablespaces auf logisch korrupte Blöcke:
```
RMAN> VALIDATE TABLESPACE EXAMPLE CHECK LOGICAL;

Starting validate at 25-JAN-10
using channel ORA_DISK_1
channel ORA_DISK_1: starting validation of datafile
channel ORA_DISK_1: specifying datafile(s) for validation
input datafile file number=00005
name=/u01/app/oracle/oradata/orcl/example01.dbf
channel ORA_DISK_1: validation complete, elapsed time: 00:00:03
List of Datafiles
=================
File Status Marked Corrupt Empty Blocks Blocks Examined High SCN
---- ------ --------------- ------------ --------------- --------
5    FAILED 0               1738         12803           965279
  File Name: /u01/app/oracle/oradata/orcl/example01.dbf
  Block Type Blocks Failing Blocks Processed
  ---------- -------------- ----------------
  Data       0              4410
  Index      1              1262
  Other      0              5390

validate found one or more corrupt blocks
See trace file /u01/app/oracle/diag/rdbms/orcl/orcl/trace/orcl_ora_12726.trc
for details
Finished validate at 25-JAN-10
```

10.9.2. Der Befehl BLOCKRECOVER

Durch den Befehl BLOCKRECOVER, in 11g geht auch nur RECOVER, können die defekten Blöcke aus den vorhandenen Sicherungen wiederhergestellt werden. Hierbei werden die Datendatei und die Blöcke, die wiederhergestellt werden sollen, angegeben. Die Informationen dazu sind der Fehlermeldung zu entnehmen.

Befehlssyntax für die Wiederherstellung einzelner defekter Blöcke:
```
BLOCKRECOVER DATAFILE Nummer BLOCK Block1,Block2,…,BlockN
```

Wiederherstellung von Datenbanken

Beispiel für die Wiederherstellung eines einzelnen Blocks:
```
RMAN> BLOCKRECOVER DATAFILE 5 BLOCK 159;

Starting recover at 25-JAN-10
using channel ORA_DISK_1

channel ORA_DISK_1: restoring block(s)
channel ORA_DISK_1: specifying block(s) to restore from backup set
restoring blocks of datafile 00005
channel ORA_DISK_1: reading from backup piece
/u01/app/oracle/flash_recovery_area/ORCL/backupset/2010_01_25/o1_mf_nnndf_TAG
20100125T113603_5otx0ntf_.bkp
channel ORA_DISK_1: piece han-
dle=/u01/app/oracle/flash_recovery_area/ORCL/backupset/2010_01_25/o1_mf_nnndf
_TAG20100125T113603_5otx0ntf_.bkp tag=TAG20100125T113603
channel ORA_DISK_1: restored block(s) from backup piece 1
channel ORA_DISK_1: block restore complete, elapsed time: 00:00:15

starting media recovery
media recovery complete, elapsed time: 00:00:03

Finished recover at 25-JAN-10
```

Nach der Wiederherstellung des Blockes wird er bei der Validierung der Datenbank aus der Fehlerliste entfernt.

Nachträgliche Validierung der Datenbank auf defekte Blöcke:
```
RMAN> VALIDATE TABLESPACE EXAMPLE;

Starting validate at 25-JAN-10
using channel ORA_DISK_1
channel ORA_DISK_1: starting validation of datafile
channel ORA_DISK_1: specifying datafile(s) for validation
input datafile file number=00005
name=/u01/app/oracle/oradata/orcl/example01.dbf
channel ORA_DISK_1: validation complete, elapsed time: 00:00:01
List of Datafiles
=================
File Status Marked Corrupt Empty Blocks Blocks Examined High SCN
---- ------ -------------- ------------ --------------- --------
5    FAILED 0              1738         12803           965279
  File Name: /u01/app/oracle/oradata/orcl/example01.dbf
  Block Type Blocks Failing Blocks Processed
  ---------- -------------- ----------------
  Data       1              4409
  Index      0              1262
  Other      1              5391

validate found one or more corrupt blocks
See trace file /u01/app/oracle/diag/rdbms/orcl/orcl/trace/orcl_ora_12726.trc
for details
Finished validate at 25-JAN-10
```

Sind mehrere Blöcke defekt, so ist es mühselig, alle im BLOCKRECOVER-Befehl aufzunehmen, um eine Wiederherstellung durchzuführen. Um die Wiederherstellung von defekten Blöcken komfortabler zu gestalten, kann eine Blockfehlerliste verwendet werden, die durch den Befehl VALIDATE automatisch gefüllt wird. Bei Ausführung des Befehls VALIDATE werden die gefundenen defekten Blöcke aufgezeichnet, deren Informationen über die View V$DATABASE_BLOCK_CORRUPTION entnommen werden. Diese Informationen werden dann mithilfe des BLOCKRECOVER-Befehls verarbeitet, wodurch die dazugehörigen Blöcke wiederhergestellt werden.

Auslesen der Informationen der gefundenen defekten Blöcke:
```
SQL> SELECT * FROM V$DATABASE_BLOCK_CORRUPTION;

    FILE#      BLOCK#     BLOCKS CORRUPTION_CHANGE# CORRUPTIO
---------- ---------- ---------- ------------------ ---------
         5        204          1                  0 CORRUPT
         5        203          1                  0 FRACTURED
         5        159          1                  0 CHECKSUM
```

Damit diese Informationen für die Wiederherstellung der defekten Blöcke verwendet werden können, wird die Zusatzklausel CORRUPTION LIST des BLOCKRECOVER-Befehls angewendet:

Durchführen eines Blockrecovers mit der Fehlerliste:
```
BLOCKRECOVER CORRUPTION LIST;
```

Wiederherstellung aller durch VALIDATE gefundenen Blöcke:
```
RMAN> blockrecover corruption list;

Starting recover at 25-JAN-10
using channel ORA_DISK_1
channel ORA_DISK_1: restoring block(s)
channel ORA_DISK_1: specifying block(s) to restore from backup set
restoring blocks of datafile 00005
channel ORA_DISK_1: reading from backup piece
/u01/app/oracle/flash_recovery_area/ORCL/backupset/2010_01_25/o1_mf_nnndf_TAG
20100125T113603_5otx0ntf_.bkp
channel ORA_DISK_1: piece han-
dle=/u01/app/oracle/flash_recovery_area/ORCL/backupset/2010_01_25/o1_mf_nnndf
_TAG20100125T113603_5otx0ntf_.bkp tag=TAG20100125T113603
channel ORA_DISK_1: restored block(s) from backup piece 1
channel ORA_DISK_1: block restore complete, elapsed time: 00:00:07
starting media recovery
media recovery complete, elapsed time: 00:00:01

Finished recover at 25-JAN-10
```

Nach der Reparatur der defekten Blöcke sollte der Inhalt der View V$DATABASE_BLOCK_CORRUPTION geleert worden sein.

10.10. Der Recovery Advisor

In Oracle 11g wurde ein neuer Advisor eingeführt, der einen Vorschlag für die Wiederherstellung von defekten Komponenten der Datenbank liefert. Der Recovery Advisor ist in der Lage herauszufinden, welche Komponente wiederhergestellt werden muss und über welchen Wiederherstellungsvorgang dies zu erfolgen hat. Der Recovery Manager unterstützt vier Befehle, die zur Wiederherstellung der defekten Komponente der Datenbank angewendet werden müssen.

Befehle des Recovery Advisors:

LIST FAILURE	Listet den aufgetretenen Fehler in der Datenbank auf
ADVISE FAILURE	Liefert einen Reparaturvorschlag für die Wiederherstellung der defekten Komponente
REPAIR FAILURE	Führt eine Reparatur auf Basis des Reparaturvorschlages aus
CHANGE FAILURE	Ändert den Fehlerstatus

10.10.1. LIST FAILURE

Ist ein Fehler in der Datenbank aufgetreten, der eine Wiederherstellung notwendig macht, dann muss im Vorfeld dieser Fehler mithilfe des Recovery Advisors über LIST FAILURE angezeigt werden.

Verwendung des Befehls LIST FAILURE des Recovery Advisors:

```
RMAN> LIST FAILURE;

List of Database Failures
=========================

Failure ID Priority Status    Time Detected Summary
---------- -------- --------- ------------- -------
1261       HIGH     OPEN      25-JAN-10     Datafile 5:
'/u01/app/oracle/oradata/orcl/example01.dbf' contains one or more corrupt
blocks
```

Durch Auflisten des Fehlers wird wiedergegeben, welche Komponente welche Art von Fehler aufweist und welche Priorität dieser Fehler besitzt. Die Priorität des Fehlers kann folgenden Status besitzen:

Mögliche Prioritäten von Datenbankfehlern:

CRITICAL	Kritischer Fehler, beispielsweise bei Defekt des System-Tablespaces
HIGH	Hoher Fehler, beispielsweise bei defekten Blöcken oder bei Verlust einer Datendatei, die nicht zum System- oder Undo-Tablespace gehört
LOW	Niedriger Fehler, beispielsweise bei Verlust des temporären Tablespaces

Sind mehrere Fehler der gleichen Priorität vorhanden, so werden sie zeitlich sortiert nach ihrem Auftreten angezeigt.

Durch LIST FAILURE werden nur Fehler der Priorität CRITICAL und HIGH aufgelistet. Sollen zusätzlich Fehler der Priorität LOW angezeigt werden, muss der LIST FAILURE-Befehl mit der Zusatzoption ALL erweitert werden.

Anzeigen von Fehlern aller Prioritäten inklusive der Priorität LOW:
```
LIST FAILURE ALL;
```

10.10.2. ADVISE FAILURE

Nach Auflisten des Fehlers kann durch den Advisor ein Reparaturvorschlag erzeugt werden. Dieser Reparaturvorschlag wird durch den Befehl ADVISE FAILURE generiert und liefert Zusatzinformationen für die Durchführung der Reparatur. Zum einen gibt der Report des Befehls ADVISE FAILURE Informationen über verbindliche Aktionen, die durchgeführt werden müssen, damit eine Reparatur überhaupt möglich ist. Des Weiteren werden Informationen über optionale Aktionen ausgegeben, die durchgeführt werden können, aber nicht unbedingt notwendig sind.

Zum Schluss generiert der Recovery Advisor ein Wiederherstellungsskript mit den notwendigen Befehlen für die Wiederherstellung.

Ausgabe des Recovery Advisors mit dem Befehl ADVISE FAILURE:
```
RMAN> ADVISE FAILURE;
List of Database Failures
=========================
Failure ID Priority Status    Time Detected  Summary
---------- -------- --------- -------------- -------
1261       HIGH     OPEN      25-JAN-10      Datafile 5:
'/u01/app/oracle/oradata/orcl/example01.dbf' contains one or more corrupt
blocks

analyzing automatic repair options; this may take some time
using channel ORA_DISK_1
analyzing automatic repair options complete

Mandatory Manual Actions
========================
no manual actions available

Optional Manual Actions
=======================
no manual actions available

Automated Repair Options
========================
Option Repair Description
------ ------------------
1      Perform block media recovery of block 131 in file 5
  Strategy: The repair includes complete media recovery with no data loss
  Repair script: /u01/app/oracle/diag/rdbms/orcl/orcl/hm/reco_1915098558.hm
```

Inhalt der erzeugten Datei reco_1915098558.hm:
```
# block media recovery
recover datafile 5 block 131;
```

10.10.3. REPAIR FAILURE

Im nächsten Schritt kann der Recovery Advisor dazu veranlasst werden, den Reparaturprozess mit dem Befehl REPAIR FAILURE auf Basis des erzeugten Skriptes zu starten.

Durchführen eines empfohlenen Reparaturprozesses:
```
RMAN> REPAIR FAILURE;

Strategy: The repair includes complete media recovery with no data loss
Repair script: /u01/app/oracle/diag/rdbms/orcl/orcl/hm/reco_1915098558.hm

contents of repair script:
 # block media recovery
 recover datafile 5 block 131;

Do you really want to execute the above repair (enter YES or NO)? y
executing repair script

Starting recover at 25-JAN-10
using channel ORA_DISK_1

channel ORA_DISK_1: restoring block(s)
channel ORA_DISK_1: specifying block(s) to restore from backup set
restoring blocks of datafile 00005
channel ORA_DISK_1: reading from backup piece
/u01/app/oracle/flash_recovery_area/ORCL/backupset/2010_01_25/o1_mf_nnndf_TAG
20100125T113603_5otx0ntf_.bkp
channel ORA_DISK_1: piece han-
dle=/u01/app/oracle/flash_recovery_area/ORCL/backupset/2010_01_25/o1_mf_nnndf
_TAG20100125T113603_5otx0ntf_.bkp tag=TAG20100125T113603
channel ORA_DISK_1: restored block(s) from backup piece 1
channel ORA_DISK_1: block restore complete, elapsed time: 00:00:15

starting media recovery
media recovery complete, elapsed time: 00:00:04

Finished recover at 25-JAN-10
repair failure complete
```

10.10.4. CHANGE FAILURE

Prioritäten von Fehlern können zwischen HIGH und LOW geändert werden. Fehler, die den Status CRITICAL besitzen, können keine Statusänderung erhalten. Eine Statusänderung von HIGH zu LOW kann dann sinnvoll sein, wenn der Fehler mit dem Status HIGH beispielsweise in einem Tablespace generiert wurde, der auf die aktive Arbeit mit der Datenbank keinen oder nur einen geringen Einfluss hat.

Wiederherstellung von Datenbanken

Befehlssyntax für das Ändern der Priorität eines Fehlers:
```
CHANGE FAILURE Fehlernummer PRORITY [HIGH | LOW]
```

Anzeigen der Fehler:
```
RMAN> LIST FAILURE;

List of Database Failures
=========================
Failure ID Priority Status    Time Detected Summary
---------- -------- --------- ------------- -------
1819       HIGH     OPEN      25-JAN-10     One or more non-system datafiles
are missing
143        HIGH     OPEN      25-JAN-10     One or more non-system dataf
need media recovery
```

Ändern der Priorität von HIGH nach LOW für Fehler 143:
```
RMAN> CHANGE FAILURE 143 PRIORITY LOW;

List of Database Failures
=========================
Failure ID Priority Status    Time Detected Summary
---------- -------- --------- ------------- -------
143        HIGH     OPEN      25-JAN-10     One or more non-system datafiles
need media recovery

Do you really want to change the above failures (enter YES or NO)? y
changed 1 failures to LOW priority
```

Anzeigen aller Fehler:
```
RMAN> LIST FAILURE ALL;

List of Database Failures
=========================
Failure ID Priority Status    Time Detected Summary
---------- -------- --------- ------------- -------
1819       HIGH     OPEN      25-JAN-10     One or more non-system datafiles
are missing
143        LOW      OPEN      25-JAN-10     One or more non-system dat
need media recovery
```

10.10.5. Beispiel: Verlust des System-Tablespace

Starten der Instanz schlägt fehl:
```
RMAN> STARTUP

connected to target database (not started)
Oracle instance started
database mounted
RMAN-00571: ===========================================================
RMAN-00569: =============== ERROR MESSAGE STACK FOLLOWS ===============
RMAN-00571: ===========================================================
RMAN-03002: failure of startup command at 01/25/2010 14:34:17
ORA-01157: cannot identify/lock data file 1 - see DBWR trace file
ORA-01110: data file 1: '/u01/app/oracle/oradata/orcl/system01.dbf'
```

Auflisten des Fehlers:
```
RMAN> LIST FAILURE;

List of Database Failures
=========================

Failure ID Priority Status    Time Detected Summary
---------- -------- --------- ------------- -------
1565       CRITICAL OPEN      25-JAN-10     System datafile 1:
'/u01/app/oracle/oradata/orcl/system01.dbf' is missing
```

Anzeigen des Reparaturvorschlags:
```
RMAN> ADVISE FAILURE;

List of Database Failures
=========================

Failure ID Priority Status    Time Detected Summary
---------- -------- --------- ------------- -------
1565       CRITICAL OPEN      25-JAN-10     System datafile 1:
'/u01/app/oracle/oradata/orcl/system01.dbf' is missing

analyzing automatic repair options; this may take some time
allocated channel: ORA_DISK_1
channel ORA_DISK_1: SID=18 device type=DISK
analyzing automatic repair options complete

Mandatory Manual Actions
========================
no manual actions available

Optional Manual Actions
=======================
1. If file /u01/app/oracle/oradata/orcl/system01.dbf was unintentionally re-
named or moved, restore it

Automated Repair Options
========================
Option Repair Description
------ ------------------
1      Restore and recover datafile 1
  Strategy: The repair includes complete media recovery with no data loss
  Repair script: /u01/app/oracle/diag/rdbms/orcl/orcl/hm/reco_2958590772.hm
```

Durchführen der Reparatur:
```
RMAN> REPAIR FAILURE;

Strategy: The repair includes complete media recovery with no data loss
Repair script: /u01/app/oracle/diag/rdbms/orcl/orcl/hm/reco_2958590772.hm

contents of repair script:
   # restore and recover datafile
   restore datafile 1;
   recover datafile 1;

Do you really want to execute the above repair (enter YES or NO)? y
executing repair script

Starting restore at 25-JAN-10
using channel ORA_DISK_1

channel ORA_DISK_1: starting datafile backup set restore
channel ORA_DISK_1: specifying datafile(s) to restore from backup set
```

```
channel ORA_DISK_1: restoring datafile 00001 to
/u01/app/oracle/oradata/orcl/system01.dbf
channel ORA_DISK_1: reading from backup piece
/u01/app/oracle/flash_recovery_area/ORCL/backupset/2010_01_25/o1_mf_nnndf_TAG
20100125T113603_5otx0ntf_.bkp
channel ORA_DISK_1: piece han-
dle=/u01/app/oracle/flash_recovery_area/ORCL/backupset/2010_01_25/o1_mf_nnndf
_TAG20100125T113603_5otx0ntf_.bkp tag=TAG20100125T113603
channel ORA_DISK_1: restored backup piece 1
channel ORA_DISK_1: restore complete, elapsed time: 00:01:51
Finished restore at 25-JAN-10

Starting recover at 25-JAN-10
using channel ORA_DISK_1

starting media recovery
media recovery complete, elapsed time: 00:00:03

Finished recover at 25-JAN-10
repair failure complete

Do you want to open the database (enter YES or NO)? y
database opened
```

10.10.6. Beispiel: Verlust der Kontrolldateien

Starten der Instanz schlägt fehl:
```
RMAN> STARTUP

connected to target database (not started)
Oracle instance started
RMAN-00571: ===========================================================
RMAN-00569: =============== ERROR MESSAGE STACK FOLLOWS ===============
RMAN-00571: ===========================================================
RMAN-03002: failure of startup command at 01/25/2010 14:46:30
ORA-00205: error in identifying control file, check alert log for more info
```

Auflisten des Fehlers:
```
RMAN> LIST FAILURE;

List of Database Failures
=========================

Failure ID Priority Status    Time Detected  Summary
---------- -------- --------- -------------- -------
1673       CRITICAL OPEN      25-JAN-10      Control file
/u01/app/oracle/oradata/orcl/control02.ctl is missing
1670       CRITICAL OPEN      25-JAN-10      Control file
/u01/app/oracle/oradata/orcl/control01.ctl is missing
```

Wiederherstellung von Datenbanken

Anzeigen des Reparaturvorschlags:
```
RMAN> ADVISE FAILURE;

List of Database Failures
=========================

Failure ID Priority Status    Time Detected  Summary
---------- -------- --------- -------------- -------
1673       CRITICAL OPEN      25-JAN-10      Control file
/u01/app/oracle/oradata/orcl/control02.ctl is missing
1670       CRITICAL OPEN      25-JAN-10      Control file
/u01/app/oracle/oradata/orcl/control01.ctl is missing

analyzing automatic repair options; this may take some time
allocated channel: ORA_DISK_1
channel ORA_DISK_1: SID=20 device type=DISK
analyzing automatic repair options complete

Mandatory Manual Actions
========================
no manual actions available

Optional Manual Actions
=======================
1. If file /u01/app/oracle/oradata/orcl/control02.ctl was unintentionally
renamed or moved, restore it
2. If file /u01/app/oracle/oradata/orcl/control01.ctl was unintentionally
renamed or moved, restore it
3. If a standby database is available, then perform a Data Guard failover
initiated from the standby

Automated Repair Options
========================
Option Repair Description
------ ------------------
1      Restore a backup control file
   Strategy: The repair includes complete media recovery with no data loss
   Repair script: /u01/app/oracle/diag/rdbms/orcl/orcl/hm/reco_3348145448.hm
```

Durchführen der Reparatur:
```
RMAN> REPAIR FAILURE;

Strategy: The repair includes complete media recovery with no data loss
Repair script: /u01/app/oracle/diag/rdbms/orcl/orcl/hm/reco_3348145448.hm

contents of repair script:
   # restore control file
   set dbid 1236570874;
   restore controlfile from autobackup;
   sql 'alter database mount';

Do you really want to execute the above repair (enter YES or NO)? y
executing repair script

executing command: SET DBID

Starting restore at 25-JAN-10
using channel ORA_DISK_1

recovery area destination: /u01/app/oracle/flash_recovery_area
database name (or database unique name) used for search: ORCL
channel ORA_DISK_1: AUTOBACKUP
/u01/app/oracle/flash_recovery_area/ORCL/autobackup/2010_01_25/o1_mf_s_709224
342_5ov8488g_.bkp found in the recovery area
channel ORA_DISK_1: looking for AUTOBACKUP on day: 20100125
```

```
channel ORA_DISK_1: restoring control file from AUTOBACKUP
/u01/app/oracle/flash_recovery_area/ORCL/autobackup/2010_01_25/o1_mf_s_709224
342_5ov8488g_.bkp
channel ORA_DISK_1: control file restore from AUTOBACKUP complete
output file name=/u01/app/oracle/oradata/orcl/control01.ctl
output file name=/u01/app/oracle/oradata/orcl/control02.ctl
Finished restore at 25-JAN-10

sql statement: alter database mount
released channel: ORA_DISK_1
repair failure complete
```

Manuelle Wiederherstellung durch Recovery:

```
RMAN> RECOVER DATABASE;

Starting recover at 25-JAN-10
Starting implicit crosscheck backup at 25-JAN-10
allocated channel: ORA_DISK_1
channel ORA_DISK_1: SID=20 device type=DISK
Crosschecked 5 objects
Finished implicit crosscheck backup at 25-JAN-10

Starting implicit crosscheck copy at 25-JAN-10
using channel ORA_DISK_1
Finished implicit crosscheck copy at 25-JAN-10

searching for all files in the recovery area
cataloging files...
cataloging done

List of Cataloged Files
=======================
File Name:
/u01/app/oracle/flash_recovery_area/ORCL/autobackup/2010_01_25/o1_mf_s_709224
342_5ov8488g_.bkp

using channel ORA_DISK_1

starting media recovery

archived log for thread 1 with sequence 11 is already on disk as file
/u01/app/oracle/oradata/orcl/redo02.log
archived log file name=/u01/app/oracle/oradata/orcl/redo02.log thread=1 se-
quence=11
media recovery complete, elapsed time: 00:00:02
Finished recover at 25-JAN-10
```

Öffnen der Datenbank mit RESETLOGS:

```
RMAN> sql'alter database open resetlogs';

sql statement: ALTER DATABASE OPEN RESETLOGS
```

10.11. Flashback-Database

Mit Oracle 10g wurde eine neue Technologie eingeführt, die es ermöglicht, eine Datenbank zeitlich zurückzuversetzen, ohne eine vollständige Sicherung der Datenbankdateien einzuspielen.

Der Vorteil dieser Technologie besteht darin, relativ schnell die Datenbank zeitlich nach einem Fehlerfall zurückzusetzen, da das Zurückschreiben der Datenbankdateien entfällt. Damit von dieser Technologie profitiert werden kann, muss die Datenbank in einen zusätzlichen Modus, den Flashback-Database-Modus, gebracht werden.

Bei der Aktivierung der Flashback-Database werden zusätzliche Log-Dateien erzeugt, die die alten Werte der Änderungen protokollieren, mit deren Hilfe die Datenbank dann zeitlich zurückgesetzt werden kann, ohne dass eine volle Sicherung eingespielt werden muss und die Archive der Datenbank angewendet werden müssen.

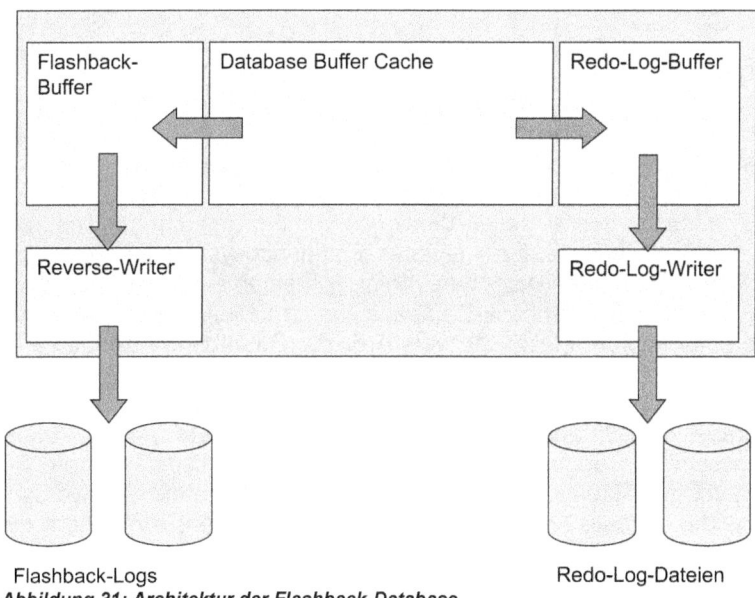

Abbildung 31: Architektur der Flashback-Database

Voraussetzung für die Verwendung der Flashback-Database ist der Betrieb der Datenbank im ARCHIVELOG-Modus sowie die Enterpriseversion.

Für den allgemeinen Betrieb ist die Aktivierung der Flashback-Database nicht zu empfehlen, da sie einen Einfluss auf die Performance der Datenbank hat, denn parallel zu den Redo-Log-Dateien werden nun ebenfalls die Flashback-Logs beschrieben.

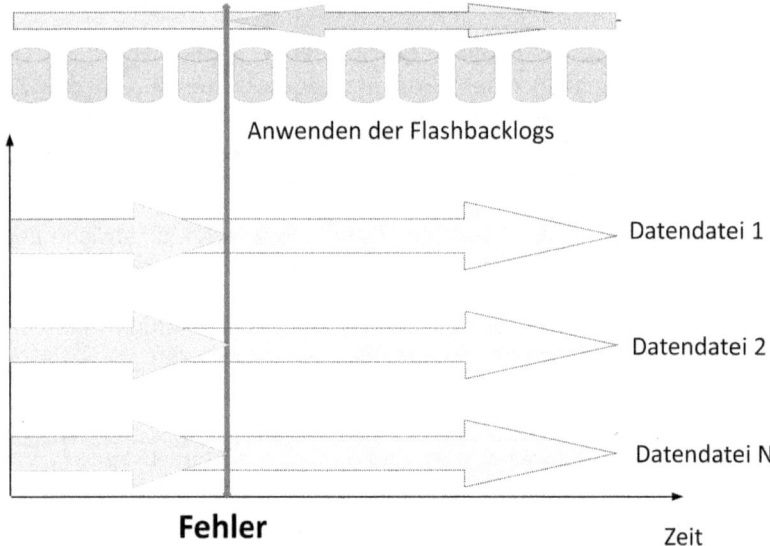

Abbildung 32: Schematische Darstellung der Anwendung von Flashback

Leider ist es in den aktuellen Versionen von Oracle nicht möglich, diese Protokolldateien auf ein eigenes Plattensubsystem zu legen, um die Performance der Datenbank beim Schreiben zu steigern. Bei der Aktivierung der Flashback-Database werden diese Flashback-Logs automatisch in der Flash Recovery Area der Datenbank erzeugt.

Interessant ist die Anwendung der Flashback-Database bei einem Upgrade der Datenbank, wenn die Objektstrukturen des Anwendungsschemas angepasst beziehungsweise aktualisiert werden. So kann vor der Aktualisierung die Flashback-Database aktiviert werden. Sollte der Aktualisierungsvorgang aber fehlschlagen, so besteht die Möglichkeit, die Datenbank relativ schnell in ihren Ursprungszustand zurückzuversetzen.

10.11.1. Aktivierung der Flashback-Database

Um die Flashback-Database zu aktivieren, muss die Datenbank im ARCHIVELOG-Modus betrieben werden. Zusätzlich muss der Parameter DB_FLASHBACK_RETENTION_TARGET gesetzt sein, der bestimmt, wie weit maximal die Datenbank zeitlich zurückgesetzt werden kann. Je größer dieser Parameter gesetzt wird, umso mehr Flashback-Informationen werden in die Flashback-Logs geschrieben.

Folgende Schritte müssen für die Aktivierung der Flashback-Database durchgeführt werden:

- Herunterfahren der Instanz
- Starten der Instanz in der Mount-Phase
- Konfigurieren des Parameters
    - DB_FLASHBACK_RETENTION_TARGET
- Aktivieren der Flashback-Database mit dem Befehl
    - ALTER DATABASE FLASHBACK ON;
- Öffnen der Datenbank

Herunterfahren der Instanz und Mounten der Datenbank:
```
SQL> SHUTDOWN IMMEDIATE

Database closed.
Database dismounted.
ORACLE instance shut down.

SQL> STARTUP MOUNT
ORACLE instance started.

Total System Global Area   613797888 bytes
Fixed Size                   2215824 bytes
Variable Size              419430512 bytes
Database Buffers           188743680 bytes
Redo Buffers                 3407872 bytes
Database mounted.
```

Setzen der maximalen Zeit, zu der die Datenbank zeitlich zurückgesetzt werden kann. Hier 2880 Minuten=2 Tage:
```
SQL> ALTER SYSTEM SET DB_FLASHBACK_RETENTION_TARGET=2880;
System altered.
```

Öffnen der Datenbank:
```
SQL> ALTER DATABASE OPEN;
Database altered.
```

10.11.2. Informationen über die Flashback-Database

Allgemeine Informationen über die Flashback-Database können über folgende Views ausgelesen werden:

Views für das Anzeigen von Informationen über die Flashback-Database:

V$FLASHBACK_DATABASE_LOG	Zeigt die maximale Zeit und Systemänderungsnummer an, bis zu der die Datenbank zeitlich zurückgesetzt werden kann.
V$FLASHBACK_DATABASE_LOGFILE	Liefert die aktuellen Flashbacklog-Dateien und deren Größen.
V$FLASHBACK_DATABASE_STAT	Gibt die Statistiken über die aktuellen Redo- und Flashbackdaten an.

Beispiel für das Anzeigen der Größe der Flashback-Logs und der ältesten SCN, zu dem die Datenbank zurückgesetzt werden kann:

```
SQL> SELECT OLDEST_FLASHBACK_SCN, FLASHBACK_SIZE FROM
V$FLASHBACK_DATABASE_LOG;

OLDEST_FLASHBACK_SCN FLASHBACK_SIZE
-------------------- --------------
             1162095        8192000
```

10.11.3. Zurücksetzen einer Flashback-Database

Für das Zurücksetzen einer Flashback-Database muss die Datenbank heruntergefahren und in die MOUNT-Phase gebracht werden. Der nächste Schritt ist das Durchführen des Flashbacks, bei dem der Zeitpunkt angegeben werden muss, zu dem die Datenbank zurückgesetzt wird.

Durch die Ausführung werden die Flashback-Logs auf die Datenbank angewendet, wodurch die Änderungen bis zu dem angegebenen Zeitpunkt rückgängig gemacht werden. Nach dem Zurücksetzen kann die Datenbank im schreibgeschützten Modus geöffnet werden, um zu überprüfen, ob der richtige Zeitpunkt erreicht wurde. Ist der richtige Zeitpunkt erreicht worden, so muss die Datenbank mit der Option RESETLOGS geöffnet werden.

Befehlssyntax für die Durchführung eines Flashback-Prozesses:

```
FLASHBACK DATABASE TO [TIME Zeit| SCN Scn | RESTORE POINT Wiederherstellungs-
punkt]
```

10.11.4. Durchführung von Flashback

In dem folgenden Beispiel wurde versehentlich ein Benutzer inklusive seiner Objekte aus der Datenbank gelöscht. Dieser Löschvorgang wird durch die Verwendung der Flashback-Database rückgängig gemacht.

```
SQL> DROP USER HR CASCADE;

User dropped.
```

Herunterfahren der Instanz:
```
SQL> SHUTDOWN IMMEDIATE;
Database closed.
Database dismounted.
ORACLE instance shut down.
```

Mounten der Datenbank:
```
RMAN> STARTUP MOUNT

Oracle instance started
database mounted

Total System Global Area      613797888 bytes

Fixed Size                      2215824 bytes
Variable Size                 419430512 bytes
Database Buffers              188743680 bytes
Redo Buffers                    3407872 bytes
```

Durchführung des Flashback-Vorgangs durch Angabe eines definierten Zeitpunktes:
```
RMAN> FLASHBACK DATABASE TO TIME "TO_DATE('25.01.2010 16:18:00','dd.mm.yyyy hh24:mi:ss')";

Starting flashback at 25-JAN-10
using target database control file instead of recovery catalog
allocated channel: ORA_DISK_1
channel ORA_DISK_1: SID=18 device type=DISK

starting media recovery
media recovery complete, elapsed time: 00:00:07

Finished flashback at 25-JAN-10
```

Öffnen der Datenbank im schreibgeschützten Modus zur Überprüfung des korrekten Zeitpunktes:
```
RMAN> sql'ALTER DATABASE OPEN READ ONLY';
sql statement: ALTER DATABASE OPEN READ ONLY
```

Überprüfung über SQLPLUS, ob der Benutzer wieder in der Datenbank verfügbar ist:
```
SQL> SELECT USERNAME FROM DBA_USERS WHERE USERNAME ='HR';
USERNAME
------------------------------
HR
```

Sollte der gelöschte Benutzer noch nicht wieder in der Datenbank vorhanden sein, so kann erneut ein Flashback zu einem früheren Zeitpunkt durchgeführt werden. Sind alle Informationen wieder vorhanden, so muss die Datenbank mit der Option RESETLOGS geöffnet werden, um sie für den Produktivbetrieb zur Verfügung zu stellen.

Herunterfahren der Instanz und Öffnen mit RESETLOGS:
```
RMAN> SHUTDOWN IMMEDIATE

database closed
database dismounted
Oracle instance shut down

RMAN> STARTUP MOUNT

connected to target database (not started)
Oracle instance started
database mounted

Total System Global Area     613797888 bytes

Fixed Size                     2215824 bytes
Variable Size                419430512 bytes
Database Buffers             188743680 bytes
Redo Buffers                   3407872 bytes

RMAN> sql'ALTER DATABASE OPEN RESETLOGS';

sql statement: ALTER DATABASE OPEN RESETLOGS
```

10.11.5. Verwenden von Wiederherstellungspunkten

Werden zum Beispiel Skripte für die Aktualisierung des Datenbankschemas gestartet, so ist es sinnvoll, einen Wiederherstellungspunkt vor Ausführung des Skriptes zu erstellen. Ein Wiederherstellungspunkt vergibt dem Zeitpunkt, an dem der Wiederherstellungspunkt erzeugt wird, einen Namen. Durch die Verwendung von Wiederherstellungspunkten kann somit einfacher der Zeitpunkt vor der Skriptausführung definiert werden.

Ein Wiederherstellungspunkt wird folgendermaßen erzeugt:

Befehlssyntax für die Erstellung eines Wiederherstellungspunktes:
```
CREATE RESTORE POINT Name;
```

Eine Liste sowie der Zeitpunkt und die Systemänderungsnummer des Wiederherstellungspunktes können über die View V$RESTORE_POINT ausgegeben werden.

Erzeugen eines Wiederherstellungspunktes:
```
SQL> CREATE RESTORE POINT BEFORE_UPGRADE;

Restore point created.

SQL> SELECT NAME, TIME, SCN FROM V$RESTORE_POINT;

NAME                 TIME                                           SCN
-------------------- ---------------------------------------- ----------
BEFORE_UPGRADE       25-JAN-10 05.58.42.000000000 PM             1167139
```

Ein Skript, welches ein Upgrade des vorhandenen Datenbankschemas durchführt, könnte dann folgendermaßen aussehen:

Erzeugung eines Wiederherstellungspunktes vor Ausführung eines Änderungsskriptes in der Datenbank:
```
CREATE RESTORE POINT BEFORE_UPGRADE;
ALTER TABLE KUNDEN ADD KUNDENKLASSE CHAR(1);
ALTER TABLE AUFTRAGS_POSITIONEN ADD WARENKATEGORIE NUMBER(3);
......
```

Schlägt die Ausführung des Skriptes fehl, so können alle Änderungen, die dieses Skript verursacht hat, rückgängig gemacht werden, indem die Datenbank bis zu dem Wiederherstellungspunkt zurückgesetzt wird.

Befehlssyntax für die Verwendung von Flashback in Verbindung mit einem Wiederherstellungspunkt:
```
FLASHBACK DATABASE TO RESTORE POINT Name;
```

Beispiel für die Verwendung eines Wiederherstellungspunktes mit Flashback:
```
RMAN> FLASHBACK DATABASE TO RESTORE POINT BEFORE_UPGRADE;

Starting flashback at 25-JAN-10
using target database control file instead of recovery catalog
allocated channel: ORA_DISK_1
channel ORA_DISK_1: SID=18 device type=DISK

starting media recovery
media recovery complete, elapsed time: 00:00:07

Finished flashback at 25-JAN-10
```

10.11.6. Garantierte Wiederherstellungspunkte

Garantierte Wiederherstellungspunkte werden verwendet, wenn der definierte Zeitpunkt, zu dem eine Datenbank zurückgesetzt werden kann, eindeutig bekannt ist, aber nicht verifiziert werden kann, wie lange sich die Datenbank im Flashback-Modus befinden muss. Somit werden alle Änderungen in den Flashback-Logs aufgezeichnet, sodass eine garantierte Wiederherstellung zu dem Zeitpunkt der Erstellung des Wiederherstellungspunktes erfolgen kann. Zu beachten ist hierbei, dass die Flashback-Logs stetig anwachsen, da alle vorherigen Werte der Datenänderungen in den Log-Dateien seit Erstellung des garantierten Wiederherstellungspunktes vorgehalten werden müssen.

Befehl zur Erzeugung eines garantierten Wiederherstellungspunktes:
```
CREATE RESTORE POINT Name GUARANTEE FLASHBACK DATABASE;
```

Garantierte Wiederherstellungspunkte können in Oracle 11g in einer geöffneten Instanz erzeugt werden, welches automatisch die Flashback-Database aktiviert. Das Zurücksetzen der Datenbank über Flashback erfolgt auf dem gewohnten Weg, aber nur bis zum Wiederherstellungspunkt.

Sollte ein garantierter Wiederherstellungspunkt nicht mehr benötigt werden, so kann er aus der laufenden Instanz wieder entfernt werden, wodurch die Flashback-Database in Oracle 11g deaktiviert wird.

Löschen eines Wiederherstellungspunktes:
```
DROP RESTORE POINT Name;
```

Erzeugen eines garantierten Wiederherstellungspunktes:
```
SQL> CREATE RESTORE POINT BEFORE_DATA_LOAD GUARANTEE FLASHBACK DATABASE;

Restore point created.
```

Zurücksetzen einer Datenbank mit Flashback auf Basis eines garantierten Wiederherstellungspunktes:
```
RMAN> FLASHBACK DATABASE TO RESTORE POINT BEFORE_DATA_LOAD;

Starting flashback at 25-JAN-10
using target database control file instead of recovery catalog
allocated channel: ORA_DISK_1
channel ORA_DISK_1: SID=18 device type=DISK

starting media recovery
media recovery complete, elapsed time: 00:00:07

Finished flashback at 25-JAN-10
```

Ob es sich um einen garantierten oder einen nicht garantierten Wiederherstellungspunkt handelt, kann mit der View V$RESTORE_POINT über die Spalte GUARANTEE_FLASHBACK_DATABASE ermittelt werden.

```
SQL> SELECT NAME, GUARANTEE_FLASHBACK_DATABASE FROM V$RESTORE_POINT;

NAME                          GUA
-----------------------       ---
BEFORE_DATA_LOAD              YES
BEFORE_UPGRADE                NO
```

10.11.7. Einschränkungen der Flashback-Database

Nicht alle Änderungen können über die Flashback-Database zurückgeführt werden oder über sie hinausgehen. Für folgende Änderungen der Datenbank schlägt das Flashback-Database fehl:

- Löschen eines Tablespace
- Verkleinern einer Datendatei
- Erstellung oder Wiederherstellung der Kontrolldatei

10.12. Zusammenfassung

- Befindet sich die Datenbank in ARCHIVELOG-Modus, so kann sie bis zu dem Zeitpunkt wiederhergestellt werden, an dem sie ausgefallen ist.

- Befindet sich die Datenbank im NOARCHIVELOG-Modus, so kann die Datenbank nur bis zu dem Zeitpunkt wiederhergestellt werden, an dem die letzte Sicherung durchgeführt wurde.

- Das Zurücksichern der defekten Komponenten aus der Sicherung wird über den Befehl RESTORE eingeleitet.

- Mithilfe des RECOVER-Befehls werden die notwendigen Archive auf die zurückgesicherte Komponente angewendet, um sie auf den aktuellen Stand zu bringen.

- Die Wiederherstellung von nicht kritischen Datendateien kann in der Regel in einer geöffneten Datenbank durchgeführt werden, sofern sie sich im ARCHIVELOG-Modus befindet.

- Für die Wiederherstellung von Datendateien in einer geöffneten Datenbank ist es erforderlich, die Datendateien oder den gesamten Tablespace offline zu setzen.

- Für die Wiederherstellung von systemkritischen Datendateien, wie Dateien des SYSTEM- oder UNDO-Tablespaces, muss die Datenbank in die MOUNT-Phase gebracht werden, aus der die Wiederherstellung erfolgt.

- Durch Angabe von SET NEWNAME wird der Recovery Manager veranlasst, die entsprechenden Dateien an den angegebenen neuen Speicherort zurückzuschreiben.

- Wurde die Sicherungsstrategie inkrementell aktualisierter Sicherungen verwendet, so können die Image-Kopien direkt von ihrem Speicherort nach einer Wiederherstellung verwendet werden, ohne dass sie an den Ursprungsort der Datendatei zurückgesichert werden müssen.

- Bei einer unvollständigen Wiederherstellung wird die Datenbank zeitlich zurückgesetzt.

- Bei der unvollständigen Wiederherstellung müssen alle Datenbankdateien zurückgesichert werden.

- Wurde eine Datenbank unvollständig wiederhergestellt, so muss sie nach dem Wiederherstellungsvorgang mit der Option RESETLOGS geöffnet werden.

- Es wird die SCN-, Sequenz- und zeitbasierte unvollständige Wiederherstellung unterstützt.

- Muss eine Datenbank vor dem Öffnen mit RESETLOGS zurückgesichert werden, so muss die Inkarnationsnummer für die Datenbank gesetzt werden.

- Kontrolldateien können über das AUTOBACKUP, direkt aus einem Backupset oder in Verbindung mit der Sicherungskatalogdatenbank wiederhergestellt werden.

- Für die Wiederherstellung der Kontrolldatei ohne AUTOBACKUP muss die Datenbank ID gesetzt werden.

- Die Wiederherstellung der Kontrolldatei erfolgt aus der NOMOUNT-Phase der Instanz.

- Nachdem die Kontrolldatei zurückgesichert wurde, muss die Datenbank wiederhergestellt und mit RESETLOGS geöffnet werden.

- Durch ein Disaster Recovery kann die Datenbank bei einem Totalverlust vollständig auf dem Server wiederhergestellt werden.

- Für ein Disaster Recovery der Datenbank muss im Vorfeld die gesamte Infrastruktur des Servers vorhanden sein.

- Das Klonen oder Duplizieren einer Datenbank ermöglicht die Erzeugung einer Testdatenbank auf dem gleichen oder einem anderen Server.

- Für das Klonen einer Datenbank müssen Verbindungen zur Sicherungskatalogdatenbank, Zieldatenbank und der Hilfsinstanz aufgebaut werden.

- Die Hilfsinstanz ist eine vorübergehende Instanz, die die Sicherung für die Wiederherstellung entgegennimmt.

- Der Klonvorgang wird mit DUPLICATE DATABASE gestartet.

- Ab Oracle 9i wurde die Möglichkeit der Wiederherstellung von einzelnen Datenbankblöcken eingeführt.

- Der Recovery Manager führt bei jeder Sicherung eine physische Blockprüfung der gesicherten Komponente durch. Werden defekte Blöcke erkannt, bricht der Sicherungsvorgang ab.

- Physisch defekte Blöcke können mit VALIDATE, logisch defekte Blöcke mit VALIDATE ... CHECK LOGICAL verifiziert werden.

- VALIDATE füllt die Blockfehlerliste aus V$DATABASE_BLOCK_CORRUPTION, wenn defekte Blöcke lokalisiert werden.

- Für die Durchführung einer Blockwiederherstellung muss sich die Datenbank im ARCHIVELOG-Modus befinden.

- Der BLOCKRECOVER-Befehl stellt aus einer entsprechenden Sicherung die defekten Blöcke wieder her.

- Mithilfe der Blockfehlerliste aus V$DATABASE_BLOCK_CORRUPTION können alle defekten Blöcke mit der Option CORRUPTION LIST wiederhergestellt werden.

- Der Recovery Advisor wurde in Oracle 11g eingeführt. Er liefert Vorschläge für die Wiederherstellung defekter Komponenten der Datenbank und führt die Wiederherstellung selbstständig wieder durch.

- Die Flashback-Database ermöglicht das zeitliche Zurücksetzen einer Datenbank in einem Fehlerfall.

- Für die Aktivierung der Flashback-Database muss sich die Datenbank im ARCHIVELOG-Modus befinden.

- Wurde die Datenbank in den Flashback-Modus versetzt, werden in der Flash Recovery Area Flashback-Logs beschrieben, die die vorherigen Werte der Änderung an Datensätzen für die Wiederherstellung aufnehmen.

- Das Zurücksetzen einer Datenbank über Flashback wird über den Befehl FLASHBACK DATABASE TO [SCN | TIME | RESTORPOINT] erreicht.

10.13. Alles auf einen Blick

10.13.1. Vollständige Wiederherstellung

Befehle:

RESTORE DATABASE | TABLESPACE tbs1,tbs2,..,tbsn | DATAFILE 1,2,..,n;	Zurücksichern der defekten Komponente aus der Sicherung
RECOVER DATABASE [NOREDO]| TABLESPACE tbs1,tbs2,..,tbsn | DATAFILE 1,2,..,n;	Anwenden der Archive auf die zurückgesicherten Komponenten
ALTER TABLESPACE Name OFFLINE [NORMAL | TEMPORARY | IMMEDIATE];	Offline-Setzen eines Tablespaces
SET NEWNAME FOR DATAFILE Nummer TO 'Pfad/Datei';	Angabe eines neuen Ortes für Datendateien zur Zurücksicherung
SWITCH DATAFILE ALL;	Festschreiben der neuen Orte in die Kontrolldatei
SWITCH DATAFILE Nummer TO 'Pfad/Datei';	Festlegen eines neuen Ortes von Datendateien mit gleichzeitigem Festschreiben in die Kontrolldatei
SWITCH DATABASE TO COPY;	Umschalten der gesamten Datendateien auf eine erstellte Datenbankkopie

Views:

V$_RECOVER_FILE	Anzeigen von defekten Datendateien, die eine Wiederherstellung benötigen
V$DATAFILE	Anzeigen der Datendateien der Datenbank
V$CONTROLFILE	Anzeigen der Kontrolldateien der Datenbank
V$LOGFILE	Anzeigen der Redo-Log-Dateien der Datenbank

10.13.2. Unvollständige Wiederherstellung

Befehle:

run {
　set until scn Systemänderungsnummer;
　restore database;
　recover database;
}
	Unvollständige Wiederherstellung der Datenbank auf Basis einer SCN

run {
　set until time Zeit;
　restore database;
　recover database;
}
	Unvollständige Wiederherstellung der Datenbank auf Basis einer Zeitangabe

run { 　set until sequence Log-Sequenznummer; 　restore database;	Unvollständige Wiederherstellung der Datenbank auf Basis einer Logsequenznummer

recover database;
}
run
{
    set until time "to_date('21.01.2010 08:42:00','dd.mm.yyyy hh24:mi:ss')";
    restore database;
    recover database;
}
	Unvollständige Wiederherstellung der Datenbank auf Basis einer Zeitangabe mit der SQL-Funktion TO_DATE

ALTER DATABASE OPEN RESETLOGS;	Öffnen der Datenbank nach einer unvollständigen Wiederherstellung mit RESETLOGS

10.13.3. Wiederherstellen der Kontrolldatei

Befehle:

RESTORE CONTROLFILE FROM AUTOBACKUP;	Wiederherstellung der Kontrolldatei vom AUTOBACKUP
SET DBID=Nummer; RESTORE CONTROLFILE FROM Backupset;	Wiederherstellung der Kontrolldatei aus einem Backupset
SET DBID=Nummer; RESTORE CONTROLFILE;	Wiederherstellung der Kontrolldatei mit Hilfe einer Sicherungskatalogdatenbank

10.13.4. Klonen einer Datenbank

Befehle:

RMAN TARGET SYS/ORACLE@ORCL CATALOG RCAT/RCAT@RCAT AUXILIARY SYS/ORACLE@ORC2	Verbindungsaufbau mit dem Recovery Manager beim Klonen einer Datenbank
DUPLICATE TARGET DATABASE TO Name;	Durchführung des Klonvorgangs aus dem Recovery Manager
NOFILENAMECHECK	Angabe, wenn die Ordnerstruktur der Klondatenbank identisch mit der Quelldatenbank ist
SKIP TABLESPACE	Angabe bei Ausschließen eines Tablespaces beim Klonvorgang
SKIP READONLY	Angabe bei Ausschließen von schreibgeschützten Tablespaces beim Klonvorgang
OPEN RESTRICTED	Öffnen der Datenbank im RESTRICTED-Modus nach einem Klonvorgang

10.13.5. Blockrecover

Befehle:

BLOCKRECOVER DATAFILE Nummer BLOCK Nummer;	Wiederherstellung eines Blocks einer Datendatei
BLOCKRECOVER CORRUPTION LIST;	Wiederherstellung von Blöcken auf Basis einer Blockfehlerliste

Views:

V$DATABASE_BLOCK_CORRUPTION	Blockfehlerliste, die durch den VALIDATE-Befehl gefüllt wird, wenn defekte Blöcke gefunden werden

10.13.6. Recovery Advisor

Befehle:

LIST FAILURE	Listet den aufgetretenen Fehler in der Datenbank auf.
ADVISE FAILURE	Liefert einen Reparaturvorschlag für die Wiederherstellung der defekten Komponente.
REPAIR FAILURE	Führt eine Reparatur auf Basis des Reparaturvorschlages aus.
CHANGE FAILURE	Ändert den Fehlerstatus.

10.13.7. Flashback-Database

Befehle:

ALTER DATABASE FLASHBACK ON;	Aktiviert den Flashback-Modus.
FLASHBACK DATABASE TO [TIME Zeit| SCN Scn | RESTORE POINT Wiederherstellungpunkt]	Durchführung eines Flashback-Vorgangs auf Basis einer SCN, einer Zeit oder eines Wiederherstellungspunktes
CREATE RESTORE POINT Name GUARANTEE FLASHBACK DATABASE;	Erstellung eines garantierten Wiederherstellungspunktes

Parameter:

DB_FLASHBACK_RETENTION_TARGET	Zeit in Minuten, in die eine Datenbank mit Flashback maximal zurückversetzt werden kann

Views:

V$FLASHBACK_DATABASE_LOG	Zeigt die maximale Zeit und Systemänderungsnummer an, bis zu der die Datenbank zeitlich zurückgesetzt werden kann.
V$FLASHBACK_DATABASE_LOGFILE	Liefert die aktuellen Flashbacklog-Dateien und deren Größen.
V$FLASHBACK_DATABASE_STAT	Gibt die Statistiken über die aktuellen Redo- und Flashbackdaten an.

Stichwortverzeichnis

A

ADVISE FAILURE	218
Alert-Log-Datei	156
ALLOCATE	48
ALTER DATABASE ARCHIVELOG	39, 42
ALTER DATABASE FLASHBACK ON	227
ALTER DATABASE NOARCHIVELOG	39
ALTER DATABASE OPEN RESETLOGS	153
ALTER SYSTEM ARCHIVE LOG START	38
ALTER SYSTEM ARCHIVE LOG STOP	38, 39
Archive	35, 89, 96, 117
ARCHIVE LOG LIST	40, 175
ARCHIVELOG-Modus	35, 38, 90, 135, 148, 151, 234
Archivformat	38
Archivierung	35
Archivierungsprozess	39
Archivierungsziel	36, 96
AS COPY	63
Ausfallszeitpunkt	148
Ausführungsblock	95
Ausführungsplan	27
AUTOBACKUP	92, 183, 185, 196, 235
Automatische Sicherung der Kontrolldatei	183
AUXILIARY	206
AVAILABLE	122

B

BACKUP ARCHIVELOG ALL	89
BACKUP ARCHIVELOG FROM SEQUENCE	90
BACKUP ARCHIVELOG LIKE	90
BACKUP AS BACKUPSET DATAFILE	63
BACKUP AS BACKUPSET TABLESPACE	62
BACKUP AS COPY DATABASE	62
BACKUP AS COPY TABLESPACE	62
backup copies	91
BACKUP DATABASE	59, 61
Backup Disk to Tape	32
BACKUP INCREMENTAL LEVEL	76
BACKUP RECOVERY AREA	94
BACKUP RECOVERY FILES	94
Backup-Pieces	67
Backupset	60, 62, 95, 159
Bandlaufwerk	64, 73, 82, 94
Batch-Modus	47
Befehlssyntax	10, 11
Before-Image	25

Stichwortverzeichnis

Benutzerfehler 148
Block Change Tracking 80, 81, 82, 95
Blockänderungen 23
Blockgröße 23
BLOCKRECOVER 212, 214, 236
BLOCKRECOVER CORRUPTION LIST 216

C

CATALOG 129, 135, 142
CATALOG START WITH 130
CATALOG-Datenbank 44
CHANGE 124, 142
change backup 124
CHANGE FAILURE 219
Change Tracking Writer 80
CHANNEL 74
CHECK LOGICAL 214
Checkpoint 23, 24, 149, 158
Checkpoint Prozess 22, 23, 30, 149
CLEAR 56, 57, 58
COMMIT 16, 25, 26, 29
COMPRESSED BACKUPSET 62
CONFIGURE 58
CONFIGURE BACKUP OPTIMIZATION 54
CONFIGURE CONTROLFILE AUTOBACKUP 56
CONFIGURE DEVICE TYPE 61
CONFIGURE EXCLUDE FOR TABLESPACE 55
CONFIGURE RETENTION POLICY 52
CONTROL_FILE_RECORD_KEEP_TIME 137
CONTROL_FILE_RECORD_KEEP_TIME 99
CONTROL_FILES 15
COPIES 69
COPY DATAFILE 63
CORRUPTION LIST 216, 236
CREATE PFILE 204
CREATE RESTORE POINT 230, 232
CROSSCHECK 122, 142
CROSSCHECK BACKUP 122
CROSSCHECK COPY 123
CTWR 80
CTWR DBA Buffer 82
CURRENT CONTROLFILE 93

D

Database-Buffer-Cache 17, 18, 19, 20, 21, 22, 24, 25, 29, 35, 149
Datadictionary 175
Data-Dictionary 26
Datenbank ID 185, 191
Datenbankarchitektur 13, 14, 29
Datenbankinstanz 154

Datenbankkonfiguration 149
Datenbankstruktur 104
Datenbankwiederherstellung 148
Datendateiheader 149
Datenverlust 148
DB_BLOCK_SIZE 192
DB_FILE_NAME_CONVERT 205
DB_FLASHBACK_RETENTION_TARGET 227
DB_NAME 192
DB_RECOVERY_FILE_DEST 32, 34
DB_RECOVERY_FILE_DEST_SIZE 32, 33, 34
DBMS_BACKUP_RESTORE 45
DBMS_RCVMAN 45
DELETE 142
DELETE ARCHIVELOG UNTIL 117
DELETE BACKUPSET 114
DELETE CONTROLFILE COPY 116
DELETE DATAFILECOPY 115
DELETE EXPIRED 123, 142
DELETE FORCE 120
DELETE INPUT 91
DELETE NOPRMPT 120
DELETE OBSOLETE 53, 54, 113
DELETE SCRIPT 132
Dictionary Cache 26
Differenzielle Sicherungen 95
Differenzielle Sicherungsstrategien 75
Dirty-List 19, 20, 22, 29
Disaster Recovery 190, 235
DROP RESTORE POINT 232
DUPLICATE 203
DUPLICATE DATABASE 236
DUPLICATE TARGET DATABASE 203
Duplizierung 201

E

Enterpriseversion 36, 71, 73
Erhaltungsintervalls 171
Erhaltungsrichtlinie 31, 51, 52, 53, 110, 142, 171
EXECUTE GLOBAL SCRIPT 134
EXPIERED 122
Export 136
Exportieren der Katalogdaten 135

F

Flash Recovery Area .. 12, 31, 32, 33, 34, 36, 42, 45, 50, 56, 59, 63, 65, 89, 91, 94, 95, 98, 124, 125, 226, 237
FLASHBACK DATABASE TO 228, 237
FLASHBACK_RETENTION_TARGET 227
Flashback-Database 225, 229

Flashback-Logs 226, 227, 232
FORCE 119
FORMAT 66

G

Globale Skripte 131
GUARANTEE_FLASHBACK_DATABASE 232

H

Hilfsinstanz 45, 202

I

Image-Kopie 62, 95
Image-Kopien 60, 83, 164, 234
Import 137
Importvorgang 136
Infrastruktur 190
Inkarnationen 180
Inkarnationsnummer 168, 180
Inkrementell aktualisierte Sicherungen 83, 96
Instanzabsturz 21
Instanz-Recovery 25
Interaktiver Modus 47

J

Java Pool 17
Job-Befehle 48

K

Kanäle 73
Katalogbesitzer 143
Katalogdatenbank 99
Katalog-Upgrade 104
KEEP 125, 126
KEEP FOREVER 125
KEEP UNTIL TIME 126
Kennwortdatei 191
Kernel-Parameter 201
Klondatenbank 203
Klonen 201, 235
Kloninstanz 203
Klonprozess 202
Kommandozeile 47

Stichwortverzeichnis

Kommandozeilenwerkzeug 12
Kompression für Backupsets 61
Komprimierung von Sicherungen 12
Konsistenz 149
Kontrolldatei 15, 23, 26, 56, 92, 99, 135, 175, 196
Kontrolldateikopien 116
Kontrolldateisicherung 99
Kumulative Sicherung 78

L

Langzeitsicherungen 125, 127, 142
Large Pool 17
Lesekonsistenz 24, 25
Library Cache 27
LIST 105
LIST BACKUP 105
LIST BACKUP OF DATABASE 106
LIST BACKUP OF DATAFILE 107
LIST BACKUP OF TABLESPACE 106
LIST COPY 108
LIST COPY OF ARCHIVELOG ALL 110
LIST COPY OF CONTROLFILE 109
LIST COPY OF DATABASE 109
LIST COPY OF DATAFILE 110
LIST FAILURE 217
LIST GLOBAL SCRIPT NAMES 133
LIST INCARNATION OF DATABASE 180
LIST SCRIPT NAMES 133
Listener 204, 206
Lizenzen 100
LOG_ARCHIVE_DEST 42
LOG_ARCHIVE_DEST_n 36, 42
LOG_ARCHIVE_DEST_STATE_n 37
LOG_ARCHIVE_DUPLEX_DEST 36, 42
LOG_ARCHIVE_FORMAT 38, 90
LOG_ARCHIVE_MIN_SUCCEED_DEST 37, 42
LOG_ARCHIVE_START 38, 39, 42
LOG_FILE_NAME_CONVERT 205
LOG_MODE 41
Loggruppenwechsel 35, 39
Logisch korrupte Blöcke 212
Logsequenznummer 153
LRU 18
lsnrctl 206

M

MANDATORY 37, 42
Manuelle Kanalzuweisung 65
MAXPIECSIZE 67
Media Managed Library 45, 64

Metadaten 17, 100, 103
MML 45, 64, 190, 201
MOUNT-Phase 153

N

NAS 31
Neusynchronisation 104
NEWID 102
NLS_DATE_FORMAT 172
NLS_LANGUAGE 172
NOARCHIVELOG-Modus 148, 150, 234
NOCATALOG 46
NOLOGS 127
NOPROMPT 120

O

Offline-Setzen eines Tablespace 157
OLAP-Datenbanken 19
OLTP-Datenbanken 18
Online-Sicherungen 127
Optimizer 27
OPTIONAL 37, 42
Oracle Net 190, 201
Oracle-Architektur 10, 29
Oracle-Datenbank 15, 56
Oracle-Datenbankblock 17
Oracle-Instanz 14, 17, 26
ORADIM 191
orapwd 192, 205

P

PARALLELISM 71
Parameterdatei 15, 31, 154, 192, 193, 196, 197, 198, 204, 205
Patch-Level 190, 201
Physisch korrupte Blöcke 212
Plattenlaufwerk 94, 142
Platzhalter 65
PLUS ARCHIVELOG 93
PRINT GLOBAL SCRIPT 134
Produktivdatenbank 201

Q

Quota der Flash Recovery Area 52

R

RAC	90
Real Application Server	90
RECOVER	85, 151, 152, 234
RECOVER DATABASE	153
Recovery Advisor	12, 217, 218, 219, 236, 240
Redo-Log Datei	35
Redo-Log-Buffer	17, 20, 29
Redo-Log-Dateien	23, 26, 89
Redo-Log-Writer	20
Redundanz	31, 51
REGISTE DATABASE	102
REGISTER DATABASE	141
REOPEN	37
REPAIR FAILURE	219
REPLACE	132
REPLACE GLOBAL SCRIPT	132
REPORT	110, 142
REPORT NEED BACKUP	111
REPORT SCHEMA	104, 111
Repository	44
RESETLOGS	54, 167, 174
RESTORE	151, 152, 158, 234
RESTORE CONTROLFILE	188
RESTORE CONTROLFILE FROM AUTOBACKUP	183
RESTORE DATABASE	153
RESTORE DATAFILE	158
RESTORE POINT	128
RESTORE SPFILE	193
RESTORE TABLESPACE	158
RESYNC CATALOG	103, 141
ROLLBACK	16, 25
ROLLBACK-Phase	26
ROLLFORWARD-Phase	26
RUN	49, 63

S

SAN	31
Schattendatenbank	83
SCN	20
SCN-basierte Wiederherstellung	170, 175
Sequenz-basierte unvollständige Wiederherstellung	177
Sequenz-basierte Wiederherstellung	170
Sequenznummer	89
Serverparameterdatei	14, 56, 191, 193, 194, 196, 197, 198, 211
SET NEWNAME	162, 191, 234
SET UNTIL SEQUENCE	178
SGA	17
Shared Pool	17, 26, 27, 29
Shared-Pool	26, 35, 82

247

SHOW ALL	51, 58
SHUTDOWN	49
SHUTDOWN ABORT	160
Sicherungsbezeichner	68
Sicherungsgeschwindigkeit	55
Sicherungskanäle	63, 71
Sicherungskatalog	44, 46, 99, 103, 117, 122, 129
Sicherungskatalogdatenbank	99, 100, 102, 103, 104, 125, 135
Sicherungskatalog-Views	138
Sicherungskopien	69
Sicherungsoptimierung	54
Sicherungsprozesse	71
Sicherungsskripte	100, 131, 143
Sicherungsstrategie	10, 12, 32, 75, 76, 95, 97, 99, 135, 137, 143, 164, 234
Sicherungstypen	60, 95
Sicherungsziele	73, 95
Skriptfehler	148
Speicherplatzquota	31
Speicherstrukturen	17
SPFILE	192, 193
SQL-Anweisung	26, 27
Standalone-Befehle	48
Standardkonfigurationen	51
STARTUP	49
Statusänderungen	142
Streaming-Modus	82
Struktur des Sicherungskatalogs	105
Strukturelle Änderung der Datenbank	103
SWITCH DATABASE TO COPY	166
SWITCH DATAFILE ALL	162
SWITCH DATAFILE TO DATAFILECOPY	165
Synchronisation	102, 103, 137
SYSAUX-Tablespace	185
SYSDBA	45
System Change Number	20
System Global Area	17
Systemänderungsnummer	20, 23, 26, 149, 167
Systemkritische Datendateien	160
System-Monitor	25
SYSTEM-Tablespace	26, 154

T

Tablespace Point in Time Recovery	45, 50
TAG	68, 83
TARGET	46
TARGET-Datenbank	44
Testdatenbanken	155
TO_DATE	173
Totalausfall	166
Totalverlust	190
Totalverlust der Katalogdatenbank	135
Tracking-Datei	81, 96

Transaktion 15, 24, 149
Transaktionsgeschwindigkeit 22
Transaktions-Rollback 25

U

Umgebungsvariablen 190, 201
Undo-Blöcke 25
Undo-Segmente 24
UNDO-Tablespace 154
Unvollständige Wiederherstellung 148, 167
Unvollständiges Recovery 12, 86
UPGRADE CATALOG 105, 142
Upgrade des Katalogs 105

V

V$ARCHIVED_LOG 41
V$BLOCK_CHANGE_TRACKING 82
V$DATABASE 41
V$DATABASE_BLOCK_CORRUPTION 216, 236
V$FLASH_RECOVERY_AREA_USAGE 33, 34
V$RECOVER_FILE 156
V$RESTORE_POINT 230, 232
V$SGASTAT 82
VALIDATE 213, 236
Virtuelle Sicherungskataloge 100
Vollsicherung 62
Vollständige Wiederherstellung 154

W

Wiederherstellung der Kontrolldateien 187
Wiederherstellung des Sicherungskatalogs 136
Wiederherstellungsfenster 31, 52
Wiederherstellungskonzepte 155
Wiederherstellungsprozess 22, 23
Wiederherstellungspunkt 128, 230, 231
Wiederherstellungszeitpunkt 182

Z

Zeitbasierte Wiederherstellung 170, 171
Zieldatenbank 44, 104
Zugriffsgeschwindigkeit 18
Zugriffskonflikte 22
Zugriffspfad 26

Abbildungsverzeichnis

ABBILDUNG 1. ORACLE-ARCHITEKTUR 14
ABBILDUNG 2. SYSTEM GLOBAL AREA (SGA) 17
ABBILDUNG 3. LADEN VON BLÖCKEN IN DEN DATABASE-BUFFER-CACHE 18
ABBILDUNG 4. VERWENDUNG DER DIRTY-LIST.. 19
ABBILDUNG 5. ZYKLISCHES BESCHREIBEN DER LOG-DATEIEN 21
ABBILDUNG 6. PROTOKOLLIERUNG IM REDO-LOG-BUFFER.. 21
ABBILDUNG 7. ZURÜCKSCHREIBEN DER GEÄNDERTEN BLÖCKE IN DIE DATENBANK................................. 22
ABBILDUNG 8. ANLEGEN EINES UNDO-BLOCKS BEI EINER DATENSATZÄNDERUNG................................... 24
ABBILDUNG 9. FUNKTIONSWEISE DES INSTANZ-RECOVERYS... 25
ABBILDUNG 10: ARCHIVELOG- UND NOARCHIVELOG-MODUS... 35
ABBILDUNG 11: ARCHITEKTUR DES RECOVERY MANAGERS 44
ABBILDUNG 12: AUFBAU EINES BACKUPSETS.. 60
ABBILDUNG 13: BESCHREIBUNG VON IMAGE-KOPIEN 60
ABBILDUNG 14: DARSTELLUNG VON BACKUP-PIECES 67
ABBILDUNG 15: SCHEMATISCHE DARSTELLUNG EINER DIFFERENZIELLEN SICHERUNGSSTRATEGIE................. 76
ABBILDUNG 16: SCHEMATISCHE DARSTELLUNG FÜR DIE DURCHFÜHRUNG EINER KUMULATIVEN
  INKREMENTELLEN SICHERUNGSSTRATEGIE.. 78
ABBILDUNG 17: ARCHITEKTUR DES BLOCK CHANGE TRACKING 80
ABBILDUNG 18: SCHEMATISCHE DARSTELLUNG DER INKREMENTELL AKTUALISIERTEN SICHERUNG 83
ABBILDUNG 19. VERGLEICH ARCHIVELOG UND NOARCHIVELOG-MODUS.. 148
ABBILDUNG 20: DURCHFÜHREN EINER TRANSAKTION 150
ABBILDUNG 21: ZURÜCKSPIELEN EINER DATENBANKDATEI AUS EINER SICHERUNG IM NOARCHIVELOG-
  MODUS... 150
ABBILDUNG 22: ZURÜCKSPIELEN EINER DATENBANKDATEI AUS EINER SICHERUNG IM ARCHIVELOG-MODUS
  151
ABBILDUNG 23: ANWENDEN DER ARCHIVE AUF DIE ZURÜCKGESICHERTEN DATENDATEIEN 159
ABBILDUNG 24: ZEITLICHER AUFSATZPUNKT FÜR DIE UNVOLLSTÄNDIGE WIEDERHERSTELLUNG 167
ABBILDUNG 25: ZUSTAND NACH DER UNVOLLSTÄNDIGEN WIEDERHERSTELLUNG 168
ABBILDUNG 26: ZUSTAND NACH DER UNVOLLSTÄNDIGEN WIEDERHERSTELLUNG 168
ABBILDUNG 27: DURCHLAUFEN DES NEUEN LEBENSPFADS (INKARNATION) NACH DER UNVOLLSTÄNDIGEN
  WIEDERHERSTELLUNG 169
ABBILDUNG 28: SCHEMATISCHE DARSTELLUNG DER WIEDERHERSTELLUNG 174
ABBILDUNG 29: SCHEMATISCHE DARSTELLUNG DER SEQUENZ-BASIERTEN UNVOLLSTÄNDIGEN
  WIEDERHERSTELLUNG 178
ABBILDUNG 30: VERBINDUNGEN DES RECOVERY MANAGERS BEIM KLONVORGANG 202
ABBILDUNG 31: ARCHITEKTUR DER FLASHBACK-DATABASE 225
ABBILDUNG 32: SCHEMATISCHE DARSTELLUNG DER ANWENDUNG VON FLASHBACK 226

Danksagung

Vielen Dank an alle, die mich beim Schreiben dieser Seiten unterstützt haben.

Ebenso danke ich meinem Vater, Dennis und Jeanne, die für das Korrekturlesen zur Verfügung standen sowie Michael für die Erstellung des tollen Covers.

Zusätzlich möchte ich auch ganz besonders Dorit danken, die sich in der Zeit, in der ich diesen Überblick geschrieben habe und nicht verfügbar war, immer selbstverständlich um unsere Kinder Deborah und Ilan gekümmert hat.

Zum Schluss bedanke ich mich bei meiner liebevollen Frau Gaby, die immer für mich da ist, für alles Verständnis hat und Unterstützung liefert, wo ich diese benötige.

Haftungshinweis

Die Inhalte dieses Buches wurden mit größtmöglicher Sorgfalt erstellt. Der Autor übernimmt jedoch keine Gewähr für die Richtigkeit, Vollständigkeit und Aktualität der bereitgestellten Texte und Beispiele. Die Verwendung der Inhalte und Beispiele dieses Buches erfolgt auf eigene Verantwortung des Lesers und Nutzers.

Linksammlung

www.oracle.com	Oracles Website. Hier werden alle Downloads, White Papers usw. angeboten.
www.held-informatik.de	Website von Andrea Held mit vielen Skripten und Tipps
www.oracle-base.com	Beste Webseite, die viele Bereiche der Oracle-Datenbank kurz und gut erklärt.
www.databasejournal.com	Liefert alles rund um Datenbanken.
tahiti.oracle.com	Gesamte Dokumentation von Oracle im HTML- und PDF-Format
psoug.org	Liefert für alles rund um Oracle und Syntaxen.
asktom.oracle.com	Bestes Forum für alles, was mit Oracle-Datenbanken zu tun hat.
orafaq.com	Gutes Forum rund um Oracle
www.doag.de	Internetauftritt der Deutschen Oracle Anwendergruppe

Weitere interessante Publikationen

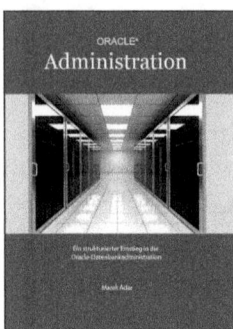

Broschiert: 536 Seiten
Verlag: Books on Demand
Sprache: Deutsch
ISBN-10: 3842373724
ISBN-13: 978-3842373723

Dieses Buch richtet sich an alle, die frisch in die Oracle- Administration einsteigen wollen und von der inhaltlichen Fülle anderer Bücher erschlagen werden.

Es baut Schritt für Schritt das Wissen für die Oracle-Administration auf, ohne sich in nebensächliche Details zu verlieren.

Dabei behält dieses Buch immer den Fokus auf das Wesentliche und verzichtet darauf, bei einem Einsteiger Verwirrung zu erzeugen.
Dennoch wird stets darauf geachtet, dass ein gesunder Mix zwischen dem Database-Control und der Kommandozeile gewahrt bleibt

Broschiert: 732 Seiten
Verlag: Hanser Fachbuch. Verfügbar ab 1. September 2011
Sprache: Deutsch
ISBN-10: 3446420819
ISBN-13: 978-3446420816
Größe und/oder Gewicht: 240,5 x 17,5 x 2,5 cm

Als Administrator der Oracle Database finden Sie in diesem Handbuch die ideale Unterstützung für die Herausforderungen Ihres Alltags. Es bietet Ihnen eine Fülle von Grundlagenwissen und praktischen Lösungen für Themen wie Aufbau und Betrieb eines Datenbankservers, High Availability, Backup und Recovery, Operation, Security oder Migration. Und Sie finden hier wichtige Informationen, ideal aufbereitet zum Nachschlagen: SQLPlus-Kommandos, Datentypen, v$views, Dictionary Tabellen, DB-Parameter und einiges mehr.

Broschiert: 452 Seiten
Verlag: Hanser Fachbuch
Sprache: Deutsch
ISBN-10: 9783446411982
ISBN-13: 978-3446411982
ASIN: 3446411984
Größe und/oder Gewicht: 24,4 x 19,6 x 3,2 cm

Wer sich mit den neuen Funktionen von Oracle 11g vertraut machen möchte, dürfte in der breiten Bücherlandschaft schnell auf Andrea Helds Werk stoßen, die mit ihrem Buch einen Überblick über Oracles Neuerungen bietet. Zahlreiche Screenshots und eingestreute Praxistipps unterstützen den Leser gut. Ein ausführliches Register rundet das gelungene Werk ab. Dieses Werk ist ein Kompendium, das während der Einführung von 11g konsultiert werden sollte, gleichzeitig eine Referenz fürs Regal, um im Alltag die eine oder andere der mehr als 400 Neuerungen von 11g nachschlagen zu können.

(Karsten Kisser, ix im Juni 2009)

Unternehmen für Oracle Schulungen und Consulting

Nicht nur einfach Oracle,

... sondern von der ganzen Oracle-Welt profitieren.

Die mehrjährige Erfahrung im Bereich Administration, Performance-Tuning, Backup-Strategien, SQL, PL/SQL und Anwendungsentwicklung kann auch Ihrem Unternehmen weiterhelfen. Sie erhalten vor Ort schnelle und zuverlässige Unterstützung.

Oracle-Unterstützung aus kompetenter Hand!

www.adar-consult.de

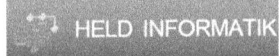

Als autorisierter Oracle University Schulungs- und Vertriebspartner bietet die CNS Training & Consulting GmbH deutschlandweit Oracle Seminare und Schulungen im Namen der Oracle University an. Zudem verfügt die CNS T&C über erfahrende zertifizierte Berater aus dem Oracle Umfeld und steht Ihnen für Projekte und Support gerne zur Seite.

www.oracle-university.de

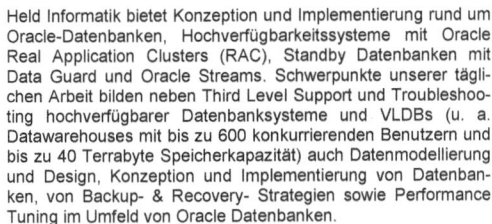

Held Informatik bietet Konzeption und Implementierung rund um Oracle-Datenbanken, Hochverfügbarkeitssysteme mit Oracle Real Application Clusters (RAC), Standby Datenbanken mit Data Guard und Oracle Streams. Schwerpunkte unserer täglichen Arbeit bilden neben Third Level Support und Troubleshooting hochverfügbarer Datenbanksysteme und VLDBs (u. a. Datawarehouses mit bis zu 600 konkurrierenden Benutzern und bis zu 40 Terrabyte Speicherkapazität) auch Datenmodellierung und Design, Konzeption und Implementierung von Datenbanken, von Backup- & Recovery- Strategien sowie Performance Tuning im Umfeld von Oracle Datenbanken.

www.held-informatik.de

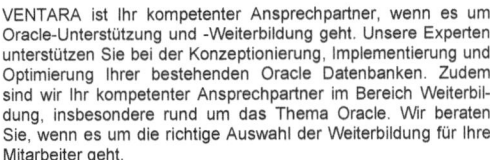

VENTARA – Ihr starker Partner für starkes Business.

VENTARA ist Ihr kompetenter Ansprechpartner, wenn es um Oracle-Unterstützung und -Weiterbildung geht. Unsere Experten unterstützen Sie bei der Konzeptionierung, Implementierung und Optimierung Ihrer bestehenden Oracle Datenbanken. Zudem sind wir Ihr kompetenter Ansprechpartner im Bereich Weiterbildung, insbesondere rund um das Thema Oracle. Wir beraten Sie, wenn es um die richtige Auswahl der Weiterbildung für Ihre Mitarbeiter geht.

Vereinfachen Sie sich Ihre Arbeit. Laden Sie noch heute unser Datenbankadministrationstool DBora von unserer Website www.ventara.de. DBora unterstützt Sie bei der Administration Ihrer Oracle Datenbank.

www.ventara.de

Unternehmen für Oracle Schulungen und Consulting

GFU Cyrus AG

Seit über 30 Jahren zählt die GFU zu den renommiertesten IT-Schulungsunternehmen in Deutschland. Mehrere tausend IT-Fachleute aus der gesamten Bundesrepublik und dem benachbarten Ausland besuchen jedes Jahr Seminare bei der GFU.

Die GFU bietet über 550 Seminartitel als Offene-, Individual-und Firmenschulung an. Die GFU-Dozenten sind aus der Praxis und vermitteln Ihnen kompakt das Wissen.

Im perfekt ausgestatteten Schulungszentrum stehen den Seminarteilnehmern 12 voll ausgestattete Schulungsräume mit modernster Technik zur Verfügung.

Das perfekte IT-Seminar: Wir garantieren Durchführung und Qualität – Sie genießen die Rundumbetreuung!

www.gfu.net

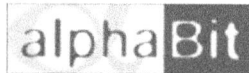

Die alphaBit GmbH ist ein bundesweit agierendes IT-Schulungs- und Consulting-Unternehmen mit Hauptsitz in Wiesbaden.

Es bietet Beratungs- und Supportleistungen, Planung und Durchführung von Projekten sowie Schulungen und Seminare an.

Der Kundenkreis setzt sich dabei überwiegend aus Finanzinstituten, Behörden und öffentlichen Institutionen zusammen, die Schwerpunkte liegen auf den Produkten MS SharePoint, MS Dynamics CRM und Exchange.

www.alphabit.de

www.ingramcontent.com/pod-product-compliance
Lightning Source LLC
Chambersburg PA
CBHW050202230526
45470CB00001B/200